东吴史学文丛

丛书主编 王卫平 池子华

经验与哲理：

中国古代农业思想与文化

胡火金◎著

U0395596

苏州大学出版社

Soochow University Press

图书在版编目(CIP)数据

经验与哲理：中国古代农业思想与文化 / 胡火金著
. —苏州：苏州大学出版社，2014.5
（东吴史学文丛 / 王卫平，池子华主编）
ISBN 978-7-5672-0832-2

Ⅰ.①经… Ⅱ.①胡… Ⅲ.①农业史－思想史－研究
－中国－古代 Ⅳ.①S-092.2

中国版本图书馆 CIP 数据核字(2014)第 086280 号

书　　名	经验与哲理：中国古代农业思想与文化
著　　者	胡火金
责任编辑	朱坤泉
出版发行	苏州大学出版社
	（苏州市十梓街1号　215006）
印　　刷	苏州工业园区美柯乐制版印务有限责任公司
开　　本	700 mm×1 000 mm　1/16
印　　张	12.5
字　　数	245 千
版　　次	2014 年 5 月第 1 版
	2014 年 5 月第 1 次印刷
书　　号	ISBN 978-7-5672-0832-2
定　　价	32.00 元

苏州大学版图书若有印装错误，本社负责调换
苏州大学出版社营销部　电话：0512－65225020
苏州大学出版社网址　http://www.sudapress.com

总　序

　　苏州大学是国家"211工程"重点建设高校和江苏省属重点综合性大学，其前身为创建于1900年的东吴大学。1952年全国院系调整时，东吴大学与苏南文化教育学院、江南大学数理系等合并为苏南师范学院，同年定名为江苏师范学院，在原东吴大学校址办学。1982年经国务院批准改名为苏州大学。迄今为止，苏州大学已是一所拥有6个校区、113年办学历史的著名高校。

　　历史学是苏州大学的传统学科之一，其源头可以追溯到东吴大学时期。1952年江苏师范学院成立之初，设历史专修科；1955年，原北京师范大学历史系主任、著名史学家柴德赓教授受命南下，创建了江苏师范学院历史系。

　　"文革"结束以后，历史系在学科建设、教学研究、人才培养、学术交流等方面均取得长足发展。在此期间，中国史中的太平天国史、江南社会经济史等逐步成为历史系的特色研究领域，出版了《太平天国在苏州》《左宗棠评传》《苏州手工业史》《六朝史》等颇具影响的学术著作；世界史教师也通力合作，先后编写了《世界古代史》《世界近代史》《世界现代史》《世界当代史》等系列教材，在高校历史学界产生了较大影响。

　　继1983年中国近现代史、世界史成功申报硕士点后，1991年中国近现代史专业开始招收博士研究生，并于1994年正式取得博士学位授予权。1993年以后，中国近现代史学科还被江苏省政府列为重点建设学科。1995年，结合苏州大学院系调整，历史系更名为社会学院。

　　现在的社会学院包含了5个系8个本科专业，而历史学系无疑居于龙头地位。进入21世纪以后，苏州大学历史学科的发展更为明显，学科建设和科研水平不断提高。2005年，历史学被评为一级学科硕士点；2007年，获评历史学博士后流动站；2008年，历史学专业成为江苏省品牌专业，中国古代史获评江苏省精品课程；2010年，历史学被评为一级学科博士点，后因一级学科的变化，调整为中国史一级学科博士点和世界史一级学科硕士点。与此相应，中国史成为江苏省一级学科重点学科。而历史学科教师承担的国家社科基金课题每年均有斩获，成为科研中的一个亮点。

　　从"九五"时期开始，历史学科即参与苏州大学"211工程"建设项目，并作出了积极贡献，先后出版了"苏南发展研究丛书"、"苏南历史与社会研究丛书"、"吴文化研究丛书"等系列研究成果。在此过程中,我们积极落实学校"服务社会"的办学宗旨,努力服务于地方经济与社会发展,为各级政府部门既提供了有效的决策咨询服务,又承担了多项大型文化工程的建设任务,如:《苏州通史》(编纂)、"苏州文献丛书"(古籍整理)等;还构建了"江苏省吴文化研究基地"、"江苏省红十字运动研究基地"等重要科研平台。所有这些,都为学科建设和人才培养打下了坚实的基础。

苏州大学历史学科的发展,源于长期办学的深厚积累,得益于学校领导及相关职能部门的大力关心和支持,更是与广大教师的辛勤耕耘、努力工作分不开的。为此,2012年9月,经历史学科诸同仁的充分商讨并得到社会学院的同意,我们决定编辑出版"东吴史学文丛"。"东吴史学文丛"收录了我校历史学科多位在职教授的研究成果,每位教授的成果单独成集。它们在一定程度上反映了各位教授的成长历程和治学特色。

在"东吴史学文丛"的编辑出版过程中,王玉贵教授付出了大量的劳动,苏州大学出版社的领导和各书稿责任编辑给予了大力支持,在此一并表示感谢!

苏州大学社会学院院长

王卫平

2013年春节

目　　录
Contents

第一部分 哲思与农业

天地人整体思维与传统农业[*]

  人类产生以后，就要面对自然、面对天地，因而就有了人与自然的关系问题。中国关于天人关系的讨论源远流长，从有文字记载来看，就有三千余年的历史。"究天人之际"是中国传统哲学的永恒主题，必定也是现代人所面临的重大问题之一。中国古代关于人与自然关系的思考，从"天人合一"，到"天地人物"相统一，是整体思维的突出体现。本文将其称为天地人宇宙系统论。这种天地人相统一的整体思维取向，影响和渗透了中国传统文化的各个层面，是最能体现中国传统思维特色的问题之一。针对天地人宇宙系统论对中国传统农学理论思想的构建以及在农业中的应用展开论述，以获得现代意义上的借鉴作用，这在中国由传统农业向现代农业的过渡阶段，以及在以"可持续发展农业"为主调的当今世界，具有重要的意义。

  天、地、人三位一体，最能体现中国传统整体思维方式的特点，是中国古代的宇宙系统论。元气、阴阳、五行、尚中、圜道等哲学范畴及概念，都包含在天、地、人宇宙系统论的框架体系之中。本文通过系统考察，阐述了天、地、人整体思维对农业的渗透和影响，进而试图构建中国传统农学思想的理论体系，并分析它在农业中的应用。

一、中国古代关于天地人整体思维的轨迹

  中国先民天地人整体思维方式可上溯至远古，从文献资料来看，《夏小正》就明显地具有整体思维取向。《夏小正》把一年十二个月中天象、气候、物候、社会活动和农事对应起来。如"正月：启蛰；雁北乡；雉震响；鱼陟负冰；农纬厥耒；囿有见韭；时有俊风；寒日涤冻涂；田鼠出；农率均田；獭祭鱼；鹰则为鸠；采芸；鞠则见；初昏参中；斗柄悬在下；柳稊；梅、杏、杝桃则华；缇缟；鸡桴粥"，其把自然界事物的运动与人的活动视为一个有机协调的整体。《诗经》中的《豳风·七月》可以说是一首物候诗，它是按月份安排农事的，而月份中又往往附带着物候，其中有些物候、农事与《夏小正》中所载一致。这些表明，在夏商周时期已经形成了中国独特的整体思维方式，为我们构建了天地人相统一、相协调的思维框架。

---

  * 原载《自然辩证法通讯》1999 年第 4 期。

　　《周易》是中国也是世界独具特色的典籍，从起源到编纂历时千年。《易经》是筮术、占卜的双符号体系，《易传》及补加附录具有宇宙论和伦理学含义。《周易》建立在人类长期生活经验的基础上，其中不能不反映出客观世界的一些必然联系来。《易经》本只有卦画，而无卦名，是一种纯粹的文字符号；但有的如乾坤代表天地这一观念一定很早就出现，八卦的其他卦都是仿照乾坤命名的。八卦乾、坤、震、坎、艮、巽、离、兑，对应的物象天、地、雷、水、山、风、火、泽是纯自然现象，其中离、坎两卦则是有人参与的。以八卦为基础得到《周易》六十四卦体系，它具有引发整体思维模式的功效，即大宇宙系统中事物的内在本质同源、同质、同构，即便是外在不相关的事物，在一定的条件下都是相融的、相关的。以下从"天人关系"方面加以阐述。

　　《周易·文言》中说："夫大人者，与天地合其德。"这就是说人的主动性要与天地自然相统一。人是自然界的一部分，人产生于自然。正如《周易·序卦传》中所说的"有天地，然后有万物，有万物，然后有男女"，所以人理应顺应于自然，顺应于天地。这也是作《易》的道理。《周易·系辞》说："夫《易》，圣人所以崇德而广业也，知崇礼卑，崇效天，卑法地。天地设位，而《易》行乎其中矣。"同时，还指出了谦逊、节制、协调是天地人的共同法则，如《象传·谦》中说："天道下济而光明，地道卑而上行。天道亏盈而益谦，地道变盈而流谦，鬼神害盈而福谦，人道恶盈而好谦，谦尊而光，卑而不可逾，君子之终也。"《象传·豫》中说："天地以顺动，故日月不过，而四时不忒；圣人以顺动，则刑罚清而民服。"这说明了人类只有效法自然，遵循自然规律，才可能达到"天人合一"的境界，社会才能和谐运转，人们才能和好相处。《象传·革》中说："天地革而四时成，汤武革命，顺乎天而应乎人，革之时大矣哉。"《象传·泰》中又说："天地交泰，后以裁成天地之道，辅相天地之宜，以左右民。"除上述人类应顺天应地，与自然和谐外，它还强调了人的主观能动性。《周易·系辞》中说："仰以观于天文，俯以察于地理，是故知幽明之故。"是说人类要效法天地，达"天人合一"的目标，就必然观天察地，探索其中奥秘，了解和掌握自然规律。正如《象传·乾》中说"天行健，君子以自强不息"，即人类要效法天体运行，周而复始，努力不懈，发奋进取。

　　春秋战国时期，诸子百家关于天地人整体思维的取向是显而易见的，儒家、道家都不例外。在物质本原方面可能受到水是初始物质思想的影响，产生了《管子·水地》，其中说水"集于天地，而藏于万物，产于金石，集于诸生……万物莫不尽其机，反其常者，水之内度适也"，又有"水者，地之血气，如筋脉之通流者也"，这里用水把天地万物联系起来。而"人，水也。男女精气合，而水流形……酸主脾，咸主肺，辛主肾，苦主肝，甘主心。五藏已具，而后生五内"，就进一步说人也是水组成的，这样，就用水把天地人物联系起来。并说人遵循天地之理行事可成功，如《管子·势》中说："天时不作勿为客，人事不起勿为始，慕和其众，以修天地之从，人先生之，天地刑之，圣人成之，则与天地极。正静不争，动作不贰，素质不留，与地同极，未得天极，则隐于德，已得天极，则致其力。既成其功，则守其从，人不能代……故曰，修阴阳之从，而道天地之常。嬴嬴缩缩，因而为当；死死生生，因天地之形。天地形之，圣人成之。"《心术》中"故圣人一言解之，上察于天，下察于地"等都有此意。另外，在天地人整体系统中，《管子》还强调了人的作用。如《管子·权修》中说："一年之计莫如树谷，十年之计莫如树木，终身之计莫如树人。"《管子·八观》指出："山林虽近，草木虽美，宫室必有度，禁发必有时。博民于生谷也。彼民非谷不食，地非民不动，谷非地不生，民非作力毋以致财。天下之所生，生于用力，用力之所生，生于劳身，是故主上用财毋已，是民用力毋休也。"至此，天地人系统已发展为天时、地利、人力，把天地人物都统一了起来。

《左传》"昭公二十五年"在论述"礼"时说："夫礼，天之经也，地之义也，民之行也。"《孟子》在谈论战争时说："天时不如地利，地利不如人和。"《荀子》更是围绕天地人来谈"礼"的，用"礼"把天地人联系起来，如《荀子》"礼论"中说："礼有三本：天地者，生之本也；先祖者，类之本也；君师者，治之本也……故礼，上事天，下事地，尊先祖而隆君师。是礼之三本也。"并进而说："礼之于正国家也，如权衡之于轻重也，如绳墨之于曲直也。故，人无礼不生，事无礼不成，国家无礼不宁……故天地生之，圣人成之。"（《大略篇》）在《富国篇》中又说："若是，则万物得宜，事态得应，上得天时，下得地利，中得人和，则财货浑浑如泉源，汸汸如河海，暴暴如丘山。夫天下何患乎不足也？"如此等等，都充分说明了"礼"是人们行动的最高准则，人要顺应天地之理，发挥主观能动性，才能达到人与自然的和谐协调。

《黄帝内经》是以"天人相应"的整体观来论医的中医典籍。书中反复阐述了"天人相应"的理论，如"人与天地相参也，与日月相应也"、"天地之大纪，人神之通应也"等都反映了这个思想。它在《素问》中给出了"天人相应"的各种具体表现，如在阐述昼夜阴阳消长与人体生理及病情的变化时说："平旦至日中，天之阳，阳中之阳也；日中至黄昏，天之阳，阳中之阴者；合夜至鸡鸣，天之阴，阴中之阴者；鸡鸣至平旦，天之阴，阴中之阳也。故人亦应之。"（《素问·金匮真言论》）还说："夫百病者，多以旦慧，昼安，夕加，夜甚，何也？……朝则人气始生，病气衰，故旦慧；日中人气长，长则胜邪，故安；夕则人气始衰，邪气始生，故加；夜半人气入藏，邪气独居于身，故甚也。"[1]另外，《素问》中还列举了月周期、四季气候、年周期与人体气血的关系，这里不再一一阐述。

至秦汉时期，《吕氏春秋·十二纪》"纪首"和《礼记·月令》，是以五行为

---

[1]《黄帝内经·灵枢·顺气一日分四时》。

纲纪,按时序把自然现象和社会人事配列到天地人这个大的宇宙系统中,它们相互联系,依照统一的节律运动和变化循环。《吕氏春秋·十二纪》"纪首"和《月令》有传抄关系,都记载了一年十二个月的星辰位置、气候特点、草木生长、鸟兽鱼虫以及与此相应的社会人事活动,在此,天体运行、气候变迁、物候特征、人的活动成了一个统一的相互联系的整体。正如《吕氏春秋·序意》中说:"上揆之天,下验之地,中审之人,若此则是非可不可无所遁矣。"《淮南子》"时则训"也沿传这种观点,把天象、气候、物候、农事活动、国民危安全部联系在一起,形成有机整体。其后,天地人整体思维,总是中国先哲们立论各种问题的基点。如《春秋繁露·立元坤》中说:"天地人,万物之本也,天生之,地养之,人成之;天生之以孝悌,地养之以衣食,人成之以礼乐,三者相为手足,合以成体,不可一无也。"《潜夫论·本训》中谓:"天本诸阳,地本诸阴,人本中和,三才异务,相待而成,各循其道,和气乃臻,机衡乃平。"如此等等,不一而足。

宋代哲学家张载明确提出"天人合一"[1]这个范畴,他评述了儒家的"天人合一"观。事实上,儒家、道家、佛家(中国本土化)都是以"天人合一"为致"礼"、致"道"、致"佛"的前提,其认识的目的都主要是为了把握事物整体内部的关系,从整体中观照局部,又从局部中观照整体,其出发点和归宿点都是整体。[2]"天人合一"即天地人整体思维观,是长于非理性的思维方式,它与科学思维的理性思维方式虽然不同,但实质上都是人类合理思维所不可缺少的,两者不可替代,没有高低之分。中国"天人合一"思想包含着启示现在与未来的智慧,正如季羡林先生指出,只有"天人合一",才能拯救人类。

二、中国天地人整体思维方式对传统农学思想构建的影响

中国农业文明源远流长,中国传统农业的辉煌世界瞩目。传统农学被一些外国学者称为"家学",其农业耕作制度被李比希称为"无与伦比的农业耕作方法",如此等等,都受着中国传统农学思想的支配,而农学思想的发生发展无疑都被打上了传统哲学思想的烙印,农学思想的阐发也借鉴了传统哲学思想的范畴和概念。

(一)天地人宇宙系统论与哲学范畴及概念

天地人宇宙系统在古人的思维中是一个无所不包的巨系统,其天、地、人、物四大子系统已包括现实存在的万事万物。因为受到当时认识水平的限制,不可能达到现代宇宙学和物理学的水平,但其思维路数毫不逊色。因此,产生了支持和解释该宇宙系统论的学说、范畴、概念,其内涵丰富,涉及面广。

〔1〕 张载:《正蒙·乾称》。
〔2〕 王树人、喻柏林:《传统智慧再发现》,作家出版社,1997年,第52—212页。

元气论是中国古代自然观的主流，它认为世界万物的本原物质是元气，这种观点等同于古代西方用"原子论"来揭示物质结构组成的一种思想观点。它用天气、地气、水气、火气、阴气、阳气等来解释天地人宇宙系统的统一，是因为有共同的物质组成"元气"，人顺天应地就是自然的了。所以，可以说，"元气论"是用"气"把天、地、人、物统一起来。

阴阳学说则是从物质运动方面揭示天、地、人、物的形成、变化、发展以及它们之间的关系等问题，认为阴阳二气的升降、进退、消长是世界万物发展变化的动力和原因，人们应根据阴阳二气的变化来把握天地人这个大系统的内在关联，把天地人宇宙系统统一于阴阳二气的变化之中。

五行理论是把整个宇宙系统看作是一个按五行法则构成的庞大的五行母系统，它们以四时五方为基准向外伸展，每一项事物都是一个五行子系统，每一部分都按其功能属性各自配列到母系统中，它们之间具有同构关系和统一的运动节奏，是时空上的统一。五行学说应用金、木、水、火、土之间的相生相克、相乘相侮关系来探索事物之间、事物与环境之间以及事物内部结构与系统之间的相互联系、协调和平衡的关系，以求从整体中把握事物，这也是古代朴素的普通系统论。另一方面，五行理论也揭示了事物的内在结构是由五元素组成的，这方面丝毫不比古代其他民族的四元素或五元素理论逊色。[1]

此外，"圜道观"和"尚中思想"也是中国独特的传统思维方式，它们是由天地人宇宙系统论自然延伸而成的。"圜道"即循环之道，它认为天地人宇宙系统永恒地循着周而复始的环周运动，一切自然现象和社会人事的发生发展及消亡都在环周运动中进行，循环往复是天地万物必须遵循的自然规律。"尚中思想"始终贯穿于中国传统思维方式之中，它认为凡事要取"中"，即"执其两端而用中"，在处理各种事物时，都要反对两个极端，即反对"太过"和"不及"，以便做出最佳选择或优化处理。天地人宇宙系统论本身也是体现了尚中，天地当中是人，"人与天地相参"，由于人的参与，天与地也协调统一了，只有"天人合一"，即人与自然和谐统一，才能天下中和，调理阴阳，协和万邦。

中国古老农业文明与哲学思维相得益彰。上述哲学思维以及其范畴、概念的产生，是由于中国这块土壤上有其特定的自然、社会经济、社会制度以及宗法观念，它一经产生，就必定作用和影响着整个民族的思维取向，无疑也要渗透到农业之中。

（二）中国传统农学思想体系的构建

中国传统农学思想十分丰富，它贯穿于传统农业发展的始终。从理论体系上来看，它是由传统哲学思维中的天地人宇宙系统论和其所包含的哲学范

---

〔1〕 李约瑟:《中国科学技术史》第二卷《科学思想史》，科学出版社、上海古籍出版社，1990年，第244—245页。

畴与概念的延伸建立起来的，其大体框架为：三才论——生态农业的理论基础；元气论——传统农业自然观；阴阳学说——农作物生长发育观；五行理论——农业框架结构观；圜道观——农业系统论和循环观；尚中思想——农业生产优化观。这个框架可以体现中国传统农学思想的整体面貌，它的充实和完善构成完整的传统农学思想的理论体系。从内容上来看，它既包含在总的理论框架体系之中，又是传统农业及农业科技发展的总结。其内容主要包括时气论、土壤论、物性论、耕道论、粪壤论、水利论、畜牧论、农器论、树艺论、灾害论等，这些内容都是哲学思维与农业生产实践相结合的产物，也都毫无例外地被置于天地人整体思维的统领之下。因此，可以说，中国传统农学思想是从天地人宇宙系统论中派生出来的。当然，这也应当是中国农学的规律性发展。

三、天地人宇宙系统论在农业中的应用

天地人宇宙系统论在农业中的应用，也包括天地人宇宙系统论中所包含的哲学思想和范畴。这当从农业发展的总过程中去阐述。

（一）"三才论"的应用

"三才论"也即天地人宇宙系统论，反映到农学中，即着重研究天、地、人与动植物的关系，以及动植物与生长环境、动植物与动植物之间的关系。《管子·禁藏》中说："故春仁、夏忠、秋急、冬闭，顺天之时，约地之宜，忠人之和，故风雨时，五谷实，草木美多，六畜蕃息，国富兵强，民材而令行，内无烦扰之政，外无强敌之患也。"人只有顺天应地，才能获得农业的丰收。《荀子·富国》也有类似论述。《吕氏春秋·审时》中对农业生态系统作了高度概括，说"夫稼，为之者人也，生之者地也，养之者天也"，指出了农作物（稼）与其赖以生存的环境（天地）以及人的活动这三者间的有机联系。《淮南子·主术训》中"上因天时，下尽地财，中用人力"，《齐民要术》中"顺天时，量地利，则用力少而成功多，任情返道，劳而无获"等强调人的主观能动性，由于铁耕和牛耕的普及，农业生产效率有所提高，这种观点在后来的哲学家和农学家中多有阐述。明清时期，马一龙《农说》将"三才论"推向一个新阶段，如说"合天时、地利、物性之宜"，把生物有机体和外界环境联系起来，达到和谐统一，这是明清时期农业生产追求的目标。因此，天地人宇宙系统论是构建天地人物相统一的生态农学的基础。

（二）元气论、阴阳学说和五行理论的应用

中国古代元气论和阴阳学说产生很早，从《周易》《国语》《内经》等一直到明清时期的宋应星、方以智、戴震等人，都对其进行了系统的阐述和深入的讨论。中国传统农学借鉴它们来阐述解释农学原理，也为历代农家所一贯采用。春秋战国时期的月令派代表作《吕氏春秋·十二纪》和《礼记·月令》是

用气来解释农学原理的先驱,用元气和阴阳二气的升降、进退、转化及消长来解释农作物的生长化收藏。如"孟春之时,阳气始生,草木繁动,令农发土,无或失时"等等,用气来叙述时令和农作物生长发育的关联,使农作物与外界环境条件相协调,以获丰收。汉代的《氾胜之书》和《四民月令》则把气更具体地应用到耕作和农事活动方面。《氾胜之书》说:"春冻解,地气始通,土一和解;夏至,天气始暑,阴气始盛,土复解;夏至后九十日,昼夜分,天地气和,以此时耕田,一而当五,名曰膏泽,皆得时功。和气去,耕,四不当一。"这里用气阐释春耕、夏耕和秋耕的适宜时期。

后魏《齐民要术》以气的观念来解释农作物生长发育,"种谷"中说"春气冷,生迟","夏气热,而生速",叙述气与作物生长的关系。宋代《陈旉农书》则着重阐述了季节与气在农业中的应用,其"天时之宜篇"说:"盖万物因时受气,因气发生,其或气至而时未至,或时至而气未至,则造化发生之理因之也。"又说"阴阳有消长,气候有盈缩",在农业生产中,必须"顺天地时利之宜,识阴阳消长之理"。元代王祯《农书》认为,"人与天合,物乘气至","土性所宜,因随气化","土地所生,风气所宜",这里指出农业生产必须因气而行。

明代马一龙《农说》深入系统地论述了传统农学中的元气论和阴阳学说。如"物之生息,随气升降,然生物之功,全在于阳。阳盛必蓄,蓄之极而通之大。盛而后始衰者,气之终也",是说生物生长和死亡,由气来决定,并阐述了阳气在生物生长中的重要功能。他还论述了一年之中、一天之中阴阳的变化情况以及十二消息卦与阴阳消长的关系,并指出"阳荣阴卫、阴阳互根、扶阴抑阳"对于农业生产的重要性。

清代杨屾《知本提纲》[1]也是用元气、阴阳学说来解释农学原理的重要著作。如"阴阳显迹,有物成体","阴阳著造化之奥","阴阳有从化之理","土音水寒,犁破耖拔,藉日阳之暄而后变"等等,将阴阳学说应用到农业中,解释作物的生长发育与环境以及具体的耕作载培措施之间的关系。关于五行理论,可上溯至商代的五方观念,它在农业中的应用,早在春秋战国时就被引进。《吕氏春秋·十二纪》和《礼记·月令》等与农业有关的著作,就以五行为基准,把气候、天象、物候和政事、农事、祭祀融为一体,构成一个整体系统。

杨屾《知本提纲》是传统农学中运用五行理论系统阐述农学原理的代表作,并把前人的金、木、水、火、土改造成为倾向于农业应用的天、地、水、火、气,认为它们是生人造物之材。如说"均属阴阳著体,尽由五行变迁","一元分四有,纯体自立而不杂;四精合一气,五行流动而不息","五行和而人物生"等等,并阐述了元气、阴阳、五行三者是不可分的统一体,如"五行共出于一

---

[1] 《知本提纲》由杨屾著述,郑世铎注解。

元,阴阳共藏其元精"。这些理论都渗透到关于农业生产的"修业章"中,为指导农业服务。

(三)圜道观的应用

圜道观的产生可能基于以下两个前提:一是日、月、季节周而复始的循环,二是比较稳固的小农生产中所认识到的农作物从种子到植株再到种子的往复。它一经产生,就在古代农业耕作制度、栽培制度的作物轮作、土壤轮耕、用养结合等方面发挥了巨大作用。

在作物轮作方面,因考虑到土壤及作物生长发育等不同条件,作物栽培应是各种作物循环进行。如《吕氏春秋·任地》中说"今兹美禾,来兹美麦",《氾胜之书》"区种"中说"禾收区种",都是说禾和麦的轮作复种。中国古代还总结了豆类和谷类以及绿肥轮作的经验,出现了丰富多样的轮作复种方式,有一年一熟、二年三熟、一年二熟、一年三熟的轮作复种制度。作物轮作与土壤轮耕密切联系。中国古代北方旱地经历了垄作和平作的循环,从西周至春秋战国,普遍采用垄作。汉代以后,随着大型犁铧、犁壁等耕作工具的使用和推广,平作又逐渐占据主导地位。此后,垄作和平作并存,并在年度间轮换循环。土壤轮耕都是根据作物轮作方式的不同而采取翻耕、免耕、耕耙耱耘、开垄作沟等不同方式。如作物轮作为冬麦—大豆—秋杂,土壤轮耕方式就为翻耕—免耕—翻耕。

圜道观的应用还反映到土壤的用养结合上,从土壤肥力角度来看,用地和养地是一个矛盾统一体,要使土壤肥力不至于不断衰减,必须用养结合。养地可采用作物轮作制和"深耕易耨"、"多粪肥田"等生物的、化学的措施,实现用养结合和循环,使农业生产长盛不衰。另外,利用物能循环建立农业生态系统是圜道观的又一杰作,是中国人创造的奇迹,古代人们经过长期的生产实践,不断总结思考,逐步形成了农牧桑蚕鱼的经济合理高效的物能循环系统。其中最为出色的是太湖地区的农牧桑蚕鱼系统,即以农副产品养猪,以猪粪肥田,以桑叶养羊,以羊粪养桑,以螺蛳水草养鱼,以鱼粪养桑,桑叶养蚕,蚕粪养鱼,这种农牧互养、农畜互养方式,真正做到了"五谷丰登"和"六畜兴旺"。再就是珠江三角洲的"桑基鱼塘"系统,该系统实现了桑蚕猪鱼四者齐养和农牧桑蚕鱼五者互养,是一个因地制宜的具有高效物能循环的农业生态系统,实现了水陆相互作用、动植物相互利用的独特的生态系统,创造了很高的资源利用率。

(四)"尚中"思想的应用

"尚中"思想反映到农业上,从生态学角度来说,就是寻求最佳的生态关系;从耕作学的角度来说,就是优化耕作制度。生态关系分为非生物环境和生物环境。非生物环境是光、热、气和土、肥、水条件,生物环境是生物群体之间、单一动植物群体和个体之间的关系。

在寻求非生物环境的最佳生态关系方面，《吕氏春秋·审时》中详细讨论了当时的禾、黍、稻、麻、菽、麦等作物的"先时"、"后时"和"得时"的问题，强调"得时"的重要性，"得时"即"用中"，是最佳选择，反之则"太过"或"不及"。《吕氏春秋·任地》中说，"凡耕之大方，力者欲柔，柔者欲力，息者欲劳，劳者欲息，棘者欲肥，肥者欲棘，急者欲缓，缓者欲急，湿者欲燥，燥者欲湿"，这里阐述了农业耕作的总原则是寻求"中点"，优化处理耕作的方法。《任地》篇中还说"上田弃亩，下田弃圳"，是说高田旱地应种垄沟，低田湿地要种垄台，也是这个道理。而《氾胜之书》《齐民要术》《知本提纲》中所阐明的根据土壤性质合理轮作，因地、因时、因物制宜的耕作方法以及合理施肥和三宜用粪等方面都体现了这个总原则。

在寻求生物环境的最佳生态关系方面，《齐民要术》确立了豆谷轮作，形成粮食作物和绿肥作物合理轮作的格局，从而实现了用地养地的结合。《齐民要术》《陈旉农书》《农桑辑要》等农书都阐述了高矮作物、尖叶与阔叶作物、深根与浅根作物的间作，套种中采用早对晚、快对慢、老对少的组合，以求得群体间的合理组合。单一作物的生态关系既要保持较高的群体密度，又要使个体有适当的生存空间。这些在《吕氏春秋·辩土》《氾胜之书》中的"间苗"和"区田法"中得到阐述，只有处理好这种生态关系，才能得到较高的产量。

"尚中"思想为寻求最佳生态关系以及耕作制度的优化奠定了理论基础，并由此逐渐形成了由土地连种制、轮作复种制和间作套种制等三个环节组成的用地体系。我国早在春秋战国时期，就逐渐废弃了轮荒耕作制，在战国后期确立了土地连种制，其土地利用率比西欧中世纪以后沿用的"二田制"和"三田制"的休闲耕作制要高 30％～50％。随后，创始了轮作复种制，逐渐形成和发展了二年三熟制、一年二熟制和一年三熟制，其土地利用率比西欧中世纪要高 150％～500％，差异显著。间作套种制，充分利用天时、地利，合理利用时间空间，提高了土地及光能利用率，进一步优化了耕作栽培制度。在具体的耕作方法上，根据其耕作特点和耕层构造，北方旱地采用了"全实"、"全虚"和"虚实并存"的循环耕作，南方水田采用水旱轮作的合理轮耕措施，使轮作周期的总产量提高 30％～50％，这是合理用地、充分养地的结果。

试论"气"观念与传统农业的生态化趋向 *

"气"观念是中国古代思维的重要取向之一,它对中国整体系统思维方式产生了深刻的影响,渗透至中国传统社会的各个层面。在农业上,"气"对传统农业生态思想、农业生态系统观及农业生态系统运作机理等做出了合理的解释,以至于在农业生产实践中对天地人物关系、时程变化、作物栽培过程及要领的关注和把握等方面都具有明显的生态化趋向。农业生态化趋向是中国传统农业长盛不衰的一个重要原因,由此可以认识和理解中国传统农业总体发展脉络,这对于中国传统农业如何走向现代、持续发展具有重要的理论意义。

中国传统农业及其农学理论难以被人理解,以至于被外国专家学者称为"家学"。究其原因则是中国传统农业所具有的生态化趋向,它视天、地、人、物为一个整体,即自然与人类活动的和谐统一,这就是所谓的"三才论",中国传统农业及其农学理论就是在这样的哲学思维导引下延续和发展的,不清楚这一点就无从理解中国传统农业。中国传统农业生态化趋向产生发展于中国这个特定的自然地理、政治经济的土壤之中,受到中国传统哲学思想的深刻影响。"气"是中国传统哲学思维的重要范畴和概念之一,气与阴阳、五行理论共同构成中国古代的科学思想,它一定程度上制约和规定着中国古代科技发展的方向,尤其是涉及生物体的传统医学和农学更加直接深刻地受到它的影响。传统农业及农学理论离开"气"则无从谈起,"气"观念奠定了传统农业的生态思想基础,对农业生态系统观的形成及其运作机理作出了合理的解释,导致了传统农业的生态化趋向。

一、"气"观念与传统农业的生态思想基础——天地人物整体观的形成

人类由于自身的求知欲及社会生活生产经验的积累,便渐渐开始了对自然事物本质的探讨,即力图从宇宙万物纷纭复杂的表象背后去寻找它们共同的本原。古希腊有水、气、火,以及土、水、气、火和无限等几种本原说;中国也

---

* 原载《中国农史》2001 年第 4 期。

有类似情况，如"故先王以土与金、木、水、火，杂以成百物"〔1〕，"水者，何也？万物之本原也，诸生之宗室也，美恶、贤不肖、愚俊之所产也"〔2〕。此外，还有以"易"、以"道"为宇宙本原的，如"是故易有太极，是生两仪，两仪生四象，四象生八卦，八卦定吉凶，吉凶生大业"〔3〕，"道生一，一生二，二生三，三生万物"〔4〕，如此等等。在中国诸多本原理论中，以"气"作为宇宙本原的理论得到长足发展，成为中国古代自然观、宇宙本原理论的主流，并由此构成天地人物的生成演化图式，成就了中国大一统的理论基础。农业生产与天地人物直接相关，天地人物是一个整体，农业生产自然要坚守人与自然的和谐统一。

"气"的原始意义及物质依托可能是云气，与空气、风、火、烟等物质形态有关。"气"概念的形成，可能是建立于神话传说及原始宗教中的天人沟通方式和超距作用中介的基础上，即天地、神民、天人之间的超距沟通可以借助于"云"、"气"来实现。因而，云气就成为神民、天地相互作用的中介物。〔5〕沿此路线演化发展，天地人整体思维、"天人合一"观的形成就是十分自然的了。"气"从起始的物质性特点中抽象出来，用以解释各种自然现象和各种事物，它除了具有物质性以外，还具有分布的弥散性、连续性、无限性、混沌性、穿透性、能动性、分散性、感应性等特征。人们对气的各种特性的解释以及在社会实践中的广泛应用，逐渐形成元气学说，并发展成为理解和解释万事万物的一种观念。"气"的观念至迟在春秋战国时期与阴阳五行说合流，"阴阳学说和五行学说又赋予气以各种各样的性质，并使千变万化的事物分属于阴阳、五行，以此解释自然现象"〔6〕。此后，以"气"为主，以阴阳五行为补充的元气学说便告形成。

先秦时期，在阐述天地万物本原、生成演化以及各种自然和社会事物时，都以元气论作为立论依据。《易经·系辞》中谓"易有太极，是生两仪"，孔颖达在《周易正义》中对此解释道："太极是天地未分前，混而为一的元气。"《易经·系辞》中还说"精气为物"，即"精气"是构成天地万物的原始物质。《老子》中说，"道生一，一生二，二生三，三生万物"，汉代人解"一"为"元气"，即由元气生出阴阳二气，阴阳二气生出"天地人"，再生万物。《庄子·知北游》中把人的生死也看作是气的聚散，说"人之生，气之聚也。聚则为生，散则为死……故曰：通天下，一气耳"。荀子认为物虽不同，气是基础，说"水火有气

---

〔1〕《国语·郑语》。
〔2〕《管子·水地》。
〔3〕《易传·系辞上》。
〔4〕《道德经》。
〔5〕 胡维佳：《阴阳、五行、气观念的形成及其意义——先秦科学思想体系试探》，《自然科学史研究》1991 年第 1 期。
〔6〕 薮内清著，梁策、赵炜宏译：《中国·科学·文明》，中国社会科学出版社，1987 年，第 25 页。

而无生,草木有生而无知,禽兽有知而无义;人有气、有生、有知亦且有义,故最为天下贵也"〔1〕。《黄帝内经·素问》用"气"作为中医学的重要理论,并说气升降出入无处不在,其"升降出入,无器不有"〔2〕的观念深入人心。《管子》中阐述了宇宙万物的生成演化都在于气,认为天地人物生成于气,运动于气,归结于气,统一于气。其云:

> 凡物之精,此则为生。下生五谷,上为列星。流于天地之间,谓之鬼神。藏于胸中,谓之圣人。……不见其形,不闻其声,而序其成,谓之道。……凡人之生也,天出其精,地出其形,合此以为人。和乃生,不和不生。(《管子·内业》)

古代的农业生产在纯粹的自然环境中进行,是以人的生产实践活动来协调天地环境与动植物的关系,其中最主要的就是"气"通、"气"和、"气"合,因此农业生产要因天"气"、因地"气"、因物"气"而因天制宜、因地制宜、因物制宜。农业生产中天地人物整体思维观也因此而形成。

汉代的宇宙生成理论仍沿袭"春秋大一统",认为天地万物根源是元气。董仲舒以阴阳五行为架构,以"天人感应"为核心,吸取道家、法家、阴阳家思想构建宇宙图式,使元气学说进入一个新阶段。此后元气学说才真正走向元气本体论,到张载算是完成。董仲舒认为,气为万物之本原,气之分合变化决定事物的时序、结构及其性质。这为"天人感应"奠定了理论基础。如:

> 天地之气,合而为一,分为阴阳,判为四时,列为五行。(《春秋繁露·五行相生》)

王充赞同元气为万物始元,天体宇宙未成前是混沌之元气,天地因气之分殊而形成,其说:

> 说《易》者曰:"元气未分,混沌为一。"儒书又言:"溟涬濛澒,气未分之类也。及其分离,清者为天,浊者为地。"(《论衡·谈天》)

他还在《自然》篇中说"天地,合气之自然也",《四讳》篇中说"元气,天地之精微也",《论死》篇中曰"人之所以生者,精气也",如此等等,都阐述了元气为万物本原这个论点。值此,元气不仅是天地人物的本原及生成方式,而且用元气贯通了天地人物系统,天地人物是一个整体。"气"作为一种传递物产生一种超距作用,是"天人感应"、物与天地相通等思想的物质依托。但它在说明事物多样性和传递中介的一般概念等方面,至迟在战国时期已大致形成并定型。

以元气解释自然、物理、化学、气象等现象是元气论的一大发展。关于天

---

〔1〕《荀子·王制》。

〔2〕唐代王冰在注释《黄帝内经·素问》时甚至指出:"虚管溉满,捻上悬之,水固不泄,为无升气而不能降也。空瓶小口,顿溉不入,为气不出而不能入也。"这已类似于一个实验性的描述。

之气,最早见《左传·昭公元年》,其中有"天生六气",这六气是指阴、阳、风、雨、晦、明。《论衡·感虚》则认为太阳也是气,说"日,火也,日,气也"。邢云路认为太阳之气是万象之宗,他在《古今律历考》中指出:

> 月道交日道,出入六度而信不爽,五星去而复留,留而又退而伏,而期无生,何也? 太阳为万象之宗,居君父之位,掌敛发之权,星月借其光,辰宿宣其气,故诸数壹禀于太阳,而星月之往来,皆太阳一气之牵系也。

朱熹则用气之运行具体解释了宇宙天地的形成:

> 天地初间只是阴阳之气。这一个气运行,磨来磨去,磨得急了,便拶许多渣滓,里面无处出,便结成个地在中央。气之清者便为天,为日月,为星辰,只在外,常周环运转。地便只在中央不动,不是在下。(《朱子语类·理气上·太极天地上》卷一)

此外,沈括用气解释物理现象,王充、张载等用气解释气象、寒温变化等;值此,元气论本体论以及聚散作用机制便告形成。"气"提供了天地人物系统的本原及其运作机制的解释,这是传统农业生态思想的基础,它在由天、地、人、物构成的农业生态系统中以及农业生产实践中得到充分的应用和发挥。特别是元气论本体论及作用机制在农业耕作栽培措施与农作物生长发育理论的阐述等方面得到了极其广泛的应用。

二、"气"与农业生态系统整体观的形成

万物由气而生、因气而化是气观念的主要线索和内容。气是"天人合一"思想及天地人物整体系统思维方式的物质性基础,并在一定的层面上揭示了天地人物系统的运作机理。农业生产离不开天地人物,天地人物的协调统一是农业生产的必备条件,而天地人物的共同本源是气,气无处不在,无时不有,由它联系着万事万物,事物发生发展皆由一气所牵。农业生产中的三大要素天地环境、生物体、人的社会实践活动也不例外,这就是"三才论"观点。天地人物整体系统观在农业中的集中体现便是农业生态系统观。

气观念因探知事物本质而形成,但对事物生存演化及结构的探讨只停留在思想层面上,至多是在模糊层次,没有对物质内部结构及其生存演化机制进行彻底剖析,因此,终究没有把探索物质的本原作为自己的命题来完成,恰恰是在诠释说明和认识天地人物整体系统中起着重要作用。元气论认为元气具有元间断、无形、无限存在、能动、可入等特点,都具有相当的模糊性,它在解释和分析事物时主要是重视整体和普遍联系,淡化了具体的、个别的尤其是对内部层次结构的探讨,这是中国传统思维的一大特点,在一定的程度上规定了中国科学的方向。元气论是中国古代"大一统"理论的基础,它把本原和现象、物质与运动、物质与精神、自然界与社会全都统一了。对于农业生

产来说,气观念发挥了巨大作用,传统农业及农学由于受到气观念的影响,形成了重整体、重关系、重功能、重中和的理论倾向,淡化忽略了作物形体结构、形状、个体生长发育生理机制以及遗传变异性状及其规律的研究,在农业生产实践中,注重的是对农作物生产过程和要领的把握,注意时序及关注生态环境,其结果是导致了农业的生态化倾向。如在农业生产中的时节把握、土地选择、茬口安排、种子数量、播种方法、耕耙要求、田间管理以及种收过程等方面,都属于生态学的范畴。《齐民要术·大豆》中就提供了这种生态化的模式:

> 春大豆,次植谷之后。二月中旬为上时……三月上旬为中时……四月上旬为下时……岁宜晚者,五六月亦得;然稍晚稍加种子。地不求熟……收刈欲晚……必须耧下……锋、耩各一,锄不过再。叶落尽,然后刈……刈讫则速耕。

由此可见,在大豆生产中主要关注大豆的前茬、播种时间和数量、耕耙及收割等问题,是属于生物与生物以及生物与环境的关系,具有生态农学的典型特点。这种对于农业的生态学关注,势必引导人们去关心和寻求农作物同环境的最佳配合,即强调农作物与其生长环境这个有机联系的系统,这是典型的农业生态系统观。由于农业生态系统观的引导,农业生产关注的是季节与农作物生长以及农作物与其环境的关系,即关注水、光、气、热、土壤及微生物、肥料等农业生产要素与农作物生长发育的协调配合。这使"无与伦比的农业耕作方法"得以产生,它主要包括土壤轮耕、轮作复种、间作套种、三宜施肥、多业互补等农业生产措施,这是农业生态系统平衡、持续和相对稳定的基础,这种农业的生态化趋向是中国农业生产持续稳定发展的重要保证。

以气与时节的关联阐述天地人物系统,解释农业生态系统运作机理,是中国古代哲人的一贯做法。《管子·形势解》中阐述了农作物因四季阴阳二气的变化而生长化收藏,如:

> 春者,阳气始上,故万物生;夏者,阳气毕上,故万物长;秋者,阴气始下,故万物收;冬者,阴气毕下,故万物藏。故春夏生长,秋冬收藏,四时之节也。

《淮南子·天文训》阐述了天地形成与阴阳气及万物形成的关系,以及一年之中、一天之中的阴阳气的变化规律,从天文天象角度把时节与气密切联系起来。其中年周期与气的变化消长关系是:

> 日冬至则斗北中绳,阴气极,阳气萌,故曰冬至为德。日夏至则斗南中绳,阳气极,阴气萌,故曰夏至为刑。……八尺之景,修径尺五寸。景修则阴气胜,景短则阳气胜。

《淮南子·原道训》中还阐述了动植物生长发育和阴阳之气的关系。"是故春风至[1]则甘雨降，生育万物，羽者姁伏，毛者孕育，草木荣华，鸟兽卵胎，莫见其为者，而功既成矣。"而《黄帝内经》则从人体生理、病理变化角度做了精辟的阐述[2]，阐明气随季节运行而呈现不同性质，意在说明时令不同，气的性质也不同，动植物生长则应之。

同时，《论衡》还用阴阳气解释农作物的生长发育，指出作物生长发育是因气而发，气是季节气候、作物生长发育的关键因素。《论衡·自然》中云：

> 天道无为，故春不为生，而夏不为长，秋不为成，冬不为藏。阳气自出，物自生长，阴气自起，物自成藏。汲井决陂，灌溉园田，物亦生长，霈然而雨，物之茎叶根垓（荄），莫不洽濡。

"月令派"强调根据时节安排农事活动。《吕氏春秋·十二纪》《礼记·月令》都用气的性质和阴阳二气的升降、进退、转化来解释农作物的生长化收藏以及农事活动。如：

> 孟春之月……天气下降，地气上腾，天地和同，草木萌动。
>
> 季春之月……生气方盛，阳气发泄，句者毕出，萌者尽达。
>
> 仲夏之月……日长至，阴阳争，死生分。
>
> 仲秋之月……杀气浸盛，阳气日衰，水始涸。
>
> 孟冬之月……天气上腾，地气下降，天地不通，闭塞而成冬。……
>
> 孟冬行春令，则冻闭不密，地气上泄，民多流亡。
>
> 仲冬之月……日短至，阴阳争，诸生荡。

如此等等，都表明农作物生长与农事活动要根据每个月阴阳气的变化消长来把握。

马一龙《农说》论述了气与农作物生长及耕作的关系。在讲四季与气的关系时说："冬至以后，阳渐长，立春，阳之出也，春分，阳气之中也，立夏得阳三之二，至夏至而极矣。夏至以后，阴渐长，立秋，阴之出也，秋分阴气之中也，立冬得阴三之二，至冬至而极矣。"《农说》指出一天中的阴阳消长变化情况，即"夫一元之气，升则为阳，降则为阴；进则为阳，退则为阴。故一日之间，子前为阳，日进而上升；午后为阴，日退而下降"。

农作物随着一年中气的阴阳消长变化而生长发育，随着一天中的阴阳变化而进行同化异化作用。《农说》认为生物有机体与外界环境是一个有机整体，"诸阳皆生者，阳自下起，发其内之一本以出于外；诸阴皆死者，阴自下起，敛其外之散殊以入于内"，这是说"阳"主生，"阴"主死。又如："上下者，乾坤分列之位；升降者，阴阳往来之气；内外者，神化合辟之妙；敛发者，万物生成

---

[1] "春风至"是指以阳气为主的阴阳协和之气的来临。

[2] 《黄帝内经·灵枢·顺气一日分为四时》中的叙述。其说："春生、夏长、秋收、冬藏，是气之常也。人亦应之，以一日分为四时，朝则为春，日中为夏，日入为秋，夜半为冬。"

之机;出入者,循环无穷之端。一本散殊,相禅以为始也。"农作物是地生天养,在阴阳二气的升降进退中生长发育,生长发育的实质是同化和异化作用交替以及物质与能量的循环和往复;其作用机制在于阴阳二气的对立统一,如:"含生者,阳以阴化;达生者,阴以阳变","生则化,成则变,然必成而后有生,阳根阴也;生而后有成,阴根阳也"。农作物的生成化变(无论是种子还是植株)都是相互依存的。这样,生物体与外界环境以及生物体本身的生长发育都因气而统一了。

自然万物的生成变化都由气的交合化变决定,气是万物生存繁衍的基础。气观念揭示了生物有机体与外界环境相统一的原理,在农业中得到广泛应用。气的消长变化有一定规律,农作物的生长化收藏应顺应它。传统农业对"天时"、"农时"的关注就是来自于时令与气的紧密联系这一基点,重农时,实际就是从时序来把握农业生态系统,即农业生态系统运行的动态观。

三、气与农业生产实践的生态化取向

元气论奠定了中国传统农业生态思想的理论基础,为构建农业生态系统观打下了基础,它在耕作栽培、作物生长发育及农事活动等方面得到广泛的应用,导致传统农业生产实践的生态化取向,这是中国传统农业长盛不衰的一个重要原因。

西汉《氾胜之书》专论农业栽培耕种,它把时令、气融入具体的耕作栽培中,如:

> 凡耕之本,在于趣时,和土,务粪泽,早锄早获。得时之和,适地之宜,田虽薄恶,收可亩十石。春冻解,地气始通,土一和解。夏至,天气始暑,阴气始盛,土复解。夏至后九十日,昼夜分,天地气和。以此时耕,一而当五,名曰"膏泽",皆得时功。春地气通,可耕坚硬强地黑垆土。辄平摩其块以生草;草生,复耕之。天有小雨,复耕。和之,勿令有块,以待时。所谓强土而弱之也。春候地气始通,椓橛木,长尺二寸,埋尺见其二寸。立春后,土块散,上没橛,陈根可拔。此时。二十日以后,和气[1]去,即土刚。以时耕,一而当四;和气去,耕,四不当一。

这里不仅叙述了各个季节的宜耕时期,而且还对同一季节中不同水、气运行

---

[1] "和气"为阴阳协调之气。两处都有"和气去"的说法,但却有宜不宜耕的问题。这与黄河中下游、华北地区的气候有关。这一地区春季地冻1—2米,地冻造成特殊的水气运行规律,地表温度低,1米以下温度高,下层气向上热腾至地表,化冻前,土刚硬,易耕;化冻时,水分由表向里渐进,水分充足,不能往下运行,故有"反润气"。化冻后,土潮湿,易粘着,不宜耕,所以就要"抢墒播种"。

状况下的耕作情况进行了阐述，并认为适宜者"一而当五"，不宜者"四不当一"。又用"气通"、"气和"阐述土地生态的特征。东汉《四民月令》中有："正月……雨水中，地气上腾，土长冒橛，陈根可拔，急菑强土黑垆之田"，"五月，芒种节后，阳气始亏，阴慝将萌，暖气始盛，虫蠹并兴。……阴阳争，血气散"，"十一月……阴阳争，血气散"等，继承"月令派"传统，阐述时、气变化以及相应的农事活动。总而言之，农业生产要与天气地气相合，否则将无法进行或者效率低下。

《齐民要术》在论及作物栽培管理方面毫无例外地强调了"时"的重要性，耕作栽培管理因时、气而变，具有明显的生态化特征。认为季节不同，气也不同，作物生长也不同。如："春气冷，生迟；不曳挞，则根虚，虽生辄死。夏气热而生速，曳挞遇雨必坚垆。"（《齐民要术·种谷》）而耕作中则要把握阳气为适耕时期，即"一入正月初，未开阳气上，即更盖所耕得地一遍"（《齐民要术·杂说》）。

唐代《四时纂要》等沿"月令派"传统，运用气来阐发每月的阴阳消长与农作物生长及农事活动的关系。南宋《陈旉农书》多引《周易》，哲理性较强，用"元气论"阐述农学原理也较深入。其《天时之宜篇》中说："四时八节之行，气候有盈缩踦赢之度。五运六气所主，阴阳消长有太过不及之差。其道甚微，其效甚著。盖万物因时受气，因气发生；其或气至而时未至，或时至而气未至，则造化发生之理因之也。"万物造化发生皆因时、气变化而不同。具体到农业生产，人们只有"顺天地时利之宜，识阴阳消长之理"，才能使"百谷之成，斯可必免"。《天时之宜篇》进一步指出："天反时为灾，地反物为妖，灾妖之生，不虚其应者，气类召之也。阴阳一有愆忒，则四序乱而不能生成万物，寒暑一失代谢，即节候差而不能运转一气。"时、物、气相互感召，如反行，则万物不生，耕稼不利。这里从宏观生态系统着眼阐明农业生产要做到天地人物的协调统一。

元代王祯《农书》引经据典，博采众家，以"元气论"解释农学原理。除继承上述思想外，还直接提出了整个天地人物系统的关联，即"庶几人与天合，物乘气至，则生养之节，不至差谬"。并认为农业生产要因地制宜，提出了"风土论"："土性所宜，因随气化……土地所生，风气所宜。"他创制了"授时指掌活法之图"，把天体运行、节气变化、作物生长与农事活动全都对应统一起来，把农业生产系统纳入宇宙系统中，对指导农业生产具有很强的实用价值。

明代马一龙《农说》，因引《周易》《内经》阐述农学原理，哲理性很强。其元气学说博采众家，有所发展。他认为生物的生长发育要靠阳气的蓄积，生物的衰败就在于阳气的衰竭。如："阳主发生，阴主敛息。物之生息，随气升降，然生物之功，全在于阳。阳之生物欲盛必畜，畜之极而通之大。盛而后始衰者，气之终也。"在耕作中要把握"阳荣阴卫"原则，如在阐述冬耕宜早、春耕宜迟的道理时说:"冬耕宜早,春耕宜迟。云早,其在冬至之前;云迟,其在春分之后。冬至前者,地中阳气未生也;春分后者,阳气半于土之上下也。其意皆在阳荣阴卫,欲使微阳之气不泄,求其壮盛而已。"耕作时,当土壤中阳气旺盛,并有阴气在土壤外面护卫时,才最适宜。而在农作物生长发育中,还要注意"扶阴抑阳"。因为"天地之间,阳常有余,阴常不足",所以生产中要做到"损有余,补不足"。他列举了"阳有余"的害处,如有农地饶,"粪多而力勤,其苗勃然兴之矣。其后徒有美颖,而无实粟"等等,并论述了"阳有余"易造成虫害,危害农作物。阳余,即雨热交,易生虫害。[1]

清代杨屾《知本提纲》也运用"元气论"来解释农学原理。他在《修业章》中论述了元气与作物生长、耕作栽培的关系。他认为万物的生成化变是阴阳二气的相互作用所致,他说:"阴阳相济,氤氲化生乎衣食。"郑世铎注解说:"地本水土合成阴体,得日阳来临,方能阴阳相济,均调和平,化生万物,而衣食始从此而出也。"他还进一步用阴阳二气的消长变化来阐述耕作的总体原则:"倘阳蒸不极,经水夺而有化无变,生气既滞而不畅,阴敛不进,遭旱泄而有变无化,物力亦散而难凝。"郑世铎注解说:"阳变阴体,阴化阳气,阴阳和,造化成,而品汇繁昌。此耕道之大端也。"在栽种方面,他指出,"种植得宜,既畅一元之气;栽莳合法,信加二土之精"。即栽、种合宜,气则"伸发舒布……二土之气交并一苗",故"人有加倍之功,地有加倍之力"。在解释作物生长(根)时说:"锄频则浮根去,气旺则中根深,下达吸乎地阴,上接济于天阳。"这是强调精耕细作。在阐述作物果实收成时说:"稼得其时,则气充而多脂;稼失其时,必气泄而多浡。"用"气"来解释收获时宜问题。在论述作物生长发育及耕作栽培与气的关系时说:"土啬水寒,犁破耖拔,藉日阳之暄而后变。"郑世铎解释:"土为少阴而气啬,水为太阴而气寒,必得阳火蒸发,始能生物。故犁破耖拔,翻其结块,上承日阳之照,消烁啬寒之气,自然转阴为阳,而变其本体,物生有资矣。"意即利用犁耖耕作,清除土、水之啬寒阴气,土地就会转阴变阳,农作物生长发育就会协调,农业可有收成。

对于犁耖耕作,要把"藉日阳之暄"和"得水阴之润"结合起来,要求犁耖之后要得水阴之气,来化解来自太阳和风的太过的阳气,这样才能使得阴阳协调。其说:"日烈雨燥,雨泽井灌,得水阴之润而后化。"郑世铎解释为:"日本太阳而气烈,风本少阳而气燥。土既犁耖,经日烈风燥,阴质尽化阳亢,何以发育?必复得水阴之气,敛其过泄之阳,合其润泽之阴,阳变阴化,阳生阴成,包含融结,以大发育之功也。"他还从作物生长发育的角度强调了"阳变阴

---

[1] 如"热气积于土块之间,暴湿雨水。酝酿蒸湿,未得信宿,则其气不去,禾根受之,遂生蝎。烈日之下,忽生细雨,灌入叶底,留注节干;或当昼汲太阳之气,得水激射,热与湿相蒸,遂生蟹"等等。

化，阳生阴成"的重要性，即"独阴不生，孤阳不长。阳施阴承，阴化阳变，阴阳交而五行和，五行和而万物生。故犁耖灌溉，必勤其功，斯燮理裁成，自尽其妙"。气分阴阳，阴阳交合、调和是作物生长发育的基础，农业生产就是要应用犁耖灌溉等耕作措施来协调阴阳化变，使土壤水气等环境条件适合于农作物的生长发育。

综上所述，中国传统思维中的"气"观念导引了中国传统农业的生态化趋向，其农业生态思想以及在它引导下的农业生产实践对于现代农业的持续发展具有重要的借鉴意义。

阴阳学说与传统农业[*]

阴阳是中国先民思维认知的重要取向,"气"和阴阳五行思想理论的融通合流,形成了传统思维认知的统一模式和框架。阴阳学说在古农书及相关典籍中,普遍被用作对天地人系统及农业生态系统、农学思想原理的阐释,指导农业生产实践。由此,引导了传统农业走向整体系统、有机协调的精耕细作道路,铸就了传统农业的历史辉煌,支撑着中国传统社会的绵延发展。时至今日,阴阳学说虽然存在着不可避免的历史局限性,但由其派生和延展的系统整体、辩证对立、互补平衡等诸多思想内核,在农业可持续发展、食品安全及生态环境保护等人类诸多诉求中,仍然具有一定的借鉴意义。

在中国诸多自然观理路中,元气学说不断发展成为古代自然观的主流。以"气"作为宇宙本原的理论得到长足发展,成为中国古代自然观、宇宙本原理论的主流,并由此构成宇宙天地人物的生存演化图式。由于"气"和阴阳五行学说构建中的内在自洽,抑或其本质上的某种趋同及相通,它们融通合流,成为传统思维的重要概念和范畴,引领传统哲学思维及其科学思想,对于农学和中医产生了重要的影响。本文探讨阴阳学说对古代农业及其农学思想理论构建和生产实践的影响。

一、阴阳学说与农业生态巨系统

阴阳两分、对立统一观念的起源,当与天地自然、气候地理的交互变化以及采集狩猎、农业文明对其的依赖相关。人类对自然社会事物经验的不断积累,关联的思维方式得到发育及运用。由此渐渐产生类比、对称的观念和方法,白昼黑夜、冷暖、男女、上下、前后、左右、明暗、内外等等,这些既分处两极又相互关联的自然社会事项被逐渐认识,这些认识容易唤起阴阳概念。由于人类早期对于动植物的依赖,其中某些概念因受到自然节律及农业文明的影响而不断提升强化,渐渐成型固定为阴阳概念,并不断提升发展成阴阳学说。阴阳学说充当天地人系统运行机理的阐释,主要是基于阴阳消长变化及"气"与阴阳五行的融通合流。阴阳学说与"元气论"的合流,使得两者互为提升拓展。阴阳学说在"元气论"的影响下不断发展为自然社会事物运动变化机制。

＊ 原载《管子学刊》2008 年第 3 期。

"气"为万物本原，气分阴阳，阴阳二气的运行变化、交感合和导致万物生成化变，即天地气合，万物化生。阴阳消长变化构成万物生长变化的机制和动力。由此，阴阳总的含义甚至可称为"宇宙间两种基本力量或作用"[1]。同时，"气"与阴阳五行合流，使得"气"一分为二，其中具备对立、消长、转化的含义，且构成一个四时五方的天地人宇宙系统的思维框架。阴阳理论基本含义在于阴阳交合生万物及其阴阳消长变化。阴阳生万物是由气本原及气分阴阳而立；而阴阳思想的应用，主要表现为万事万物都在阴阳的升降、进退、交互中变化发展。农业生态巨系统的天地人物四大要素不断运动变化，其内在原因在古人看来就是阴阳及气的消长变化。

农业在自然状况中实施，农业与宇宙自然相通。"农业的要素也就是构成宇宙的要素，水、土、空气和阳光。"[2]农业系统包括天地自然环境、农作物和人的生产实践，天、地、人、物四大要素组合构成了农业生态巨系统。如《吕氏春秋·审时》所言："夫稼，为之者人也，生之者地也，养之者天也。"生物有机体、天地自然环境和人的实践活动不是相互独立的，它们之间构成了一个动态关联的有机整体，天地人物的协调统一是农业生产实践的关键。先民对于天地人物几方面的内在关联的认识，主要是基于气作为万物本原以及对阴阳对立消长变化的理解把握。

《周易》以"——————"符号及其所赋予的属性及变化，构建乾、坤、震、坎、艮、巽、离、兑八卦体系，象征天、地、雷、水、山、风、火、泽等自然系统，秉持"一阴一阳之谓道"（《易传·系辞上》），以两端对立变化来阐述万事万物的形成和发展。所谓"天地交而万物通"（《易传·彖·泰》）、"天地氤氲，万物化醇，男女构精，万物化生"（《易·系辞下》）等，以天地相交、男女构精阐发万物生成化变，阐明"天地合而万物生，阴阳接而变化起"（《荀子·礼运》）的道理。由此阴阳贯穿了一个无所不包的系统，正如《周礼·大司徒》说："日至之景，尺有五寸，谓之地中，天地之所合也，四时之所交也，风雨之所会也，阴阳之所和也。然则万物阜安，乃建王国焉。"阴阳具有相互对立制约、互根互用、平衡消长、相互转化等性质，万事万物的发生、发展、变化的根源都可以归结为阴阳。《黄帝内经·素问·阴阳应象大论》说："阴阳者，天地之道也。万物之纲纪，变化之父母，生杀之本始，神明之府也。"《黄帝内经·灵枢·顺气一日分为四时》还指出了气的运行与具体自然时间、生物节律的系统关联，如"春生、夏长、秋收、冬藏，是气之常也，人亦应之。以一日分为四时，朝则为春，日中为夏，日入为秋，夜半为冬"。如此等等，无疑都适应于天地人物农业生态巨系统。

---

〔1〕 李约瑟：《中国科学技术史》第二卷《科学思想史》，科学出版社、上海古籍出版社，1990年，第297页。

〔2〕 瓦罗：《论农业》，商务印书馆，1981年，第29页。

时序是天地人物农业生态巨系统的一个最好表征。农业系统依赖自然时程的变化及其循环,农事活动需要了解把握自然时程及其节律,人们依据四季循环交替及其关联的气候、物候变化采取相应的农业措施。四时节律在一定的意义上具有融摄、统领天地人物巨系统的作用,阴阳学说为四时节律系统提供了机理性解释。时间是流程,阴阳是机制,任何事物都受其统领。《孙子兵法》说"天者,阴阳,寒暑,时制也"。《墨子》中有"四时也,则曰阴阳","四时调,阴阳雨也时"。《国语·越语》中范蠡说"因阴阳之恒,顺天地之常"。《庄子》以"当是时"进一步强调阴阳动态变化、调和与万物化变的统一思想,如:"当是时也,阴阳和静,鬼神不扰,四时得节,万物不伤,群生不夭。"(《庄子·缮性》)又如:"天尊地卑,神明之位也;春夏先,秋冬后,四时之序也;万物化作,萌区有状,盛衰之杀,变化之流也。"(《庄子·天道》)《淮南子》指出不同时节的阴阳消长变化不同,如:"日冬至则斗北中绳,阴气极,阳气萌。……日夏至则斗南中绳,阳气极,阴气萌。……景修则阴气胜,景短则阳气胜"(《淮南子·天文训》),以阐述"阴阳和合而万物生"之理。天地运行、四时变化蕴含着阴阳消长变化机制。正如《管子·四时》言:"阴阳者,天地之大理也;四时者,阴阳之大经也。"阴阳是天地之道,四时节律及生物的生、长、化、收、藏由阴阳消长变化而起。这对于农业生产实践十分重要。人们只有"顺天地时利之宜,识阴阳消长之理",才能"百谷之成,斯可必矣"。相反,"阴阳不和,风雨不时……六畜不蕃,民多夭死,国贫法乱,逆气下生"(《管子·七臣七主》),或者是"阴阳失次,四时易节,人民淫烁不固,禽兽胎消不殖,草木卑小不滋,五谷败不成"(《吕氏春秋·十二纪·夏纪·明理》)。阴阳失调不和,自然气候地理反常,灾害多发,动植物生长不利,农业无收,国家、人民将危在旦夕。这种观念引导了天地人物协调统一的农业思想,形成了"月令派"传统,成就了精耕细作的传统农业。

二、阴阳学说与农学思想理论

在天、地、人、物协调统一的农业巨系统观的引导下,阴阳学说被广泛应用于传统农业思想及农学理论的阐述。天地自然环境存在差异,时节不同,阴阳及气的消长变化不同,农作物生长发育不同,采用的农业方法也不同。《诗经》中"相其阴阳,观其流泉"等叙述,当是根据自然环境状态选择耕种土壤。农业生产面对自然气候地理状况,这些状况由天地决定,天有"天气",地有"地气",天地之气交合决定着自然万物的生成发展。气分阴阳,天之气阳性,地之气阴性,阴中有阳,阳中有阴,彼此包含,相互消长,农作物生长及其环境都受制于阴阳消长变化。

农业生产实践活动必须了解把握天地自然循环变化规律。四时、日月及其气候循环往复是一种自然规律,农作物生长因之循环。《周易》以"变"论事，强调"无平不陂，无往不复"，指出："日往则月来，月往则日来，日月相推而明生焉。寒往则暑来，暑往则寒来，寒暑相推而岁成焉。"（《易传·系辞下》）阴阳循环及其交和互生是万物生存繁衍的基础和条件，如"阴生阳，阳生阴，阴复生阳，阳复生阴，是以循环而无穷也"（《皇极经世书·观物外篇·生天圆图卦数》）。《吕氏春秋》则指出了生物本身存在的生长循环运动："物动则萌，萌而生，生而长，长而大，大而成，成乃衰，衰乃杀，杀乃藏，圜道也。"（《吕氏春秋·季春道·圜道》）农业实践由此循环往复协调开展。时令不同，阴阳变化不同，动植物生长应之。《管子》认为万物因四季阴阳变化而生长发育成熟，即"春者，阳气始上，故万物生；夏者，阳气毕上，故万物长；秋者，阴气始下，故万物收；冬者，阴气毕下，故万物藏。故春夏生长，秋冬收藏，四时之节也"（《管子·形势解》）。《淮南子》涉及动植物生长发育和阴阳消长变化的关系，指出："春风至[1]则甘雨降，生育万物，羽者妪伏，毛者孕育，草木荣华，鸟兽卵胎，莫见其为者，而功既成矣。"（《淮南子·时则训》）由此可见，农业实践活动主要是根据具体时节协调生物有机体与其环境之间的关系。

阴阳具有静动体用两方面的含义[2]，阴阳存在着相反、相仇、相攻、相胜的排斥和斗争，但这并非一方战胜一方、毁灭一方，双方在消长变化中彼此渗透和互补，相反相成，具有阴阳交错、阴阳流转、阴阳互补、阴阳谐和等特征，任何事物的变化发展都循此法则展开，最终走向谐和与平衡。[3]阴阳的对立制约、互根互用以及消长转化在农学思想中得到淋漓尽致的阐发。以《礼记·月令》《吕氏春秋·十二纪》等为代表的"月令派"，以阴阳及气的升降、进退、转化来阐述解释气候的寒来暑往，说明农作物生长化收藏乃至农事活动。"月令"专文分月阐述不同时节的阴阳变化，如"（孟春）天气下降，地气上腾，天地和同，草木萌动。……（季春之月）生气方盛，阳气发泄，生者毕出，萌者尽达……（仲夏之月）日长至，阴阳争，死生分"，如此等等。其大量使用的天气、地气、暖气、寒气、生气、杀气以及"阴阳争"等概念，实际上都是阴阳和气及其消长变化的（当然其中也包含有气候的意义）的通俗表达。农事活动要根据不同时节（月份）的阴阳特征来把握，要顺应时节及其阴阳变化，获得生物有机体与外界环境条件协调统一。《齐民要术》论及各种农业、副业技术，在作物栽培、管理方面都毫无例外地强调了"时"的重要性，"时"与"气"相应，"气"在"时"中。在解释农作物生长及其土壤状态时，其说："春气冷，生迟，不曳挞则根虚，虽生辄死。夏气热而生速，曳挞遇雨必坚垎。"（《齐民要术·种谷》）季节不同，气的性质和运行不同，作物生长、土壤状况亦不同。在谈及花

---

[1] 此处"春风至"当指以阳气为主的阴阳协和之气的来临。
[2] 庞朴：《"一阴一阳"解》，《清华大学学报》（哲学社会科学版）2004年第1期。
[3] 郑万耕：《阴阳变易学说的思维特征》，《中国哲学史》2000年第3期。

椒种植时指出:"此物性不耐寒:阳中之树,冬须草裹,不裹即死。其生小阴中者,少禀寒气,则不用裹。所谓习以性成。"(《齐民要术·种椒》)唐代《四时纂要》沿"月令派"传统,阐发每月阴阳消长与农事活动的密切关联,如"七月,孟秋行春令……阳气复还,五谷不实,行冬令,则阴气大盛,介虫败谷"。

气候变化有常有异,阴阳消长亦有太过和不及,任何固定化的时序都难免其局限。对此,《陈旉农书》认为:"四时八节之行,气候有盈缩踦赢之度。五运六气所主,阴阳消长有太过不及之差。其道甚微,其效甚著。盖万物因时受气,因气发生;其或气至而时未至,或时至而气未至,则造化发生之理因之也。"(《天时之宜篇》)。万物造化发生皆因时、气变化,"时"和"气"之间有时也可能发生不完全符合的情况,因此应灵活掌握时令,只有"顺天地时利之宜,识阴阳消长之理",才能获取农业收成。同时指出:"天反时为灾,地反物为妖,灾妖之生,不虚其应者,气类召之也,阴阳一有愆忒,则四序乱而不能生成万物,寒暑一失代谢,即节候差而不能运转一气。"(《天时之宜篇》)即认为时、物、气相互感召,农业生产要因时、随气进行,逆行则万物不生,耕稼不利。王祯《农书》引经据典颇多,《周易》《四民月令》《氾胜之书》《齐民要术》《陈旉农书》等都为在引之列。在以"元气论"解释农学原理方面,除继承上述思想外,王祯还提出了整个天地人物系统的关联,如"庶几人与天合,物乘气至,则生养之节,不至差谬"。《农书·授时》一并提出了"风土论",即"土性所宜,因随气化……土地所生,风气所宜",即要因地制宜。《农书》又谓:"二十八宿周天之度,十二辰日月之会,二十四气之推移,七十二候之迁变,如环之循,如轮之转,农桑之节,以此占之。"至此,王祯达"月令派"农学成就高峰。他还据此制定了"授时指掌活法图",成为传统农学知识体系的一个总结。

明代马一龙《农说》还阐述了阴阳互根、十二月消息卦与阴阳消长关系,并详细描述了一年之中、一日之中的阴阳消长变化,用以指导农业生产,使农业生产在天地人物协调统一的关联中进行。《农说》以阴阳及气的变化消长阐述农作物的生长发育。其说:"四时有八节,立春、春分、立夏、夏至、立秋、秋分、立冬、冬至也。冬至以后阳渐长,立春阳之出也,春分阳气之中也。立夏得阳三之二,至夏至而极矣。夏至以后阴渐长,立秋阴之出也,秋分阴气之中也。立冬得阴三之二,至冬至而极矣。……冬至一阳生,主生主长。夏至一阴生,主杀主成。故曰:生者阳也,成者阴也。"农业生产对天时的关注是基于时令与气的关联。农业生产需要了解时和土的特征。其说:"力不失时,则食不困。知时不先,终岁仆仆尔。故知时为上,知土次之。知其所宜,用其不可弃,知其所宜,避其不可为,力足以胜天矣。知不逾力者,虽劳无功。"《农说》中还谈到了一天中的阴阳消长,如:"夫一元之气,升则为阳,降则为阴;进则为阳,退则为阴。故一日之间,子前为阳,日进而上升;午后为阴,日退而下降。"对于农业生物来说,它们是随着一年中的阴阳消长变化而生、长、化、收、藏,随着一天中的阴阳变化而进行同化和异化作用。在四季八节的寒来暑往中,阴阳二气的消长变化呈现一定的规律。因此,农业生产中农作物的生、长、化、收、藏也应顺应它,人们要采取相应的耕作栽培措施来协调其变化发展。清代杨屾《知本提纲》指出:"日行黄道,一年一周,而遍地之土,共被恩泽;盖地本水土合成阴体,得日阳来临,方能阴阳相济,调和平,化生万物,而衣食始能从此出也。"此论应该说是接触到了"天时地利"的本质。

由于天、地、人、物的农业巨系统观的引导,加之阴阳学说大量直接地应用于农学思想理论的阐述,传统农学形成了重整体、重时程、重关系、重功能、重调和、重均衡等理论倾向,专注于自然的经验农学的宏观系统整体联系层面,淡化和忽略了作物形状结构、生长发育、生理机制以及遗传变异规律等分析性的、结构性的研究。

三、阴阳学说与农业实践

阴阳学说在长期的农业实践中被不断强化和提升。农业生产实践遵循阴阳消长变化的规律,以一整套的耕作栽培措施协调农作物与其环境条件的关系,使得农业生态系统处于阴阳平衡调和的良性循环之中,以获取农业收成,由此营造了中国古代农业的精耕细作传统。

"月令派"是以时节和阴阳的消长变化阐述农作物的生长发育状况的,要求人们以相应的农业措施进行协调,对农业实践有着重要的指导意义。最早运用阴阳概念阐述农业生产实践的当是《吕氏春秋》,其在坚持"凡农之道,候之为宝"的基础上,认为土壤耕作时应当"亩欲广以平,圳欲小以深。下得阴,上得阳,然后咸生"(《吕氏春秋·辩土》),即在耕作中把握上下(天地环境)阴阳的协调,有利于农作物的生长。《氾胜之书》专门论述农业栽培耕种,把时令、阴阳变化融入具体的耕作栽培中,认为把握"地气"和"天气"的阴阳调和是耕种的前提。如:"春冻解,地气始通,土一和解。夏至,天气始暑,阴气始盛,土复解。夏至后九十日,昼夜分,天地气和。以此时耕,一而当五,名曰'膏泽',皆得时功。"春、夏、秋季的土壤耕作要根据其不同时节的天地气的不同进行把握,适耕者"一而当五",不宜者"四不当一"。在阴阳对立统一与农作物生长发育以及耕作栽培的关系方面,明代马一龙《农说》和清代杨屾《知本提纲》进行了全面系统的阐述。

《农说》认为农作物与外界环境是一个有机整体,并运用阴阳消长变化的规律阐述农作物生长发育以及耕作栽培措施。其一,农作物生长发育随着阴阳二气的升降而发展变化,阳主发生,阴主敛息。农作物是地生天养,在阴阳二气的升降进退中生长发育,生长发育的实质,是同化和异化作用交替以及物质与能量的循环和往复;农作物生长发育的全过程,是由种子到植株,再由植株到种子。同时认为,农作物生长发育的机制在于阴阳二气的对立统一。

如:"含生者,阳以阴化;达生者,阴以阳变","生则化,成则变,然必成而后有生,阳根阴也;生而后有成,阴根阳也"。这表明,农作物的生成、化变(无论是种子还是植株)都是相互依存、对立统一的。《农说》还对阴阳二气变化与农作物生长发育以及耕作栽培的关系进行具体论述。如:"阳主发生,阴主敛息,物之生息,随气升降。"又如:"诸阳皆生者,阳自下起,发其内之一本以出于外;诸阴皆死者,阴自下起,敛其外之散殊以入于内。"是说"阳"主生,"阴"主死。又如:"上下者,乾坤分列之位;升降者,阴阳往来之气;内外者,神化合辟之妙;敛发者,万物生成之机;出入者,循环无穷之端。一本散殊,相禅以为始终也。"其二,农作物生长、发育、收藏由阴阳气的盛衰决定。如:"物之生息,随气升降,然生物之功,全在于阳。之生物,欲盛必畜,畜之极而通之大。盛而后始衰者,气之终也。"强调阳气的作用,即生物的生长发育要靠阳气的蓄积,生物的衰败就在于阳气的衰竭。其三,耕作中要把握"阳荣阴卫"原则。冬耕宜早,春耕宜迟。其说:"云早,其在冬至之前;云迟,其在春分之后。冬至前者,地中阳气未生也;春分后者,阳气半于土之上下也。其意皆在阳荣阴卫,欲使微阳之气不泄,求其壮盛而已。"指出当土壤中阳气旺盛,并有阴气在土壤外面护卫时,耕作才最适宜。其四,农作物生长发育要注意把握"扶阴抑阳"。因"天地之间,阳常有余,阴常不足",所以生产实践中要做到"损有余,补不足"。其列举了"阳有余"的害处,如有农地饶,"粪多而力勤,其苗勃然兴之矣。其后徒有美颖,而无实粟"等等,并指出"阳有余"易造成虫害[1],危害农作物。

《知本提纲》坚持"阴阳相济,氤氲化生乎衣食",大量运用阴阳对立统一原理解释农学原理,指导生产实践。其说:"人以五行著体,日用消耗,元元之气宜继;物以五行备用,谷禀中和,生生之助为首。"郑世铎注解说:"地本水土合成阴体,得日阳来临,方能阴阳相济,均调和平,化生万物。而衣食始从此而出也。"以阴阳对立统一的原理阐述作物生长发育及耕作栽培。《知本提纲·修业章》(以下均同)中说:"土啬水寒,犁破耖拔,藉日阳之暄而后变。"[2]即利用犁耖耕作,清除土、水之啬寒阴气,土地就会转阴变阳,农作物生长发育就会协调,农业可有收成。又如:"日烈雨燥,雨泽井灌,得水阴之润

---

〔1〕 阳余,雨热交,易生虫害。如"热气积于土块之间,暴湿雨水。酝酿蒸湿,未得信宿,则其气不去,禾根受之,遂生蟊。烈日之下,忽生细雨,灌入叶底,留注节干;或当昼汲太阳之气,得水激射,热与湿相蒸,遂生蟹"等。

〔2〕 郑世铎解释:"土为少阴而气啬,水为太阴而气寒,必得阳火蒸发,始能生物。故犁破耖拔,翻其结块,上承日阳之照,消烁啬寒之气,自然转阴为阳,而变其本体,物生有资矣。"

而后化。"〔1〕这里叙述了要辩证地对待犁耖耕作，既要"藉日阳之暄"，又要"得水阴之润"，就是要求犁耖之后要得水阴之气，来化解太阳和风的太过的阳气，这样才能使得阴阳协调统一，即"阳变阴化，阳生阴成"，这是农作物生长发育最重要的环节。正如其所总结的那样："盖独阴不生，孤阳不长。阳施阴承，阴化阳变，阴阳交而五行和，五行和而万物生。故犁耖灌溉，必勤其功，斯爕理裁成，自尽其妙。"应用犁耖灌溉等耕作栽培措施来协调土壤水气等环境条件，使得阴阳协调，有利于农作物的生长发育。在论及土壤耕作时指出："倘阳蒸不极，经水夺而有化无变，生气既滞而不畅，阴敛不进，遭旱泄而有变无化，物力亦散而难凝。"〔2〕在栽种方面指出："种植得宜，既畅一元之气；栽莳合法，信加二土之精。"即栽、种合宜，气则"伸发舒布……二土之气交并一苗"，故"人有加倍之功，地有加倍之力"。在解释作物生长（根）时说："锄频则浮根去，气旺则中根深。下达吸乎地阴，上接济于天阳。"这里是强调精耕细作。

古人遵循阴阳消长变化规律，实施耕作栽培，总体要求把握"时""宜"原则，注重农作物生产的过程、要领及其环境的把握，关注时间序和生态环境，在耕作栽培方面，关注的是土地选择、前后茬作物、播种时间、种子数量、播种方法、耕耙要求、田间管理以及收获时间等，由此形成土壤轮耕、作物轮作、间作套种、用养结合、合理施肥及密植等精耕细作传统。

综上所述，阴阳学说在传统农业思想、农学理论及其农业生产实践中得到了广泛应用，由此引导了传统农业走向了精耕细作的道路，铸就了传统农业的历史辉煌。在现代科学看来，阴阳学说虽然存在着很大的局限性，但其中蕴含的系统整体、辩证统一等思想内核，在现代农业可持续发展中仍然具有重要的借鉴意义。

---

〔1〕 郑世铎解释："日本太阳而气烈，风本少阳而气燥。土既犁耖，经日烈风燥，阴质尽化阳亢，何以发育？必复得水阴之气，敛其过泄之阳，合其润泽之阴，阳变阴化，阳生阴成，包含融结，以大发育之功也。"

〔2〕 郑世铎注解说："阳变阴体，阴化阳气，阴阳和，造化成，而品汇繁昌。此耕道之大端也。"

五行说对古代农业的影响[*]

　　中国传统农业历经几千年长盛不衰,在经验农学的基础上,形成了独特的农业哲学及其农学思想体系。五行是中国的思想律,五行思维模式影响了传统哲学思维及其科学观念,尤其是对中医和农学的形成发展具有重要影响。学界关于五行对于中医的影响探讨颇多,本文探讨五行说对古代农业系统分类、农业系统运行机理、耕作栽培制度的影响。五行说作为中国古代重要的思维方式,对传统农学理论及其农业生产实践产生了十分重要的影响。五行之"五"充当了农业系统的分类依据,五行生克制化之理为古代农业系统及其运行机制提供了重要解释。五行被广泛运用于农业生产实践之中,引导传统农业走向精耕细作的道路,铸就了传统农业的辉煌。

一、五行起源与原始农业

　　对任何理论学说的理解都离不开社会历史环境。五行观念的起始[1]总会印刻和关联着原始农业乃至采集狩猎时代的痕迹,切合先民所处的特定自然环境和社会实践引导的认知取向及其思想意识。五行观念的引发主要基于先民对于方位、时节的认知与农业生产实践的整合。采集狩猎及原始农业时代,人们生活的核心是获取食物。对此,人们必须去了解把握动植物习性及与此关联的物候、地理分布及其气候等,其关键就是对时令节律、方位的辨识。这种基于生死存亡的日常经验和与其相适应的求知的双向推动,引导了四时节律流程、东南西北中方位架构的动态的整体系统观念,进而产生历法月令以及制度安排,引发五行观念。还需指出,五行观念可能还受到数目及计数、尚五(尚中)观念、事物分类、技术方法等诸多影响。五行的产生应当是多项观念思想交互整合的结果。

　　对四时节律及其地理方位的认知是先民了解自然世界的开端。人们关于时空及其关联的动植物和自然现象的认知,在人类早期观念意识起源中无疑占据了主导地位,其在人类文明的发轫及形成中具有重要作用。[2]人们在

---

　　* 原载《自然辩证法研究》2012 年第 1 期。

[1]　关于五行说起源,大体有五方说、五材说、五星说以及四时说、五季说、五数说、五官说等,刘起釪、胡厚宣、齐思和、庞朴、刘长林、宫哲兵、胡化凯、刘宗迪等学者进行了有益的探讨。

[2]　何星亮:《图腾与人类文明形成》,《中南民族大学学报》(人文社会科学版)2007 年第 6 期。

"食物中心"时代，需要辨别时间季节、地理方位以获得生存繁衍机会，四方、五方观念自然产生。[1]当然，由自然崇拜的四方神(木神、火神、金神、水神)演化的五方观念虽不能给予五行的内容，却给予了五行的外在形式。这种外在规定后来演变为五帝、五神、五色、五味、五音……以及五行与四时配合的整个形式系统。[2]对方位及其关联物的认识，是人们地理空间经验的主要体系。由"方"到具体物象，即由方——方物——方神——方人的认识，建构起一种方物类群及利害关联的自然秩序。[3]这种秩序渐渐进入早期社会生活，成为制度化、仪式化的标志和行为。[4]原始农业时期，人们需要顺应自然而建立起动植物(尤其是农作物)和环境的关联，这种关联的结果，最重要的是对时间节律和地理空间的了解把握，这正是早期历法起源的直接动因。甲骨文、《尧典》《大荒经》等文献中关于四方风和四方神的记载一脉相承，反映了人们早期对于物候历的觉悟。[5]《尧典》载有专人观象授时，以四星(鸟、火、虚、昴)所处南中天日子来定二分二至，以定季节分四时。《夏小正》把一年12个月的天象、物候和农事对应起来，标志物候历向观象授时历的过渡。四时(春夏秋冬)的确立离不开四方(东南西北)的判定，反之亦然。四时配四方的观念滥觞于此。[6]值此，五行与时空关联的模式被确定后，人们渐渐从这种普遍联系中抽象出一个代表系统的属性和相关性的概念模型，固定到金、木、水、火、土上，五行说便告产生。

五行以金、木、水、火、土固定，这种抽象及概念模型的确立应与早期农耕相关。五行观念及其生克机制的建立可能与早期农业生产实践有着一定的相关性。[7]在原始农业向传统农业过渡的过程中，人们涉及的器物及生活要素渐渐增多，生产要素、生产工具及生产过程方法也不断丰富。从木竹、石器到金属，从刀耕火种、撂荒耕作到铁犁牛耕，从简单工具到复合工具，在不断积累经验的基础上，认知也随之发展。金、木、水、火、土与人们农耕实践社会生活的密切关联，使其关切度和重要性渐渐显露。农耕实践在"土"上种植收获作物，需要以"水"浇灌，以"火"烧荒，以"木"、"金"组合制作农业工具，体现了五行与早期农业经验和技术的关联，先民对于五行"生克"机制及其因果性、系统性的认识也不断深入。在金、木、水、火、土五行中，对于土、木、水的认知可以是基于其自然物的属性，而对于金与火的认知则一定具备了较为高

〔1〕 胡厚宣：《释殷代求年于四方和四方风的祭祀》，《复旦学报》(社会科学版)1956年第11期。
〔2〕 赵载光：《从卜辞中的四方神名看五行的演化》，《湘潭大学学报》(社会科学版)1991年第2期。
〔3〕 叶舒宪：《方物：〈山海经〉的分类编码》，《海南师范学院学报》(人文社会科学版)2000年第1期。
〔4〕 王小盾：《从"五官"看五行的起源》，《中华文史论丛》2008年第1期。
〔5〕 刘宗迪：《〈山海经·大荒经〉与〈尚书·尧典〉的对比研究》，《民族艺术》第2002年第3期。
〔6〕 刘宗迪：《〈山海经·海外经〉与上古历法制度》，《民族艺术》2002年第2期。
〔7〕 赵洪武：《论五行学说的技术性起源》，《自然辩证法研究》2009第2期。

级的人工经验。"刀耕火种"以及冶炼铸造由火而来,它不仅开启了原始农业,还带来了铁器时代,对于规模化农耕及其农业时代具有基础性意义。

《洪范》关于五行性能及其与五味关联的阐述,则是发生在使用金属工具的农业时期。其曰:"五行:一曰水,二曰火,三曰木,四曰金,五曰土。水曰润下,火曰炎上,木曰曲直,金曰从革,土爰稼穑。润下作咸,炎上作苦,曲直作酸,从革作辛,稼穑作甘。"这里包涵的思想内容与殷商时期农业经验有关。两周时期,基于"化生说"和"五行说"的生物认知及其实践利用,人们创造运用了生物防治、耕作防治、物理化学防治等一系列植保技术,防治有害生物对农业的危害。[1]在认识动植物与自然现象的过程中,人们需要顺应天地自然,顺应四时节律,其阴阳五行思想观念在黄土高原农耕农事活动中观照鲜明。[2]不仅如此,阴阳五行观念作为文化形态也可能进入到各民族农业神的祭祀中,对古代农耕实践产生重要影响。[3]

五行观念在农耕经验积累的基础上,渐渐形成具有固定中心的系统认识,其后被抽象为五行说。西周以后,五行先抽象为地舆世界的基本元素,构成相生相胜关系,后又扩大为对于整个宇宙世界的一般认识,认识的系统形式则是无固定中心和有固定中心并存。五行观念及其体系的形成,主要基于时空认识和早期农业经验的双重作用。经验性认识在历史过程中积淀为传统的先验存在,加上统治者用以阐释政治历史的规律性和现实政治的合理性,五行说便演变成了一种关于价值规范和认识模式的先验信念[4],进而成为人们对于宇宙系统的信仰,抽象拓展为人们认知整个自然社会系统的普遍思维模式。正如:"五行,是中国人的思想律,是中国人对于宇宙系统的信仰;二千余年来,它有极强固的势力。"[5]

二、五行与农业分类

在五行思维方式的引导下,"五"作为分类依据,涉及包容了天、地、人、物等自然社会诸系统诸事物,"五"分方法在中国古代分类中具有重要地位。五行分类在不同自然社会事物系统中出现了五帝、五神、五味、五色、五星、五钟、五官、五音等不同的分类体系,在农业及其关联系统方面,形成了以"五"为基础的农业分类体系,简略梳理如下:

---

〔1〕 郑贞富:《两周对农业有害生物的防治》,《中国农史》1993 第 3 期。

〔2〕 吴世彩:《易理"阴阳五行"在黄土高原农耕农事中的观照》,《周易研究》2008 年第 1 期。

〔3〕 傅光宇:《阴阳五行在中国彝族农业神祭祀与日本农业神祭祀中之异同》,《思想战线》2001 年第 2 期。

〔4〕 张涅:《五行说由经验性认识向先验信念的异变》,《中国哲学史》2002 年第 2 期。

〔5〕 顾颉刚:《五德终始说下的政治和历史》,《清华大学学报》(自然科学版)1930 年第 1 期。

五行	木	火	土	金	水
五季	春	夏	（季夏）	秋	冬
五候	温和	炎暑	溽蒸	清切	凝肃
五方	东	南	中	西	北
五气	风	热	温	燥	寒
五土	山林	川泽	丘陵	坟衍	原隰
五化	生	长	化	收	藏
五谷	麦	菽	稷	麻	黍
五畜	羊	鸡	牛	犬	彘
五果	李	杏	枣	桃	栗
五菜	韭	薤	葵	葱	藿
五虫	鳞	羽	倮	毛	介（甲）
五贼	蟊	蟛	蜷	螟	蛰
五害	水	旱	风雾雹霜	厉	虫
五色	青	赤	黄	白	黑
五味	酸	苦	甘	辛	咸
五音	角	徵	宫	商	羽
五星	岁星	荧惑	镇星	太白	辰星

　　农业在自然中进行,农业系统是关联天、地、人、物(动植物)的巨系统。由"五"分类建立的农业系统呈现在不同层面,涉及关联农业的诸多方面。表中属于天地自然环境要素的有五星、五季、五候、五方、五气、五土等,属于动植物要素的是五化、五谷、五畜、五果、五菜、五虫、五贼、五害、五色、五味等,其中涉及与农业生产生活密切关联的谷、畜、果、菜等动植物种类,亦包括动植物的生长发育(生长化收藏)及其性状表现,甚至还关联到对农业生产和农作物造成危害的一些因素,如水、旱、风雾雹霜及其农业害虫等。以"五"分类建立的农业系统,表明了先民对农业系统的认识及其运行规律的整体把握,反映了古代农业的发展水平。

　　从宏观层面看,农业系统由五方、四时统一组织和引领。农业生产中最重要的自然环境要素是气候和土壤,气候与土壤状态随"时"而变,"时"充当了农业外界环境条件的重要标志及集合。《管子》中将五行与四时相配,四时附和为五季、五时、五节。《管子·五行》采"五时",将一年三百六十天分为"五时",每"时"七十二天。其说:"睹甲子,木行御……七十二日而毕。睹丙子,火行御……七十二日而毕。睹戊子,土行御……七十二日而毕。睹庚子,金行御……七十二日而毕。睹壬子,水行御……七十二日而毕。"依照干支相间和五行配属,体现了自然社会系统在年周期中的依存转化、轮流循环。农事活动乃至政治社会生活统一在时间节律中。《管子·四时》把五方及对应的日月星辰、四时、气及生成物"五行"全部联系起来,形成以五方引领、由四时五方秩序统一组织的自然系统及其事物的运行。诸如"东方曰星,其时曰春,其气曰风,风生木与骨,其德喜嬴……此谓星德"。农业系统亦由五方、四时(五季)统一组织和引领,四时五方构建的五行系统成就了农家月令图式。"月令"以五行为纲纪,以四时五方的统一为架构,按一年十二个月把天象、气候、物候、政令、农事以及祭祀等联系在一起,自然社会事物依照统一的节律循环运行。

在具体层面,五行构成了农业系统各事项各要素的分类体系,主要包括气候、土壤质地、水旱灾害及动植物等,这里列举土壤及其关联的动植物分类以窥之。《禹贡》和《周礼》都涉及"九州"的土壤和物产,依据土壤质地和颜色做了类型划分。《禹贡》将九州土壤划分为十类,以黑、黄、赤、白、青五色描述土壤颜色。《周礼·地官·大司徒》按照山林、川泽、丘陵、坟衍、原隰对地貌特征进行五种划分,并指出各种地貌特征适应生长的植物和动物。如"以天下土地之图,周知九州之地域广轮之数,辨其山林、川泽、丘陵、坟衍、原隰之名物。……以土会之法,辨五地之物生:一曰山林,其动物宜毛物,其植物宜皂鳞,其民毛而方。二曰川泽,其动物宜鳞物,其植物宜膏物,其民黑而津。三曰丘陵,其动物宜羽物,其植物宜核物,其民专而长。四曰坟衍,其动物宜介物,其植物宜荚物,其民皙而瘠。五曰原隰,其动物宜赢物,其植物宜丛物,其民丰肉而庳。因此五物者民之常",阐述了地理环境与动植物(包括人)的关联,亦为牧业发展及其作物耕作栽培实践提供了朴素生态学依据。

《管子·山国轨》依据地貌、植被和物产,将土壤划分为浅水(植物)、水区(动物)、山地、沼泽地四种,将农田土壤分为五种。《管子·地员》对于土壤及关联动植物的分类最为具体,其依据五行,以地下水与土壤的关系(即所谓"距水七尺")与五色、五味、五音进行配置,将土壤分成悉徒、赤垆、黄唐、斥埴、黑埴五类,并对其适宜作物进行了区分。如:"黑埴,宜稻麦。其草宜苹、蓨,其木宜白棠。见是土也,命之曰一施,七尺而至于泉。呼音中徵。其水黑而苦。"此外,《管子·地员》还依据土壤质地、颜色以及地形、地势、水分、味道等对土壤进行区分。其将九州之土分十八类九十种,如"九州之土,为九十物。每州有常,而物有次"。又将土壤分为上土、中土、下土三大类,每大类又分六小类,以"五"命名。上土六类即五粟、五沃、五位、五蘟、五壤、五浮;中土六类即五怸、五纑、五壏、五剽、五沙、五塥;下土六类即五犹、五弦、五殖、五觳、五凫、五桀。在具体分类描述中,对"上土"的五粟、五沃、五位三土以五色区分，诸如"五粟之物，或赤或青或白或黑或黄，五粟五章"，"五沃之物，或赤或青或黄或白或黑，五沃五物，各有异则"，"五位之物，五色杂荚，各有异章"，等等。此以"五"命名各类土壤虽显牵强附会，却体现了先民认识土壤及其植被系统的智慧，无疑也为早期了解土壤环境和作物奠定了基础。

三、五行生克制化与农业系统运行机理

五行体系之要义，一在它是一个把世间众品分门别类的形态学分类体系，二在它是一个解释世间万象相生相克的动力学功能系统。[1]五行说不仅在事物分类方面提供了框架和概念库，还为时空架构和事物演变提供了一个生克制化机制。生克制化及功能转化是五行说的精髓。五行象征了一个复杂的网络系统，阐明了事物的普遍联系、互相制约和平衡，具有循环周期、整体系统、符号化体系等思想，其中蕴涵的有机论思想是中国古代科学认识论思想的精华。[2]五行体现事物方向、过程、流变等特征，是"五种基本过程"或者"五种强大力量"[3]。农业系统是一个生态系统，五行生克机制被用以解释农业生态系统要素的关联及运行机理，在农业系统运行及其生产实践中具有引领意义。

五行生克制化机制在阴阳五行合流后获得。阴阳消长变化充当了天地运行、四时变化的内在机制。如《管子·四时》言："阴阳者，天地之大理也；四时者，阴阳之大经也。"春夏秋冬、时间推移、万物生长由阴阳变化而起。四时与五方相配，五行生克机制自然产生。《淮南子》指出了五行生克的关系。《淮南子·天文训》曰："甲乙寅卯，木也；丙丁巳午，火也；戊己四季，土也；庚辛申酉，金也；壬癸亥子，水也。水生木，木生火，火生土，土生金，金生水。"并认为五行之间存在相互依存关系，农耕实践依照四时交替、五行生克，循环往复。《淮南子·坠形训》说："木壮，水老火生金囚土死；火壮，木老土生水囚金死；土壮，火老金生木囚水死；金壮，土老水生火囚木死；水壮，金老木生土囚火死。"《春秋繁露》在阐述气及阴阳、五行内在关联的基础上，指出五行"比相生而间相胜"，人们需要顺应其规律。《春秋繁露·五行相生》曰："天地之气，合而为一，分为阴阳，判为四时，列为五行。行者，行也，其行不同，故谓之五行。五行者，五官也，比相生而间相胜也。故谓治，逆之则乱，顺之则治。"同时还解释了四时季节与五行生克的联系。《春秋繁露·循天之道》曰："凡天地之物，乘于其泰而生，厌于其胜而死，四时之变是也。故冬之水气，东加于

〔1〕 刘宗迪：《五行说考源》，《哲学研究》2004 年第 4 期。
〔2〕 胡化凯：《试论五行说的科学思想价值》，《中国哲学史》1996 年第 3 期。
〔3〕 李约瑟：《中国科学技术史》第二卷《科学思想史》，科学出版社、上海古籍出版社，1990 年，第 244—245 页。

春而木生,乘其泰也;春之生,西至金而死,厌于胜也。生于木者,至金而死;生于金者,至火而死。春之所生,而不得过秋;秋之所生,不得过夏,天之数也。"以五行生克阐述四时季节与动植物生、长、化、收、藏各阶段的关联。《春秋繁露·五行对》曰:"天有五行:木、火、土、金、水是也。木生火,火生土,土生金、金生水。水为冬,金为秋,土为季夏,火为夏,木为春。春主生,夏主长,季夏主养,秋主收,冬主藏。藏,冬之所成也。"以五行生克解释农作物生长过程。

五行生克制化原理对于古代耕作栽培制度建立有着重要影响。春秋战国时期,黄河流域等逐渐以土地连种制替代原先的轮荒耕作制,并创始了轮作复种制。轮作复种制度创立的前提是基于对农作物生长过程的认识,五行生克为认识农作物生长过程提供了依据,为古代轮作复种制度提供了解释。先民在了解禾、麦、豆等生态习性的基础上,创造了作物的轮作复种方式。《吕氏春秋·任地》言"今兹美禾,来兹美麦",《氾胜之书》说"禾收区种",郑玄在注《周礼·稻人》《周礼·遂人·薙氏》中引郑众语说,"今时谓禾下麦为薙下麦,言芟刈其禾,于下种麦也","又今俗间谓麦下为薙下,言芟薙其麦,以其下种禾豆也"等,显示了麦禾、麦豆间的轮作。《淮南子·坠形训》直接运用五行生克机制阐述农作物的生长发育阶段,其说:"木胜土,土胜水,水胜火,火胜金,金胜木,故禾春生秋死,菽夏生冬死,麦秋生夏死,荠冬生中夏死。"以五行生克阐明禾、菽、麦、荠农作物的基本生长过程。这为黄河中下游一些地区推行麦豆秋杂二年三熟制提供了生态学依据。

贾思勰在《齐民要术》中运用五行机制解释农作物的生长发育,如:"禾,嘉谷也。以二月始生,八月而熟,得知中和,故谓之禾。禾,木也。木王而生,金王而死。"(《种谷》)又说:"麦,金王而生,火王而死。"(《大小麦》)还对农作物生长周期进行了阐述,如:"豆,生于申,壮于子,长于壬,老于丑,死于寅。"(《大豆》)又如:"麦,生于亥,壮于卯,长于辰,老于巳,死于午。"(《大小麦篇》)古代农学家运用五行制化思想,阐述根据不同作物的生长周期进行的农耕实践,为古代耕作栽培制度的确立提供了前提。《齐民要术》在总结汉代禾、麦、豆轮作的基础上,确立了豆类和谷类、绿肥和谷类轮作的基本格局,形成麦、稻、豆、绿肥、秋杂等多种作物混作的轮作方式[1],这为二年三熟、一年两熟和一年三熟的耕作栽培制度的建立奠定了基础。作物种植与土壤耕作密切关联,两者有机配合、相互循环,渐渐形成我国的轮作复种制度。

明代著名农学家马一龙在《农说》中运用阴阳五行阐释农学原理。他认为"五行杂揉"是万物之所以为物的前提,指出:"太虚生物之功,不过日月之

〔1〕 郭文韬:《中国耕作制度史研究》,河海大学出版社,1994年,第34—35页。

代明，四时之错行，水火相射，五行杂揉，而万物之为物也，无尽藏。"关于改善土壤状况的问题，他提出采用"济之以阴"和"济之以阳"的措施，以"水夺"、"火攻"之法改善土壤状况，以达到"水火协调，阴阳相济"的良好土壤状况。他以阴阳消长解释气候季节变化，进而解释农作物生长发育以及相关农业技术。清代农桑学家、教育家杨屾亲身从事农业生产实践，设馆教学，致力农桑。他对五行说进行了拓展运用，在《知本提纲》中应用新的五行观阐述农学原理。其言"五行"不是"金木水火土"，而是"天地水火气"。以元气论为基础，以天地水火为四精，即"元精合和，方能生化万物"。他指出，"一元分四有，纯体自立而不杂；四精合一气，五行流动而不息"（《修业章》），以天、地、水、火、气对"生人造物之材"的"五行"进行阐释。天、地、水、火、气"五行"的应用，主要针对农作物生长的外界环境，强调农作物生长和环境条件之间的关系，对于农业生产实践来讲，天、地、水、火、气"五行"更具直观性和适用性。与此同时，杨屾提出"余气相培"论，认为人与天地万物都由"五行之气"组成，人与天地万物因气而统一，五行之气在食物、排泄、土壤、农作物生长过程中，可以不断循环、永续利用。这种思想浅显而深刻，辨识了某种物能循环过程，在土壤培肥、耕作栽培等农耕实践中具有重要价值。

五行说对中国传统思维科学文化产生了极其广泛而深刻的影响。传统农业在"经验农学"以及气、阴阳、五行等思想理论的影响下长盛不衰，支撑维系了中国传统社会的绵延发展。

第二部分　经验与哲理的双向选择

"尚中"观与中国传统农业的生态选择*

人类产生后,其生存繁衍几乎完全依赖于自然,依赖于自然资源及其自然生态群落的演替。为此,人们必须关注了解日月星辰运行、气候变迁、季节变更、地理方位以及动物出没、植物花开花落等自然现象,由此结成最初的人与自然之间的"调和"、"共生"关系。在以生存繁衍为主的实践活动中,由于经验的积累和对自然及其社会事物的领悟、理解,人们理性地选择了"中和协调",以应对各种复杂的自然、社会关系,从而形成"取中"、"尚中"的思维习惯和传统。"尚中"的思维方式在农业文明(耕作与畜牧)中具有相当的合理性。在中国,农耕及其长盛不衰的农业文明强化了它,提升了它,使之成为中国传统思维方式的重要组成部分。反过来,"尚中"导引下的中和协调、优化选择思想又决定了中国传统农业的生态取向,决定了中国传统农业的生态选择,由此营造了中国古代农业精耕细作的优良传统。

"尚中"观产生于中国古代社会生产实践与社会生活,影响和渗透至传统文化及社会生产生活的各个层面。"尚中"引导的中和协调、优化选择思想对中国传统农业的生态化取向产生了重要影响。中国传统农业生产实践充分体现了"尚中"的观念,在宏观上表现为自然环境(天地)、农作物与人的社会活动之间的调和平衡,即天地人物的协调统一;具体到农业生态系统中,则注重农业生态关系的利用、选择及优化,即以人的生产实践实现各种生态因子(非生物环境因子和生物环境因子)的优化组合。

一、中国传统思维的"尚中"观

"尚中"观念发端于人与自然协调平衡的观念及其自然社会事物运作中的中和循环思想,历经"对称"、"平衡"、"调和"、"尚五"、"尚三"、"以中为大"等观念形态,最终固定于"尚和"、"尚中",成为中国传统思维方式的主流之一。

人与自然"调和"、"共生"关系的确立,导引了"中和"、"平衡"、"协调"的思维取向,由此形成"取中"的思想观念,产生最初的"尚中"观。这种"尚中"观最宏观的体现就是"天人合一"。"天人合一"强调人与自然的亲和、共生及一体,追求人与自然的平衡、协调与中和,主张以天、地、人、物相合相融的整

---

* 原载《南京农业大学学报》(社会科学版)2002 年第 3 期。

体思维方式构建自然社会系统。中国三大思想派别儒、道、佛都以"天人合一"观为致"礼"、致"道"、致"佛"的前提,其认识的目的都主要是为了把握事物整体内部的关系,从整体观照局部,又从局部中观照整体,其出发点和归宿点都是整体。[1]与此相对应,集中反映中国古代科学思想的气、阴阳、五行观念学说,在对天人关系以及天、地、人、物整体系统运行机理的解释方面作了重要铺垫。气、阴阳、五行本身也蕴涵着深刻的生态化的观念思想。[2]气揭示了万物的本原,构成一体化观念及整体大一统理论的基础;阴阳学说强调"气和"及阴阳消长和协调平衡,这是尚和、尚衡、尚中;五行在其各个时期表现出尚土、尚水、尚火等不同的尚中观,殷商时期人们以己为中,以自己所处位置而分东南西北,以中为正、为大、为好,这渐渐成为一种永恒的社会观念和价值取向。中国传统思维坚持"一分为三"[3],"一分为三"在一定层面上体现了尚中观念。大凡自然社会事物因为有了"三",才处于平衡和协调状态,两端之间加进"中"才平、才稳,"三"在揭示事物本质及其复杂性方面具有重要意义。

《易经》为群经之首,在中国传统思想文化中占有重要地位。《周易》八卦及以八卦为基准的六十四卦体系在喻示自然、社会事物的循环运动变化中体现了尚中观念。八卦符号由阴阳爻组成,阴阳形成对称,八卦以三爻重叠为卦形,阴阳对称便由此渗透中和,原本对称对立的事物都应存在于稳定平衡的统一体之中,相互消长。对称是法则,中和是状态。任何事物由"一"起始,其后便有"二",由此形成对称或区分,"二"中加一个"三",事物趋于中和平稳。自然社会事物都由对称趋向中和,在中和的基础上建立新的对称,以此循环往复。"尚中"在六十四卦的六爻卦位中也得到贯彻。"六爻相杂,唯其时物也。其初难知,其上易知:本末也,初辞拟之,卒成之终。若夫杂物撰德,辨是与非,则非其中爻不备。噫!亦要存亡吉凶,则居可知矣。"[4]即六爻从初爻到上爻的变化,要辨别是非,把握过程,中爻最重要,初爻变化至中爻,事态趋势已定,上爻自然而成。同时"二多誉,四多惧","三多凶,五多功",二、五爻分处下卦与上卦的中位多吉,三、四爻则多凶。以中为吉。《周易》在对事物的阐述中大量采用了"中正"、"正中"、"刚中"、"中道"、"得中"、"中行"等词句,意即中者可窥全貌,中者为吉、为利、为正。"取中"是处理一切事物的共同准则。

先秦诸子在阐述尚中思想时,对于用中,用什么,怎么用,各有看法。老

---

〔1〕 王树人、喻柏林:《传统智慧再发现》,作家出版社,1996 年,第 52—212 页。

〔2〕 胡火金:《中国传统农业生态思想探索》,南京农业大学博士论文,1999 年。

〔3〕 庞朴:《中庸与三分》,《文史哲》2000 年第 3 期。

〔4〕 《易传·系辞下》。

子主张贵柔、用弱、守雌,反对刚强,崇"无为"、"为而不争"。庄子认为"用"应是"无用之用",他说:"凡物无成与毁,复通为一。唯达者知通为一,为是不用而寓诸庸。庸也者,用也;用也者,通也;通也者,得也;适得而几矣。"[1]商鞅和韩非则主张"用强",即法家的严刑峻法。儒家提倡中和、仁爱的社会行为准则,主张"用中"。《中庸》全文阐述"用中"的道理和法则。如"中也者,天下之大本也;和也者,天下之达道也","致中和,天地位焉,万物育焉……君子中庸,小人反中庸。君子之中庸也,君子而时中;小人之反中庸也,小人而无忌惮也……中庸其至矣乎! 民鲜能久矣"等,指出"中和"是自然与社会的一种普遍法则,致力于中和,可达天地万物之理。这里"尚中"思想已具有相当的哲理性及现实意义。汉代大儒董仲舒在论述中庸思想时说:"成于和,生必和也;始于中,止必中也。中者,天下之所终始也;而和者,天地之所生成也。夫德莫大于和,而道莫正于中。中者,天地之美达理也,圣人之所保守也。《诗》云:'不刚不柔,布政优优。'此非中和之谓与! 是故能以中和理天下者,其德大盛,能以中和养其身者,其寿极命。"[2]他认为"中和"是天地自然法则和规律,以"中和"来治理天下,方可德、道兼治。宋以后,"中庸"思想仍受推崇。朱熹在《中庸章句》中说:"中者,不偏不倚,无过无不及之名;庸,平常也。"这种解释已把"中庸"提高到普遍平常的哲理水平。清代颜元将"中庸"推至家、国治理之理。他说:"中庸何以称天下之'大本',天下之'达道'乎? 盖吾人之中和与天地万物一般大,致吾一心之中、一身之和,则钦明温恭是也;推而致一家之中、一家之和,则一家仁、一家让是也。推而致一国之中和、天下之中和,则调燮阴阳、协和万邦。"[3]综上所述,"尚中"从整体上的取中、取衡及协调思想渐渐发展成为人们认识和处理一切自然社会事物的重要思想观念,由此进入生产实践与社会生活的各个层面,成为人们普遍遵守的行为准则。

二、"尚中"观与传统农业的生态化取向

中国传统社会经济以农为主,"尚中"观念及其思维方式起源于农业文明,提升于农业文明,又反过来指导着农业实践,决定了传统农业的生态选择。中国"天人合一"思想反映的天地人物整体中的取衡、中和及协调等观念,引导了传统农业的生态化取向。传统农业坚持天、地、人、物的整体协调,把天地自然环境、动植物生长与人的生产实践活动视为统一的有机整体,人们通过调和控制,使动植物生长与自然环境处于和谐统一的生态系统之中。这种生态思想贯穿于传统农业的始终。如"古之人民,皆食禽兽肉,至于神

---

〔1〕《庄子·齐物论》。
〔2〕 董仲舒:《春秋繁露·循天之道》。
〔3〕 颜元:《四书正误·中庸》。

农,人民众多,禽兽不足,于是神农因天之时,分地之利,制耒耜,教民劳作"[1],这表明原始农业时期人们遵循天时、地利的原则。"故春仁,夏忠,秋急,冬闭,顺天之时,约地之宜,忠人之和。故风雨时,五谷实,草木美多,六畜蕃息,国富兵强"[2],指出天时、地利、人和三者的调和平衡是五谷丰登、六畜兴旺乃至于国富兵强的根本保证。《荀子》中"若是,则万物失宜,事态失应,上失天时,下失地利,中失人和,天下敖然,若烧若焦……若是,则万物得宜,事态得应,上得天时,下得地宜,中得人和,则财货浑浑如泉源,汸汸如河海,暴暴如丘山。夫天下何患乎不足也?"[3],阐述了天时、地利、人和对于生产的重要性。《淮南子》中"是故人君者,上因天时,下尽地财,中用人力,是以群生遂长,五谷蕃植,教民养育六畜,以时种树,务修田畴滋植桑麻,肥墝高下,各因其宜"[4],认为天地人三大要素相合为农业(畜牧业、林业等)生产所必备。《吕氏春秋·审时》对农业生产中天地人物协调统一作了高度概括:"夫稼,为之者人也,生之者地也,养之者天也。"此说在后来得到不断发挥。《陈旉农书》说:"在耕稼盗天地之时利……故农事必知天地时宜,则生之蓄之,长之育之,成之熟之,无不遂也。由庚,万物得由其道;崇丘,万物得极其高大;由仪,万物之生,各得其宜者,谓天地之间,物物皆顺其理也。"[5]农家"月令派"以及七十二候、二十四节气等应用充分体现了农业生产中的整体观及其生态化取向。王祯《农书》继承发展了"月令派"成果,创制"授时指掌活法之图",达"月令派"农学的最高成就,其"盖二十八宿周天之度,十二辰日月之会,二十四气之推移,七十二候之迁变,如环之循,如轮之转,农桑之节,以此占之"[6],把天体运行、节气变化、农作物生长与农事活动等多个环节对应统一起来,运用于农业生产实践与社会生活。明代马一龙引经据籍阐述农学原理。他说,"力不失时,则食不困。知时不先,终岁仆仆尔。故知时为上,知土次之。知其所宜,用其不可弃;知其所宜,避其不可为,力足以胜天矣。知不逾力者,虽劳无功"[7],意在表明人们若适当合理地利用天时地利,就可战胜自然,改造自然,否则,劳而无功。他还认为,"然时言天时,土言地脉,所宜主稼穑,力之所施,视以为用,不可弃,若欲弃之而不可也,不可为亦然。合天时地脉物性之宜,而无所差失,则事半而功倍矣"[8],指出人们在农业生产中要认识和利用天时、地利、物性之宜(动植物生长规律及特点),协调生物有机体和外界环

[1]《白虎通·德论》。

[2]《管子·禁藏》。

[3]《荀子·富国》。

[4]《淮南子·主术训》。

[5]《陈旉农书·天时之宜》。

[6] 王祯:《农书·农桑通诀·授时》。

[7][8]　马一龙:《农说》。

境条件的关系。如此等等，古代哲人、农家在论及农业时都以"天地人物的协调统一"作其立论依据，体现了传统农业取中、平衡以及协调的生态化取向。

尚中即取中，取中是为了求得平衡，这势必导致对事物中和、联系、制约及整体的关注和追求。这种观念思想的不断发展和强化，对传统农业的生态选择产生了深远的影响。传统农业及农学就呈现出重整体、重关系、重功能、重中和，轻形体结构、轻形状、轻个体生长发育生理机制的理论倾向。在农业生产中，注重的是对农作物整个生产过程和主要技术要领的把握，即注意时间顺序和关注生态环境，比如土地选择、茬口作物安排、把握时间、种子数量、播种方法、耕耙要求、田间管理以及种收过程等，意在从整体上、从农作物生产整个过程中把握"度"。取中，体现了生态化的取向。《齐民要术》提供了这种模式的代表，其"大豆第六"谓："春大豆，次植谷之后。二月中旬为上时……三月上旬为中时……四月上旬为下时……岁宜晚者，五六月亦得；然稍晚稍加种子。地不求熟……收刈欲晚……必须耧下……锋耩各一，锄不过再。叶落尽，然后刈……刈讫则速耕。"[1]即在整个生产过程中取得平衡，注意协调农作物之间（前后茬）以及农作物与环境（适播、适耕、适收）之间的关系。

中国传统农业中土壤轮耕、深耕细作、耕褥结合、作物轮作复种、间作套种、合理施肥以及农、林、牧、渔、副多业互补的农业生态系统的建立等，都是中国传统农业生态化取向的具体体现。这种对农业的生态学关注，势必引导人们去关心和追求农业生产中各生态因子之间的最佳组合和结构关系，其主要表现可概括为：一为非生物环境中最佳生态关系的选择，主要是气候因子和土壤条件，也包括农业耕作和合理施肥等人工因子；二为生物环境中追求最佳生态关系，主要是作物之间、作物个体和群体之间的合理安排和布局，也包括作物轮作、间作套种以及土壤微生物环境。对于农业生态系统来讲，最佳生态关系的选择，是农业生态系统平衡、持续及良性循坏的重要保证，是农业生产持续稳定发展的根本要求。

三、非生物环境生态关系的优化选择

优化选择思想源于"尚中"和"取中"的观念和思想。具体到农业实践中就是农业生产各种要素的优化组合。非生物因子(光、热、水、气、土壤肥料)与生物因子(农作物、微生物)的组合与搭配，包涵或涉及生态学的共生互惠、种群演替、地域性及生态位原理，以及生态学的多因子协调使功能优化和扩大化原理等。"尚中"是平衡，是协调，在农业生产生态系统中主要表现为一

---

〔1〕《齐民要术·大豆》。

种农业生态关系的优化,也即从整体上确立相对稳定持续的农业生态系统,选择农业生产所需的最佳生态组合。非生物环境是指农作物生长发育的一切外界环境条件,主要包括光热水气和土肥条件。这些因子的优化组合可为农作物提供一个良好的生长环境。

1. 光、热、水、气等气候因子的把握

中国古代农业生产中光、热、水、气条件的选择,主要反映在对农时的关注和选择方面。农时季节不同,光、热、水、气等气候因子也不同。传统农业一贯重视与天争时,不违农时。《吕氏春秋·审时》中说:"凡农之道,厚(候)之为宝"[1],视农时为农业生产之根本保证。《吕氏春秋·审时》中还详细讨论了禾、黍、稻、麻、菽、麦六种主要农作物的"先时"、"后时"和"得时"的利弊,指出"先时"、"后时"对作物生长发育、结实和收获等都有不利,只有"得时"才是最佳选择。"得时"之环境,光、热、水、气等自然地理气候因子的组合对于农作物生长发育来说是最优化的。"得时"是不过又无不及,是"用中"。人不能改变自然地理气候条件,但可认识它,利用它,选择其有利方面为农业生产服务,这为农业生产之必须,也是农业生产区别于其他物质生产的根本特点。

2. 土壤条件的把握

土壤条件包括构成土壤环境的各种因子,主要是指土壤质地、肥力、结构、水分等条件,也就是土壤的水肥气热状况。当然在耕地的选择上还包括是否宜于管理以及水田灌溉等条件。土壤是农作物生长发育的承载体,良好的土壤环境条件是农业生产的重要保证。土壤合理利用的主要措施是采取适宜的耕作方法和合理施肥。

关于耕作方法,《吕氏春秋·任地》说:"凡耕之大方,力者欲柔,柔者欲力;息者欲劳,劳者欲息;棘者欲肥,肥者欲棘;缓者欲急,急者欲缓;湿者欲燥,燥者欲湿。"这里给出了农业耕作的总原则,即强调耕作要把握好"度",不要太过或不及,要取中,在极端中寻求中和之处,使土壤处于适宜耕作的状况,有利于农作物的种植。在解决湿与燥的问题上,它还例举了"上田弃亩,下田弃畎"的方法,即针对高田旱地、低田湿地采用种垄沟和种垄台的方法,有效解决农作物的水旱问题。此外,土壤松紧度及团粒结构直接关系到土壤水、肥、气、热状况,保持土壤不过松过紧,使其处于适中的结构是十分重要的。这需要两方面的措施保证:一方面是在耕作上要采取合理轮耕和因地、因时、因物的耕作;另一方面靠施肥措施,即要因时、因土、因物而采取不同的施肥方法和肥料种类。

合理轮耕主要包括翻耕与免耕相结合,水耕与旱耕相转换。这种轮换耕

---

〔1〕《吕氏春秋·审时》。

作可保持土壤松紧度适中和水、肥、气、热条件良好。同时，在具体耕作中贯彻因地、因时、因物制宜的原则是为农作物创造最佳土壤环境的重要保证。《吕氏春秋·任地》中说："凡耕之道，必始于垆，为其寡泽而后枯，必后其塪，为其唯厚而及。"即先耕硬的垆土，不至于使其丧失水分而干枯；后耕塪土，塪土松散，晚耕无不利。耕作时宜要根据土壤的性质确定。《氾胜之书》《齐民要术》等书中则叙述了因土质不同和作物不同而采取不同的耕作方法。这种"三宜"耕作的方法，表明了对于最佳生态关系的选择要具有灵活性，只有这样才能较为合理地优化各种生态因子，使优化思想得到确切贯彻。合理施肥方面，清代杨屾在《知本提纲》中作了总结："时宜者，寒热不同，各应其候，春宜人粪，牲畜粪；夏宜……土宜者，气脉不同，美恶不同，随土而粪，如因病下药，即如稻田宜用骨蛤蹄角粪，皮毛粪；麦粟宜用。"给出了因时、因土、因物施肥的原则，对于优化改良土壤环境起到了重要作用。

四、生物环境的生态关系之优化选择

生物环境的生态关系主要是指作物之间、复合作物群体之间以及作物个体与群体之间的关系。中国传统农业对这种生态关系的优化选择，主要体现在作物茬口安排、作物布局、作物种类、轮作复种、间作套种以及种植密度等方面，这是中国传统农业精耕细作的主要内容。

1. 轮作复种

轮作复种就是在单位面积土地上进行作物轮作及连种、复种。在多熟制复种指数较高的情况下，作物前后茬安排关系到用养地的问题，前后茬安排得当，复种可增收可持续，否则复种不增收或不可持续。豆谷轮作的创立和实施，把用地作物和养地作物结合，做到了用养结合和循环，优化了前后茬作物之间的生态关系，为农业生产高产和持续奠定了基础。中国实行豆谷、绿肥轮作由来已久，持续不断，这可从以下两表窥其一斑：

豆谷轮作复种方式表[1]

地区	时代	轮作方式	所载文献	熟制
北方	东汉	麦—豆—秋杂(谷、黍、稷)	《周礼·郑注》	二年三熟
	后魏	大豆—谷、黍、稷，小麦—大豆，绿豆、小豆—谷子	《齐民要术》	一年一熟或二年三熟
	清代	黑豆—春麦，谷子、黍、稷，大豆—高粱，谷、黍—黑豆，小豆—春麦	《马首农言》	一年一熟

---

〔1〕 郭文韬：《中国耕作制度史研究》，河海大学出版社，1994年，第52、53页。

续表

地区	时代	轮作方式	所载文献	熟制
南方	宋代	水稻—大豆	《陈旉农书》	一年二熟
	明代	水稻—大豆	《天工开物》	
	清代	水稻—大豆	《郡县农政》	
			《致富纪实》	

主要绿肥轮作方式表[1]

地区	时代	轮作方式	所载文献	备注
北方	后魏	绿豆、小豆、胡麻—谷子	《齐民要术》	填闲绿肥
	明代	绿豆、小豆、荣麻—冬麦，苜蓿—春麦	《群芳谱》	粮草轮作
	清代	黍稷（绿豆）—小麦	《农圃便览》	黍稷套种绿肥
南方	西晋	苕草—水稻	《广志》	
	明代	翘荛、陵苕—水稻	《农政全书》	
	清代	大麦—水稻，蚕豆—水稻	《郡县农政》	水稻套种红花草
		水稻＝紫云英（红花草）	《浦卯农咨》	
			《抚郡农产考略》	

由上可见，北方地区在后魏时代之前、南方地区稍晚，豆类轮作和绿肥轮作的格局均已确定，施行了作物轮作与土壤轮耕的相互结合，优化了作物与作物之间以及作物与土壤之间的关系，实现了用地养地的结合和循环。

2. 间作套种

间作套种是指在同一块土地上同时种有两种以上作物的种植方法。间作套种涉及两种以上作物的共同生长，共生期间构成复合作物群体。间作套种能更加充分地利用光、热、水、气、土、肥等自然条件，在有限的生产期限内生产出更多的农业产品。混合作物的生态关系较为复杂，既要处理好不同作物的种群关系，又要考虑不同作物对外界环境条件的不同要求。施行间作要根据植物层片结构及性状特点，高矮作物、尖叶与阔叶作物、深根与浅根作物相结合，还要考虑用地作物和养地作物的结合问题，没有优化组合，间作不会成功。《齐民要术》中说桑间间作小绿豆有"二豆良美，润泽益桑"的效果。《陈旉农书》中"桑根植深，苎根植浅，并不相妨，而利倍差"指出了如何进行优化间作。《农桑辑要》中说"若种蜀黍，其枝叶与桑等高，如此丛杂，桑亦不茂"，即桑地不宜间作蜀黍（高粱），蜀黍与桑等高，互相挤占空间，不适合组合

---

〔1〕 郭文韬：《中国耕作制度史研究》，河海大学出版社，1994年，第52、53页。

间作。在套种方面,则要根据植物群落演替规律,组合搭配应是早对晚、快对慢、老对少,同时还要考虑作物对水、肥、气、热等条件的要求。总之,间作套种就是要尽可能地利用作物间的互利关系,避其互抑关系,充分有效地利用时间和空间,服务于农业生产。

3. 合理密植

合理密植是作物个体和群体之间关系的优化,即在个体和群体之间取"中"取优。农作物单位面积产量是单株产量的总和,它由单株数量和收获量决定。这其中存在一个矛盾,即株数多至一定程度单株收获量就少。为了解决这一矛盾,就要适当控制单位面积上的作物总株数,使得单株穗大,子粒饱满,但又不能光顾单株收获量,忽略总株数。因此,解决的具体办法是合理密植,既保持合理的群体密度,又要给每个个体植株以较充分适当的生长空间和条件,保持单位面积产量最高。《氾胜之书》中倡导"区田法",要求在保持群体密度的情况下,进行等距点播,使个体和群体在单位面积上取得统一,解决了个体生长和群体之间的矛盾。《吕氏春秋》中"树肥无使扶疏,树境不欲专生而族居;肥而扶疏则多秕,境而专居则多死"[1],就有合理密植思想。肥沃之地不可种得过稀,瘠薄之地则不要种得过密。又说"是以先生者美米,后生者为秕。是故其耨也,长其兄而去其弟"[2],意即植株过密,要实施间苗,把大苗留下,小苗去掉,大苗可成饱满之粒,小苗多半不成粟。这样做可使得每个植株能充分地得到光热条件,单株生长发育结实良好,加上群体密度适合,丰收也就是自然而然的结果了。

---

〔1〕〔2〕 《吕氏春秋·任地》。

论中国传统思维中的循环观与
农业精耕细作传统[*]

　　循环观念来源于古人的社会生活和生产实践。循环是一种普遍的生态机制和社会人事的运作规律,它在中国独特的自然地理、农耕文明及政治经济条件下,演变、提升成为一种社会化的观念,蕴涵着先民对自然社会的深刻领悟及其生存智慧,它对中国古代社会产生了极其深刻的影响。中国几千年农业文明长盛不衰,源远流长,其中重要一点就是受到这种普遍的生态化的循环观念的导引。农业是中国古代的主导产业,其经营思想与生产实践充分体现和运用了循环的观念和思想。本文通过对循环观念产生和发展脉络的梳理,从农业生态思想与农业耕作栽培制度入手,讨论循环观念对农业思想及土壤耕作、作物栽培方式等农业耕作栽培制度的影响,进而阐明循环观念与中国古代农业精耕细作传统形成之关联。

一、循环观的产生和发展

　　循环往复观念一定起源很早。日落日出、寒来暑往、四时变迁、植物荣枯、动物出没,作物生、长、化、收、藏,动物生、长、壮、老、死,如此等等,无疑都能唤起原始的循环观念。循环观念在世界各古老民族中都有不同程度不同形式的存在,是一种社会生物的普遍无意识,是宇宙象征系统本身运作机制的体现。它是一种原始的普遍的集体无意识或群体无意识观念,与宗教、神话、语言一样,都不具备"合目的性"的意义,这种群体无意识是人类经济行为的根源和起源。[1] 循环观念在中国,因其独特的自然地理环境及农耕文明而得到强化和提升,成为中国传统思维的重要内容。作为中国传统科学思想的气、阴阳、五行学说,无疑都融入了循环观念。气是万物的本原,它是不灭的,处于永恒循环变化之中;阴阳二气消长变化是循环往复、周而复始的;五行"生克制化"则是一种复杂的立体的循环网络的体现。循环观认为宇宙万物循着环周进行周而复始永不停息的运动。任何事物的产生、成长和消亡都是循环运动的表现,各个具体事物及其运动是循环运动中的一个纽结,循环是

　　* 原载《农业考古》2002年第1期。
〔1〕 栗本慎一郎著,王名等译:《经济人类学》,商务印书馆,1997年,第9—10页。

一种自然社会运作的普遍机制和规律。

夏代历书《夏小正》[1]按月份把天象、物候、农事活动联系在一起，年年如此，循环往复。它把天地宇宙的大循环与人类活动（农业生产、农事活动）的小循环联系起来，认为人类生产活动的时节安排与宇宙自然的节律周期具有同比性、同步性，这无疑是整体系统思想及循环思想体系的开端，从而构建了整体系统思想与循环思想的总体框架。

《易经》为群经之首，其中充满着循环变化的思想。《易传·系辞上》曰："一阴一阳之谓道。……鼓万物而不以圣人同忧，盛德大业至矣哉。富有之谓大业，日新之谓盛德，生生之谓易"，以阴阳转化及其循环来阐述自然社会的循环变化和生生不息。《易传·系辞下》中"日往则月来，月往则日来，日月相推而明生焉。寒往则暑来，暑往则寒来，寒暑相推而岁成焉"，《易经·复卦》中"反复其道，七日来复"[2]等，都阐述了日月、四时的循环往复。《易经》六十四卦体系是以事物循环往复的变化机制为基础而建构的，其六十四卦体系以八卦为基准来喻示自然、社会事物的运动变化，每卦又以阴阳爻转化、配对喻示事物的运动变化和循环往复。六十四卦中有二十八对即五十六卦各以自身中心为轴心循环，另外八卦两两成双，所有六十四卦处于宇宙大循环之中。开头的是乾、坤两卦，结尾是既济、未济两卦，天地交生万物，万物又处于运动变化之中。既济成也，未济是未成，喻始也，如此，事物变化无始无终，往复循环。从每一卦来看，又有阴阳爻转化、变异之小循环，这种小循环又被纳入乾坤转化的大循环之中，意在一切事物都在各自的循环运动中变化、生息。魏伯阳将卦实体化，在《周易参同契》中，他列出卦与太阴循环和周日循环的联系。李约瑟评价说："没有什么能够更好地说明《易经》中所体规的相互联系的思维的辩证性质了。任何事态都不是永远的，每个消失的实体都将再起，而且每种旺盛的力量都包含着它自身毁灭的种子。"[3]《周易》以"变"论事，强调"无平不陂，无往不复"的循环运动，告诫人们"天行健，君子以自强不息"，人们应效法天体宇宙周而复始的运动，坚持不懈地努力。

由《夏小正》《易经》等起始，循环观念在中国古代得到不断发展。中国古代对于生物生态链的认识中已含有深刻的循环思想，如《关尹子·三极》中载有"蛆蛆食蛇，蛇食蛙，蛙食蛆蛆，互相食也"，也由此引出了应用广泛的游戏，即"老虎、棒子、虫"和"石头、剪刀、布"的胜负问题，这三者循环相胜，无常胜。

---

[1] 陈久金等认为《夏小正》是十月太阳历，他们从星象、气候、节气、物候等方面进行了论证。参见陈久金等：《彝族天文学史》，云南人民出版社，1984年，第199—237页。

[2] 朱熹在《周易本义》中解释说："'反复其道'，往而复来，来而复往之意。"

[3] 李约瑟：《中国科学技术史》第二卷《科学思想史》，科学出版社、上海古籍出版社，1990年，第357页。

这种循环中的动态平衡,是大自然生态平衡机制的普遍推广。此外,《庄子·至乐》在对昆虫变态等现象的描述中,已含有循环思想。其中被认为有进化论意味的描述"种有几……青宁生程,程生马,马生人,人又反入于机。万物皆出于机,皆入于机",则阐述了生物进化意义上的"核质"的圈式运动。这里"几"喻"胚芽"、"胚胎"等最小的具生命物质的"种子";"机"当通"几"。意即一切物种由"几"开始,因环境条件不同而产生不同的生物种类,最后还是归入"几",即"万物之几","几"是生物生长发育的本原和"动力源"。"万物皆出于机,皆入于机",如此循环往复,永不停息,造就万物。

循环思想,在先秦诸子及后世学者的诸多论述中都有涉及。如《老子》中有:"有物混成,先天地生……周行而不殆,可以为天下母。"《荀子·王制》中的描述则更为具体:"始则终,终则始,若环之无端也,舍是而天下以衰矣。"《白虎通义》中说:"三者如顺连环,周而复始,穷则返本。"《皇极经世书·观物外篇·先天圆图卦数》以阴阳阐述万物之循环:"阴生阳,阳生阴,阴复生阳,阳复生阴。是以循环而无穷。"《黄帝内经·素问》则大量引用阴阳二气的消长、循环变化,论述人体生理和病理的年、月、日的周期循环。张载在《张子正蒙·参两篇》中说:"凡圜转之物,动必有机;既谓之机,则动非自外也。"《朱子语类》中说"动静无端,阴阳无始……是循环物事";《困知记》就利用气来叙述天地万物的循环变化,说"理果何物也哉?盖通天地,亘古今,无非一气而已。气本一也,而一动一静,一往一来,一阖一辟,一升一降,循环无已",如此等等,循环思想得到了广泛深刻的阐述。循环观是中国传统思维方式的重要组成部分,贯穿了中国传统思维的始终。它对中国古代社会生产生活的各个层面产生了深刻的影响,尤其是在农业生产实践中得到了充分的体现和发挥。

二、循环观与传统农业生态思想

中国传统农业精耕细作传统的形成是其农业生态思想导引的结果,而循环观是传统农业生态思想的重要组成部分。传统农业生态思想的精髓是传统哲学中的"天人合一"观、"三才论"构架下的天、地、人、物的协调统一观[1],即把天地自然环境、动植物生产与人们的生产实践活动视为一个统一的系统。天地人中的天,在农业生产实践活动中,当指自然的天,是光照、热量、水分、气等多种因子的综合,这些因子随时节循环而呈现不同的规律性变化。这样,天的特征就可以用"时"来喻示,即"天时"。它对于农业生产农事活动来讲尤为重要,天时对于农业生产来讲实际上就是"农时",由此引出农业生产中的季节、节气、农时等概念。农作物萌发、生长、开花、结实、成熟等过程与

---

〔1〕 胡火金:《天地人整体思维与传统农业》,《自然辩证法通讯》1999年第4期。

时节循环往复有一定的对应，把握这种循环节律，是农业丰收的基本保证。重"时"，则重"天"，意在表明人类活动与宇宙大系统运动节律的协调。反映到农业上，实际上就是农作物生长节律及其周期循环与宇宙大系统节律循环的某种吻合。这正是农家"月令派"所追求的目标，《夏小正》《诗·豳风·七月》《吕氏春秋·十二纪·纪首》《礼记·月令》等等，都列出每个月气候、物候、农事等，即以物候定时节，以时节安排农事活动，因此也产生了四季、七十二候、二十四节气等服务于农业生产的节气知识。农时是立农之本，农业生产的三大要素是天地自然环境、农作物（包括动物）和人的生产实践活动，重视农时就是重视天地人物的协调统一，人的生产实践活动要与自然节律、农作物生长发育规律相协调，这是农业生产的关键之所在。"三才论"体现了传统农业的生态思想，天地人对于农业生态系统来说不可或缺，天地人的循环节律与农业生态系统的循环又是一致的。农业生产运作实际上就是如何协调农作物与其生长环境（天地自然）的关系。原始农业、古代农业时期，农业生产几乎在自然状态或比较接近自然状态的情况下进行，农业生产不能违背自然节律，对自然的依赖性较强。从循环观的角度来讲，也就是农业生产农事活动的循环往复要与天地自然的节律循环相一致。循环观包含在生态思想之中。

循环思想影响了人们的思维方式，渗透到社会生产生活的各个层面，它首先或直接地应用于农业生产，在农业生产中得到发展和提升，产生了农业的生态思想。尤其是反映到农业生产的动态循环中，代表着传统农业的生态化实践取向。中国传统农业从总体上看，主要关注时程的变化，即注意时间序。时程的变化又是以年周期及其时节进行循环的，这在耕作栽培等农业生产措施中得到充分体现。

《吕氏春秋》首阐"圜道"，提出"天道圜，地道方"，并对圜道进行了比较具体的论述。在论述生物生长发育规律时，它说："物动则萌，萌而生，生而长，长而大，大而成，成乃衰，衰乃杀，杀乃藏，圜道也。"[1]这阐述了各种生物生长化收藏（生长壮老已）的循环运动。农作物生长离不开水，《吕氏春秋》在阐述水分的运行规律时说："云气西行，云云然，冬夏不辍，水泉东流，日夜不休，上不竭，下不满，小为大，重为轻，圜道也。"[2]意在说明天上的云雨和地上的水流是处于相互循环转化之中的。也就是说，雨云降雨与水分蒸发是一种水分循环过程，处于动态平衡和循环往复状态。此外，它还以道家思想阐述了循环之道，如"一也齐至贵，莫知其原，莫知其端，莫知其始，莫知其终，而万物以为宗"[3]，即万物就在这无始无终的循环中生生息息。

---

〔1〕〔2〕〔3〕 《吕氏春秋·季春纪·圜道》。

"月令派"继承了这一思想，认为对于农业生产来说，必须做到农事活动与天地自然环境的协调统一，农业生产的循环运作要与天地自然宇宙节律循环相一致。王祯创制"授时指掌活法之图"，是对循环思想应用于社会生产生活的高度概括。其说："盖二十八宿周天之度，十二辰日月之会，二十四气之推移，七十二候之迁变，如环之循，如轮之转，农桑之节，以此占之。"〔1〕即把天象、季节、农时、农事活动都纳入一个大循环之中，以一圆图表示，直观实用，从而"一岁之中，月建相次，周而复始，气候推迁，与日历相为体用。所以授民时而节农事，即谓用天之道也"〔2〕。因此，传统农业重农时、重季节也是循环思想的重要体现。

农耕文明的物质基础是农作物的生长，农业生产的过程是种子—植株—种子的演化过程，这个过程具体包括播种、萌芽、生根、长叶、开花、结实等环节，农民对这一周而复始过程的认识和关注，自然会产生一些固定的思维模式，从而强化了人们对于农业经济的依赖。再讲，粮食谷物（早期主要是小米和水稻）的生产必须遵守一定的季节（气候），所以人们又必须关注生活节律、自然物候、四季更替、气候变化以及日月星辰的位置移动，农业生产实际上就是要把农作物生长与季节对应起来，顺时、顺势而为，才可获得好收成。由于农业生产、农业自然经济对自然的依赖性很强，农业生产的运作就必须同天地自然条件密切联系在一起，人们的生活依赖于自然，人们又总是把自己看作生命自然的一部分，从氏族时代起，人们就必须为社会性生存目标和应付环境的挑战而齐心协力，做到人与自然相适应，从而巩固人、社会、自然一体化的观念。〔3〕这样一种整体的生态化的观念，又反过来把人们牢牢维系在农业生产上，从事着周而复始的小农生产和以传统农业经济为主导的社会生活。

循环观念及其导引的社会化的生态化观念，无疑会营造生态化的中国文化——典型的农业文化。几千年来，农耕文明及其简单的农业生产方式——小农经济培植了中国的社会结构，营造了中国文化。中国文化或许可被称为乡土文化或五谷文化，总之离不开"土"和"谷"，离不开天地人的循环。美国农业科学家富兰克林·金（F. H. King）曾到中国、朝鲜、日本调查，著有《四千年农夫》。他以土地为基础阐述中国文化，认为中国人像是整个生态平衡里的一环，这个循环就是人和"土"的循环，人从土里出生，食物取之于土，泻物还之于土，一生结束，又回到土地。一代又一代，周而复始，人是这个循环的一部分，不与土地相对立，而是协和的农业。〔4〕五谷文化的特点是世代安居，

---

〔1〕〔2〕　王祯：《农书·授时》。

〔3〕　林德宏、张相轮：《东方的智慧》，江苏科学技术出版社，1993年，第78—82页。

〔4〕　费孝通：《学术自述和反思——费孝通学术文集》，生活·读书·新知三联书店，1996年，第37页。

人以土地为生，土地不能移动，人们跟着定居，聚集在一处，过着自给自足的生活。农作物生长周而复始，人与土循环往复，以及气候时节、耕作栽培循环等，都是一种生态化的模式，这是由中国社会各种情况博弈的结果，乡土文化、五谷文化等是这种均衡机制下的必然产物，中国文化就是一种生态文化或称为具生态意味的文化。

三、循环观与作物轮作

作物轮作是中国农业精耕细作传统的主要组成部分，作物轮作与土壤轮耕是中国古代耕作制度的重要组成部分，它是充分有效地地利用有限资源的最佳耕作措施。"轮"体现着深刻的循环思想，作物轮作、土壤轮耕是循环思想在农业耕作中的具体应用。其重要意义在于：可使有限的土地发挥较大的农业生产潜力。作物轮作、土壤轮耕是用地和养地相结合的重要措施，用养地相结合，可以充分有效地利用土壤肥力，提高复种指数，获取农业丰收。只有做到作物合理轮作、土壤合理轮耕和合理施肥等，才能协调好农作物之间以及农作物与土壤环境之间的关系，以较小的投入，保持农业生态系统良性循环、持续和相对稳定，以在有限的土地上获得较高的收获。作物轮作是指作物轮回循环的种植方式。我国是世界上最早实行作物轮作制的国家，在战国时代以前轮作制就已创始。《吕氏春秋·任地》就明确地记载了禾麦轮作，如"今兹美禾，来兹美麦"。《氾胜之书》"区种麦"中所说的"禾收区种"，也是讲禾与麦之间的轮作。东汉郑众在为《周礼·遂人·薙氏》作注时说，"今时谓禾下麦为茇下麦，言芟刈其禾，于下种麦也"，也是指禾麦轮作。又有"今俗间谓麦下为夷下，言芟夷其麦，以其下种禾豆也"，是指麦禾、麦豆轮作。这些表明我国战国两汉时期已采用麦禾轮作制了。

《齐民要术》全面系统地总结了黄河中下游地区作物轮作的理论和技术，阐明了各种作物合理轮作的必要性，在汉代禾麦豆轮作的基础上，确立了豆类作物和谷类作物、绿肥作物和谷类作物合理轮作的基本格局，即施行大豆、谷、黍稷、冬麦、大豆、谷子(黍)的豆、谷轮作，谷子、小豆(绿肥)、瓜的肥、谷轮作种植方式。此后，由于各地自然气候条件的差异，采取了各种各样的轮作复种方式：黄河中下游地区主要是麦、大豆、秋杂模式(一年一熟、二年三熟制)；长江中下游主要是水稻，小麦，稻、稻、麦、麦、稻、稻的模式(一年二熟、一年三熟制)，其中也借鉴了谷、豆和谷、肥的轮作方式；东北地区清代以后普遍采用大豆、高粱、谷子或小麦、大豆、谷子为主的轮作制，是以大豆为核心，豆、谷轮作为基础的轮作复种方式。这里必须一提的是，豆谷轮作、谷肥轮作是轮作制度史上的一个重要阶段，它表明先民已经认识到豆类作物的种植对土壤肥力的提高有明显的作用,如"凡美田之法,绿豆为上,小豆、胡麻次之"〔1〕。古代绿肥作物是豆类植物,绿肥、豆类与谷类的轮作措施体现了用地、养地的有机结合,对于农业生态环境(田块)来说,即是维持一种动态的用养循环平衡,这就是所谓"美田之法"。为了解我国历史上轮作复种制的大体情况,这里按时代、分地区列出各种轮作复种方式的历史沿革,由此可见循环思想对作物轮作制的深刻影响。

中国古代轮作复种方式一览表〔2〕

时代	地区	轮作复种方式	熟制类型	记载文献
战国	黄河中下游	谷子一类	一年一熟	《吕氏春秋》
西汉	关中	谷子一冬麦	二年三熟	《氾胜之书》
东汉	黄河中下游	冬麦一大豆一谷子	二年三熟	《周礼郑注》
后魏	黄河中下游	大豆一谷一黍稷　谷一小豆一瓜　绿豆一谷子　冬麦一大豆一谷子、黍	一年一熟 二年三熟	《齐民要术》
唐	云南	水稻一大麦	一年二熟	《蛮书》
宋	江南　广东	水稻一大豆(麦、菜) 水稻一水稻一水稻	一年二熟 一年三熟	《陈旉农书》 《岭外代答》
明	江西等	水稻一大豆　水稻一水稻　大麦一水稻　水稻一绿豆　水稻一荞麦　大豆一谷子	一年二熟	《天工开物》
清	山　西 山东　河北 陕西 安徽 江　南	黑豆一春麦(黍稷) 冬麦一大豆一蜀稷(谷子) 糜一冬麦一大豆 大豆一荞麦(稻)水稻一荞麦(菜) 稻一稻一麦　稻一稻一油	一年一熟 二年三熟 一年二熟 一年三熟	《马首农言》 《沂水桑麻话》 《夏小正正义》 《齐民四术》 《江南催耕课稻篇》

〔1〕《齐民要术·耕田》。
〔2〕 郭文韬:《中国耕作制度史研究》,河海大学出版社,1994年,第33页。

四、循环观与土壤轮耕

不同作物的种植应采取不同的土壤耕作措施,在作物合理轮作的基础上,必须实行土壤的合理轮耕,两者有机配合,施行作物种植与土壤耕作的双循环,在动态中把握种植与耕作的关系,才能取得农业好收成。

在刀耕火种阶段,先民们采取年年易地,多年一循环的撂荒耕作和连耕、连撂的轮荒耕作形式。进入原始农业后期即夏商周时期,就已采取了以"菑、新、畬"和"田莱制"、"易田制"为代表的短期和定期的轮荒耕作形式。春秋战国时期,黄河流域逐渐废弃了轮荒耕作制,开始了土地连种的方式,并在此基础上创始了轮作复种制,这又直接导致了土壤轮耕方式的产生。汉代人认为:"禾春生秋死,豆夏生冬死,麦秋生夏死。"[1]这种对禾、豆、麦生长化收藏的认识,为当时实行麦、豆、秋杂(稻、谷、黍)轮作复种的二年三熟制提供了生态学基础,此后轮作和轮耕紧密联系在一起。

下面就土壤轮耕形式作简要总结。

1. 垄作与平作循环

我国早在西周至春秋战国时期,就普遍采用垄作方法。《诗经》中所载的"南东其亩"或"南亩",说的就是垄作,南东、南是指垄向。《吕氏春秋·任地》中的"上田弃亩,下田弃圳",是说高田旱地不种垄台而种垄沟,低田湿地不种垄沟而种垄台,这种分垄台、垄沟种植属垄作法。汉以后,由于耕地工具大型犁铧的使用以及犁壁的发明和推广,平作耕作占据一定地位,并渐渐成为主导的耕作法,从整体来看,仍是以垄作与平作混合使用,有的施行年度间的轮换。当然这都是要依据土壤状况和作物种类而进行。

2. 土壤翻耕和免耕相结合

汉代以后,麦豆秋杂轮作复种始行,至后魏时期得到大力发展。同时由于"耱种法"[2]的使用,土壤翻耕和免耕播种相结合的土壤轮耕得以创始。关于"耱种法",《齐民要术》"耕田"中说:"凡秋收之后,牛力弱,未及即秋耕者……速锋之,地恒润泽而不坚硬……至春种亦得。"表明秋收之后,牛力弱而未及耕地,所以采取不耕而种,缓解耕力不足。黄河中下游地区作物种植与土壤耕作的配合是:作物种植:冬麦—大豆(小豆)—秋杂(谷、黍稷);土壤耕作:翻耕—免耕—翻耕。这里,作物轮作与土壤轮耕实行了双循环。此外,在明清以后,长江中下游地区,作物轮作复种和间作套种制度逐渐发展,为适应这种大发展形势,土壤耕作也相应地采取了翻耕和免耕或耱耕相结合的方

---

[1]《淮南子·坠形训》。
[2]《广韵》曰:"不耕而种曰耱。"所以它是免耕播种法。《集韵》曰:"离而种之曰耱。"即指没有翻耕,点播、穴播之法,曰"耱"。

式,其主要模式为:间作套种方式:早稻—晚稻(双季间作),水稻—大豆(复种或套种),小麦—大豆(套种),小麦—棉花(套种)(东南沿海)。土壤轮耕方式:翻耕—免耕(免耕和耱耕结合);间作套种方式:水稻—紫云英(套种),水稻—小豆(泥豆)(套种)。土壤耕作方式:翻耕—免耕(翻压)。东北地区,清代至民国时期,普遍采用以大豆、高粱、谷子或小麦、大豆、谷子为主要形式的轮作制,该轮作方式以大豆为中心,以豆谷轮作为基础,其相应的土壤耕作虽较为复杂,但仍属于翻耕—免耕的系列,主要模式有:作物种植:大豆—高粱—谷子,小麦—大豆—谷子;土壤耕作:扣种—耲种—种,翻茬—镗种—耲种。土壤轮耕中的"扣种"就是破旧垄、合新垄的作业,"耲种"就是原垄开沟播种,不行翻耕,所以这里的土壤轮耕方式,仍然属于翻耕—免耕的配合和循环。对东北地区而言,这种模式具有争农时、保墒、防旱等优点。

3. 水旱轮作

随着稻麦轮作复种方式和一年二熟制的产生和发展,自唐宋以后,长江中下游地区,土壤耕作采取相应的水旱轮耕的耕作方式,即水田耕耙耖耘,旱地开垄作沟。其总的模式是:作物种植:水稻—小麦;土壤耕作:水(耕耙耖耘)—旱(开垄作沟)。这种水旱轮耕的耕作方式在稻作区普遍施行。稻、菜,稻、豆一年二熟以及稻、稻、麦,稻、稻、菜,稻、豆、麦,稻、稻、油等的一年三熟制都施行水旱轮耕。

《管子》"时"观初探[*]

  时间观念是中国思想文化的重要组成部分。《易》以及《孙子》《老子》《庄子》等文献中含有对原发天时观的阐发。[1]"时"字在先秦文献中时有出现，《周易》《庄子》《荀子》《吕氏春秋》等文献中大量出现，《管子》[2]中出现 349次，为其他文献所不及。[3]"时"贯穿《管子》全篇，以对原发、本质时间观的传承和阐发，融通道、德、法，落脚点为"富国安民"、"经世致用"。《管子》之"时"承上启下，在一定意义上具有里程碑意义。

一、天时——融通道、德、法

  "时"观念的起源与人类采集狩猎生活息息相关。先民对于日月循环、花开花落、鸟兽出没、昼夜交替、寒来暑往等自然现象、气候、物候的了解和把握，直接关系到他们的生存繁衍，"时"是先民认识自然的一个重要开端。"食哉唯时"（《尚书·尧典》），"物其有矣，唯其时矣"（《诗·小雅·鱼丽》），"敕天之命，惟时惟几"（《书·益稷》），"天地盈虚，与时消息"（《易·丰·彖》）等，当是古人对时间的一种基本观念。"时"与"天"的关联成就了"天时"概念。[4]在早期观念中，"天"占据了重要位置，至晚在殷代就有明显的至上神（人格神）的帝，其后是上帝，而至少在春秋时就无疑产生了自然的"天"——理法的概念。[5]《管子》中的"天"传承这种传统，具有至上神、自然神以及运行变化有自身规律的自然之天。[6]自然之天当指自然地理气候特征，综合光照、热量、水分、气等多种因子，这些因子随时节而变化，天的特征就可以用"时"来

---

  * 原载《管子学刊》2007 年第 4 期。

[1] 张祥龙：《中国古代思想中的天时观》，《社会科学战线》1999 年第 2 期。

[2] 本文凡《管子》引文均用梁运华校点《管子》，辽宁教育出版社，1997 年版。

[3] 据初步统计，《管子》中"时"字出现 349 处，《孙子兵法》6 处，《老子》1 处，《论语》11 处，《周易》56处，《庄子》100 处，《荀子》134 处，《吕氏春秋》152 处。

[4] 甲骨文"时"字意在从日，许慎《说文》解："时，四时也"，"旹，古文时，从日之作"。"天时"概念的形成当在西周末年以后，尤其是"气"、"阴阳"概念进入"天"的本质特征以后，"天"和"时"被渐渐联系起来。如《左传·昭公元年》载："天有六气……六气曰：阴、阳、风、雨、晦、明也。分为四时，序为五节，过则为灾。"

[5] 郭沫若：《青铜时代》，人民出版社，1954 年，第 22—29 页。

[6] 朱玉周、高良荃：《〈管子〉天论浅析》，《管子学刊》2007 年第 1 期。

表示，"时"作为自然节律、机制及其气候变化的时序特征与"自然之天"密切相关，这正是《管子》所谓的"天以时使"。时节概念日、月、两分两至、四时、廿四节气、七十二候，以及"月令"〔1〕传统都与"天时"相关。这成就了中国独特的"天时"实践观及其气候学的传统，支撑着传统农业社会的绵延。

《管子》认为天、地、四时有其自身本质和规律，即天不变其常、地不易其则、春秋冬夏不更其节，万物因此而制、而养、而生长收藏。如："天覆万物而制之，地载万物而养之，四时生长万物而收藏之，古以至今，不更其道。"（《管子·形势解》）不仅如此，它还凸现了四时节律及其意义，认为认识了解春、夏、秋、冬四季节律，按照四时规律及其所赋予的意义行事，就会自然收获成功，所谓"四时事备，而民功百倍矣"，并由此实现天时、地宜、人和，达到五谷实、草木多、六畜旺、国富强、内外兼治的目标。正如："春仁，夏忠，秋急，冬闭，顺天之时，约地之宜，忠人之和。故风雨时，五谷实，草木美多，六畜蕃息，国富兵强，民材而令行，内无烦扰之政，外无强敌之患也。夫动静顺然后和也，不失其时然后富，不失其法然后治。"（《管子·禁藏》）因此，更重要的在于，由"天时"深入延展到自然社会事物的生、成、化、变机理和态势之中，置"时"于道、德、法的体系建构之中。

道、德、法是《管子》立论的基础和核心。《管子》承传"道"论，以"道"为最高哲学范畴。"道"高于天，上于帝。"道"是天地自然、社会事物的法则、秩序节律及机制，凡事凡物都有道。万物唯道所生、所成、所主，道在万物之中。〔2〕它指出"道生天地"，"道"为"万物之要"，认为万事万物的生、成、化、变等都源于"道"，"万物以生，万物以成"都因其"道"。与此同时，还阐述了道与德的关系，明确指出"道生德"，"德"和"道"相连、相通，甚至并列连用，其性质虽异，却互为依存，不可分离，甚至"道德无间"（《管子·心术上》）。理、义、礼乃至法、权等重要概念都与道、德相关联、相一致。由此成就其道德观，兼容人伦道德、社会道德、天地道德，融入了儒家的道德体系。〔3〕"道"和"德"不仅存在内容与形式、本质与现象、体与用的关联〔4〕，"道"和"德"实际上还构成了中

---

〔1〕 从阴阳五行、物候、农时和生态思想等方面来看，《月令》可能出于《管子》。参见乐爱国：《〈管子〉与〈礼记·月令〉科学思想之比较》，《管子学刊》2005 年第 2 期。有人认为《吕氏春秋·十二纪》源于战国齐而非秦，它可能出自汉宣帝时丞相魏相所上《明堂月令》。参见杨振红：《月令与秦汉政治再探讨——兼论月令源流》，《历史研究》2004 年第 3 期。郑玄认为，"名曰月令者，以其记十二月政之所行也，本《吕氏春秋》十二纪之首章也。以礼家好事抄合之。"参见郑玄注、孔颖达疏：《十三经注疏·礼记正义》，中华书局，1980 年，第 1352 页。

〔2〕 宫哲兵：《唯道论的创立》，《哲学研究》2004 年第 7 期。

〔3〕 庞朴：《三重道德论》，《历史研究》2000 年第 5 期。

〔4〕 许建良：《〈管子〉"道生德"的辩证法》，《苏州科技学院学报》（社会科学版）2006 年第 3 期。

国思想文化"形而上"观念的核心。[1]

国家治理仅仅依靠道、德是不够的，还需要有法可依，进行全面综合治理。正所谓："刑以弊之，政以命之，法以遏之，德以养之，道以明之。"（《管子·正第》）法是治国安民的重要手段，是治理天下的根本。如："法者，天下之至道也，圣君之实用也。今天下则不然，皆有善法而不能守也。"（《管子·任法》）圣王要统治国家，确保仁义道德的施行，也需要法治。正如："所谓仁义礼乐者，皆出于法，此先圣之所以一民者也。"（《管子·任法》）为了确保法制规范及其实施，就必须"正彼天植"，需要以道德、天时来参鉴，即要保持"正法直度"、"威武既明"、"植固不动"、"倚革邪化"，就需要"法天合德，象地无亲，参与日月，佐于四时"（《管子·版法》）。正是"法天地之位，象四时之行，以治天下"（《管子·版法解》）。圣王以效法"天地之位"、"四时之文武"，以建经纪，以行法令，以治事理，即"以天地、日月、四时为主、为质，以治天下"（《管子·版法解》）。其"主之节"需参"四时之节"，即"春夏生长，秋冬收藏，四时之节也。赏赐刑罚，主之节也。四时未尝不生杀也，主未尝不赏罚也"（《管子·形势解》）。

值此，时与道、德、法形成了一个整体关联的体，它们之间相互联系，相互依存，融为一体。如："道生天地，德出贤人。道生德，德生正，正生事。……德始于春，长于夏；刑始于秋，流于冬。刑德不失，四时如一。刑德离乡，时乃逆行。……月有三政……国有四时，固执王事，四守有所，三政执辅。"（《管子·四时》）在明确"道生德"同时，蕴含着"道生法"（时生法、德法相依），不过这里的"道"包含着时间节律、周期性法则的"天道"或天地之道。[2]由此可见，时、道、德一起与法相融通。又如："阴阳者，天地之大理也；四时者，阴阳之大经也。刑德者，四时之合也。刑德合于时则生福，诡则生祸。"（《管子·四时》）不仅如此，还把天时与人心（德、人之道）、法令并列为"为国之本"，即"夫为国之本，得天之时而为经，得人之心而为纪，法令为维纲，吏为网罟，什伍以为行列，赏诛为文武"（《管子·禁藏》）。此外，还以"心"（属德、人之道）沟通"道"和"德"，使"道""德"融为一体。[3]进而利用"生"序，论述"人之道"的"心"与规矩、方正、历时相关联、融合，即心思正直，规矩方正，历经四时，万

---

[1] 道和德在起始和终极上都是无穷尽的。"道"是"始乎无端"、"道不可量"，"德"乃"卒乎无穷"、"德不可数"，"道"、"德"两者"备施"就会"动静有功"。正所谓"虚无无形谓之道，化育万物谓之德"。

[2] 张增田：《"道"何以"生法"——关于〈黄老帛书〉"道生法"命题的追问》，《管子学刊》2004年第2期。

[3] 《管子·枢言》曰："道之在天者，日也；其在人者，心也。"

物生存。四时与道、德及法相通连。[1]

天时融入道、德、法体系，从原发、本质的思想观念层面进入社会实践层面，"时"的自然秩序性质、政治性倾向渐渐过渡转变成道、德、法融通的社会秩序和社会规范的性质。从圣人到百姓，从政治、社会生产到群众生活乃至用兵都要"务时"、把握时机。"时"在一切社会实践中具有普适性意义。

二、时境、时机——与天地参

时表示时间节律、天时规律，主要蕴含"时境"、"时机"之义，如："刚柔者，立本者也；变通者，趣时[2]者也。"(《周易·系辞下传》)"时"是阴阳消长变化、自然社会诸物诸事交杂糅合态势之"机"。[3]《管子》中的"时"与道、德、法相融合，不仅仅在于四时节律、历法推步、时间的节律性，更不是时间度量及其时序表达，它当是基于一种多元化的理解方式——气、阴阳、五行在特定的时空情境中具有"媾生"、"境遇"、"时机"、"机发"、"规范"的涵义。天时被延展进入到人们的生存意识之中，包含人们对生存状态的理解、领会乃至行为方式，这种对于生存意识的理解把握乃至对于生存时境的关注，成就了"天人相参"的时机化的天时观。[4]

《管子》中存在着"天人相因"的理论预设，即所谓"天因人，圣人因天"(《管子·势》)。由此推理人与自然的关系应当是两种：一是人与自然双主体之间的关系，即两者之间呈现互依互动、双向适应的情形；二是基于第一种情形的人与自然的主客体关系，人作为主体，认识自然，适应自然，协调人与自然的关系，并由此展开到人与人主体间的关系。[5]这种预设为"天人相参"提供了理论基础。在自然社会现实中，面对不可更改的天地日月、地理气候，人们必须了解、遵循、效法其内在的本质规律。治理国家、管理社会，需要"因天时"、"分地利"、"与天地参"，正如"古之人民，皆食禽兽肉，至于神农，人民众多，禽兽不足，于是神农因天之时，分地之利，制末耜，教民劳作"(《白虎通·德论》)。在这似乎是狩猎时期向原始农业过渡的描述中，天时和地利被凸现出来。

---

[1] 《管子·轻重己》曰："清神生心，心生规，规生矩，矩生方，方生正，正生历，历生四时，四时生万物。圣人因而理之，道遍矣。"

[2] "趣时"指趋向适宜的时机。《正义》："其刚柔之气，所以改变会通，趣向于时也。"参见黄寿祺、张善文：《周易译注》，上海古籍出版社，1989年，第570页。

[3] "机"开始通"几"，与"时"意有关联，具有"危"、"微差"、"接近"之意。后来发展为自然、生命、社会事物的微妙、枢纽、关键等意。参见李志超：《天人古义——中国科学史论纲》，河南教育出版社，1995年，第61—73页。

[4] 张祥龙：《中国古代思想中的天时观》，《社会科学战线》1999年第2期。

[5] 张连国：《管子的生态哲学思想》，《管子学刊》2006年第1期。

"与天地参"不是简单附和，而是构成时境化、时机化的无所不包的参照系统，这是"月令派"的蕴意之所在。"月令"以五行为纲纪，以四时五方的统一为架构，按月份把天象、气候、物候、政令、农事以及祭祀全部联系在一起，构建天、地、人、物、事关联统一的巨系统。自然社会万事万物都被具体的时空(时节、方位)所统御，所有具体事物都落实在某个具体的"时一点"。因而有"天下有一，事之时也"(《管子·侈靡》)及"为之为之，万物之时也"(《管子·枢言》)。"参天"就是以天为基础为准则，遵循"天之权"，就需要守时，否则人地等基准皆失。如："天以时为权，地以财为权，人以力为权，君以令为权。失天之权，则人地之权亡。"(《管子·山权数》)而参照效法天地、日月及其四时规律是把握时机境遇的惟一准则。《管子·幼官》《管子·幼官图》主要阐述季节(时令)、方位及其自然事物节律与社会事物的关联，以"时"阐发君臣、百姓、国家治理、农事、战争等事理，充满效法自然的思想。"天时"在"参天地"中总是处于优先地位。[1]时境、时机为天地自然所赋予，要把握时机成就事物，人的活动一定要"参于天地"，即"人与天调，然后天地之美生"(《管子·五行》)。"天时"的实践观基于农业生产及其社会生活，在以农业为主导的古代社会，它体现了农业生产、人们生活节律及其状态境遇与自然宇宙节律、机制的某种吻合，"观天授时"、制定历法为古代统治者的第一要务。

《管子》尤其强调圣人、为政要效法天地自然、遵循四时规律，即"伍于四时"。例如，"版法者，法天地之位，象四时之行，以治天下。四时之行，有寒有暑，圣人法之，故有文有武"(《管子·版法解》)，要求"圣王务时而寄政焉，作教而寄武焉，作祀而寄德焉。此三者，圣王所以合于天地之行也"(《管子·四时》)。做到"节时于政"、"五政苟时"，自然就会风调雨顺。圣王效法四时节律，依四时规律行事，才能治理国家、管理百姓。如："四时之行，信必而著明。圣人法之，以事万民，故不失时功。"(《管子·版法解》)在行动上，圣王要依据春夏秋冬之时节，因时制宜，"视时而动"、"攻得而知时"，需要"时则动，不时则静"。正如《管子·宙合》所言："春采生，秋采蓏，夏处阴，冬处阳。此言圣人之动静、开阖、诎信、涅儒、取与之必因于时也。"

在四时节律及其变化推演的内在机制探索中，中国古人把气、阴阳五行概念范畴纳入其中，赋予时程运行的机制机理性解释，天地运行、四时变化蕴含着阴阳消长变化机制。正如："阴阳者，天地之大理也；四时者，阴阳之大经也。"(《管子·四时》)阴阳是天地之道，四时节律由阴阳变化而起，"时"是天地自然的节律，也是万物运行的"道"。对"时程"的把握对于采集狩猎乃至农业文明十分重要。正是："春秋冬夏，阴阳之推移也；时之短长，阴阳之利用

---

[1] 在《管子》的诸多论述中，天地、四时、春夏秋冬等概念总是处于开头，处于引领地位。"天时"是论述一切自然社会事物的基准。

也;日夜之易,阴阳之化也。"阴阳气的消长变化赋予四时生长收藏之功效。如:"春者阳气始上,故万物生。夏者阳气毕上,故万物长。秋者阴气始下,故万物收。冬者阴气毕下,故万物藏。故春夏生长,秋冬收藏,四时之节也。"(《管子·形势解》)与此同时,《管子》以五行统正天时,以示人参天地及人与自然的协调。如:"昔黄帝以其缓急作五声,以政五钟。……五声既调,然后作立五行以正天时,五官以正人位。"(《管子·五行》)并分列木、火、土、金、水五行,各领属时间 72 天,合一年 360 天。由此,"天时"被阴阳五行所统领,体现了多层面、多要素乃至多种机制的合并运行。因此,把握运行中的各种契机是成就事物的关键。如:"成功之术,必有巨获,必周于德,审于时。时德之遇,事之会也,若合符然。故曰:是唯时德之节。"(《管子·宙合》)所谓"时德",《管子·四时》列为星德、日德、岁德、辰德、月德,它处于东南中西北五方、春夏秋冬四时、阴阳气消长变化、木火金土水五行及其关联的一个巨系统之中,此系统中(阴阳)气、方位、季节、五行全都进行配伍,在这种普遍联系、互相制约的情境中驾驭事物,才能真正把握"天时"。即每季发五政,"五政苟时",就会风调雨顺,所求自然必得。

《管子》重视天地自然及其四时节律的常态性及规律性,如:"天不变其常,地不易其则,春秋冬夏不更其节,古今一也。"(《管子·形势》)并且认为,自然地理气候等自然状况发生重大变化,"不时而至"就会导致灾害,即"大寒大暑,大风大雨,其至不时者,此谓四刑"(《管子·度地》)。不仅如此,它还指出"时"本身的变化,强调"与时变"。如:"天不一时,地不一利,人不一事,是以著业不得不多,人之名位不得不殊。方明者察于事,故不官,于物而旁通于道。"(《管子·宙合》)对于时机的把握,就不能一成不变,要与时俱变,如:"其位齐也,不慕古,不留今,与时变,与俗化。"(《管子·正世》)圣人则要"变而不化",如:"圣人与时变而不化,从物而不移。能正能静,然后能定。"(《管子·内业》)同时指出,"变其美者应其时"(《管子·侈靡》),要"随变断事也,知时以为度"(《管子·白心》)。最好的变乃应时而变,而变中最好的度是以时为度。

三、因时——治国安邦、经世致用

"时"的延展,体现了各种因素、条件及其资源的集合,蕴涵着天地自然社会事物的节律、契机及其机理机制,"时"是万事万物生、成、化、变的一个绝好标志。由此,《管子》认为,因"时"乃圣王之道、国之本、治之理、民之用,在治国安邦、经世致用的实践活动中具有统领作用。

《管子》指出圣王要了解、把握、驾驭"天时"。所谓"君人者有道,霸王者有时"(《管子·霸言》),作为圣人必须循"时",此乃是治理国家的根基。如:"令有时,无时则必视顺天之所以来。……唯圣人知四时。不知四时,乃失国之基"。(《管子·四时》)由于"岁有四秋，而分有四时"，因而圣王发号出令，成就天下，就要根据"四者之序"进行。由此进一步指出，顺时就是顺天，顺天就能得到天助；明正君主的作为要遵循自然规律，循时因地，否则就不得其功。如："明主上不逆天，下不扩地，故天予之时，地生之财。乱主上逆天道，下绝地理，故天不予时，地不生财。故曰：其功顺天者，天助之；其功逆天者，天违之。"(《管子·形势解》)正所谓："天生四时，地生万财，以养万物而无取焉。明主配天地者也，教民以时，劝之以耕织，以厚民养，而不伐其功，不私其利。故曰：能予而无取者，天地之配也。"(《管子·形势解》)进而认为，掌控"天时"是为君之道，"地利"之事应由臣子负责。在论及君臣之道时，明确指出君臣区分于"上注"和"下注"，而分管天时和地利。其曰："君人者上注，臣人者下注。上注者，纪天时，务民力。下注者，发地利，足财用也。故能饰大义，审时节，上以礼神明，下以义辅佐者，明君之道。"(《管子·君臣》)帝王循时、正义就可得天得人，治理天下，即"时者得天，义者得人。既时且义，故能得天与人"(《管子·枢言》)。

圣王谋略成事，把握时机最为关键。如："圣人能辅时，不能违时。知者善谋，不如当时。精时者，日少而功多。夫谋无主则困，事无备则废。是以圣王务具其备，而慎守其时。以备待时，以时兴事，时至而举兵。"(《管子·霸言》)智谋、事物成败都要以时为准。在具体的实践活动中，需要"审天时，物地生，以辑民力；禁淫务，劝农功，以职其无事，则小民治矣"(《管子·君臣》)。而作为好的君王要坚持"六务四禁"，这其中包含着"天时"和遵循春、夏、秋、冬四季节律管理国家。如："明主有六务四禁。六务者何也？一曰节用，二曰贤佐，三曰法度，四曰必诛，五曰天时，六曰地宜。故春政不禁则百长不生，夏政不禁则五谷不成，秋政不禁则奸邪不胜，冬政不禁则地气不藏。"(《管子·七臣七主》)如果没有做到"四禁"甚或"四者俱犯"，其后果不堪设想，将面临"阴阳不和，风雨不时，大水漂州流邑，大风漂屋折树，火暴焚地燋草，天冬雷，地冬霆，草木夏落而秋荣，蛰虫不藏，宜死者生，宜蛰者鸣，苴多腾蟆，山多虫螟，六畜不蕃，民多夭死，国贫法乱，逆气下生"(《七臣七主》)。如此，则天地自然灾害多发，国家、人民将危在旦夕。由此，圣王要按照四时节律发号出令，开展物质生产，成就国事。如："夫岁有四秋，而分有四时。故曰：农事且作，请以什伍农夫赋粗铁，此之谓春之秋。大夏且至，丝纩之所作，此之谓夏之秋。而大秋成，五谷之所会，此之谓秋之秋。大冬营室中，女事纺织缉缕之所作也，此之谓冬之秋。故岁有四秋，而分有四时。已有四者之序，发号出令，物之轻重相什而相伯。"(《管子·轻重乙》)《管子·轻重己》则以具体时间"天数"阐述天子的春令、夏禁、秋计、冬禁，意在天子应当遵循春、夏、秋、冬四时节律统领国家政事。

圣王之事乃国之事。《管子》把了解把握四时规律作为国家制度、国家行为的基础和准则。"不知四时,乃失国之基"(《管子·四时》),"国准者,视时而立仪"(《管子·国准》)。在国家治理的章法、框架及其根本性事务中,"时"列其首。例如:"夫为国之本,得天之时而为经,得人之心而为纪。法令为维纲,吏为网罟,什伍以为行列,赏诛为文武。"(《管子·禁藏》)同时指出,要以时节安排生产生活实践及其社会政治事务,以建时功。如:"当春三月,萩室熯造,钻燧易火,杼井易水,所以去兹毒也。举春祭,塞久祷,以鱼为牲,以蘗为酒,相召,所以属亲戚也。毋杀畜生,毋拊卵,毋伐木,毋夭英,毋拊竿,所以息百长也。赐鳏寡,振孤独,贷无种,与无赋,所以劝弱民。发五正,赦薄罪,出拘民,解仇雠,所以建时功,施生谷也。夏赏五德,满爵禄,迁官位,礼孝弟,复贤力,所以劝功也。秋行五刑,诛大罪,所以禁淫邪,止盗贼。冬收五藏,最万物,所以内作民也。四时事备,而民功百倍矣。"(《管子·禁藏》)由此实现天时、地宜、人和,达到国富兵强。此外,治理国家,需要除"五害"[1]。"五害"治理也要以"时"为要。首先是治水,治水要"人君天地",即"天地和调","备之常时";其他四害,要以春、夏、秋、冬四时实施治理,所谓"四时以得,四害皆服"(《管子·度地》)。《管子》提出治理国家需要"五辅"[2],其中"度权"以"度天"为上,"度天"即"度时",如"上度之天祥,下度之地宜,中度之人顺,此所谓三度。故曰:天时不祥,则有水旱;地道不宜,则有饥馑;人道不顺,则有祸乱"(《管子·五辅》)。只有"审时"才能完成国家天下之事业。《管子·五辅》说:"审时以举事,以事动民,以民动国,以国动天下。天下动然后功名可成也。"

在物质生产、社会生活等诸多方面,管子强调务在四时、不夺民时,即"不务天时则财不生,不务地利则仓廪不盈"(《管子·牧民》)。对百姓来说,"凡有地牧民者,务在四时,守在仓廪"(《管子·牧民》),"农夫不失其时,百工不失其功,商无废利,民无游日,财无砥墆"(《管子·法法》)。故而"不夺民时,故五谷兴丰"(《管子·巨乘马》)。因此,必须始终坚持"如以予人财者,不如无夺时"(《管子·侈靡》)的观点。农业生产要遵循时间规律,因时而作则国富,即"力地而动于时,则国必富矣"(《管子·小问》)。而若要"定民之居,成民之事",必务"士农工商"。针对农工商三业,审察四时最为重要,指出:"今夫农……审其四时……今夫工……审其四时……今夫商,察其四时……无夺民时,则百姓富。牺牲不劳,则牛马育。"(《管子·小匡》)此外,管子还持有"以时禁发"的观点,即"山林虽近,草木虽美,宫室必有度,禁发必有时"(《管子·八观》)。不仅如此,在人们生活起居方面,也要按时间节律进行:"起居

---

[1] 《管子·度地》:"水一害也;旱一害也;风雾雹霜一害也;厉一害也;虫一害也。此谓五害。"
[2] "五辅"指德、义、礼、法、权等五方面的具体措施和规定,构成治国的一个有机体系。"五辅"即五经。五经布,天下就可大治。

时，饮食节，寒暑适，则身利而寿命益。起居不时，饮食不节，寒暑不适，则形体累而寿命损。"(《管子·形势解》)正所谓"举事以时"，"人不伤劳"。

《管子》把"时"从原发本质思想(形而上)延展至政治、经济、社会生活(形而下)等实践层面，贯穿至圣王治国、物质生产乃至百姓生活等各个方面，形成贯穿上下的统一体系，具有经世致用的普适意义。由此形成了关于"天时"观念的延展及实践的传统，这对中国社会思想文化产生了极其重要的影响。

气候学时候模式与古代农业[*]

　　自然地理气候对人类实践及其文化取向产生了重要影响。传统中国以自然农业经济为主导,农耕实践以及经验农学与气候学认知模式息息相关。中国古代对于气候学的认知和把握主要趋于"物候"、"时候"及其合并延展的时候模式,由此引导了以"农时"为核心的农业生产实践,形成了精耕细作的农业传统,支撑了中国传统社会的绵延发展。

　　人们基于所处的不同自然地理环境及其生活实践,产生了不同的气候学认知,不同区域形成了不同的气候学概念模式。西方古代气候学是经过不同民族的国家发展起来,富于地理气候学以及气候决定论的内容,具有适应殖民商贸活动的功能,可总称为地候模式。中国古代气候学则与我国历史的持续发展与大一统国家密切相关,富于物候学以及气候变化的内容,具有适应农业生产需要的功能,可称之为时候模式。中西古代气候学的这种差异,主要是地球观、地理环境、社会生产活动、哲学和科学技术背景等不同所致。[1]气候学概念模式使得不同区域的人们对此产生了一定的依赖,并反过来影响社会生产生活实践及其哲学文化。中国古代气候学伴随着农业的发展而发展,中国传统农业在古代气候学时候模式的影响下,走向了以"农时"为主导的农业实践。

一、物候学认知与早期农业

　　人类早期需要对动植物物候以及各种水文气象进行认知和把握。在采集狩猎及原始农业时期,人们开始认识把握植物生长、动物活动的一些规律,并将其与自然气候(寒暑往来)变化联系起来,依此识别季节,指导生产生活实践,渐渐形成以自然物候现象来确定季节的自然历。这实际上是一种物候历,物候历本质上属于太阳历,反映了地球公转运动的生物气候等表征,体现了先民对于自然节律的认知和利用。

　　上古时期,我国就有了较为丰富的气象及物候知识的传说。燧人氏、伏羲氏、共工氏、神农氏的传说已经涉及气象、气候、物候方面的认知。《山海

　　* 原载《自然辩证法通讯》2012 年第 2 期。

〔1〕 王乃昂:《中西古代气候学的概念模式及其比较》,《自然科学史研究》1998 年第 1 期。

经·海内经》载："爰有膏菽、膏稻、膏黍、膏稷，百谷自生，冬夏播琴。鸾鸟自歌，凤鸟自儛，灵寿实华，草木所聚。爰有百兽，相群爰处。此草也，冬夏不死。"这里不仅反映了多种谷物的自然生长，还涉及鸟类、草木、兽类等动植物的物候认识。先民由此积累了一定的物候经验，已能大致依照物候观测来把握季节，从事渔猎和农牧活动。考古发掘表明，我国早在八九千年前就有了较为发达的农业，夏代已经具备了初步的农业工具和施肥技术，涉及诸多农作物和家畜品种，在自然地理气候方面积累了一定的经验，传说夏代后期的周族先祖公刘带领人们兴水利务农耕居家建业，已注意到"相其阴阳，观其流泉"〔1〕等地理气候环境条件。

农业的头等大事是识别季节。原始农业时期，人们需要顺应自然建立起动植物（尤其是农作物）和环境的关联，这种关联的结果就是对时间节律和地理空间的了解把握，这也正是早期历法起源的直接动因，甲骨文及《尧典》《大荒经》等文献中关于四方风和四方神的记载一脉相承，反映了人们早期对于物候历的觉悟。〔2〕甲骨卜辞中已经具备相当丰富的气候物候知识，如殷商时期"卜以决疑"中，用在气象气候方面的占有一定比重。甲骨卜辞在卜年、卜雨（包括风、雪、雾、蒙、雹等）、卜霁、卜瘳、卜旬、杂卜等方面记载较为细致，如"今夕其雨疾"、"疾雨七害"，"贞，其亦洌雨。贞，不亦洌雨"，"乙巳卜，以贞，雪，其受年"等；有的记载甚至涉及了气候的预报和验证，如"暌亥卜，贞旬。乙丑，夕雨，三夕。丁卯，明雨。戊辰，小采风雨。乙巳，明启。壬申，大风自北"〔3〕，这里记载了十天里的雨风情况。可见，在人类早期生产生活实践中，气候物候等自然现象受到特别的关注。

古代，物候被用来确定农时，有以家燕确立农业开始的春分时节。当时的劳动人民已经认识到一年的两个"分"点（春分和秋分）和两个"至"点（夏至和冬至），但不知道一个太阳年有多少天，所以急欲求得办法，能把春分固定下来，作为农业操作的开始日期。商周人民观察春初薄暮出现的二十八宿中的心宿二，即红色的大火星来固定春分。〔4〕别的小国也有用其他办法来定春分的。如郯国（今山东省近海地方）人民以每年观测家燕的最初来到的时间测定春分的到来。《左传》提到郯国君到鲁国时对鲁昭公说，他的祖先少皞在

〔1〕《诗经·大雅·公刘》。

〔2〕刘宗迪：《〈山海经·大荒经〉与〈尚书·尧典〉的对比研究》，《民族艺术》2002年第3期。

〔3〕董作宾：《殷文丁时卜辞一旬间之气象记录》，《气象学报》第17卷1—4合期，1943年12月。

〔4〕《左传》襄公九年："吾闻之，宋灾，于是乎知有天道，何故？对曰，古之火正，或食于心，或食于咮，以出内火，是故咮为鹑火，心为大火。陶唐氏之火正阏伯，居商丘，祀大火，而火纪时焉。相土因之，故商主大火。"参见《春秋左传正义》（十三经注疏），北京大学出版社，2000年，第993—995页。

夏、殷时代,以鸟类的名称给官员定名,称玄鸟为"分"点之主,以示尊重家燕。[1]这种说法表明,在三四千年前,家燕有规律地在春分时节来到郯国,人们以此作为农事开始的先兆。[2]气候物候关联地理分布,与此相应,在地理空间认知方面已具备了四方、五方概念。[3]由此,殷商时期基于农耕生产和生活实践,已经基本建立起一个以物候为基础的时空认知框架。

《夏小正》传留了一些夏代关于物候、气象、星象及农事活动的经验认识。其把一年十二个月的天象、气候、物候及农事对应安排在十二月里,如"正月:启蛰;雁北乡;雉震呴;鱼陟负冰;农纬厥耒;囿有见韭;时有俊风;寒日涤冻涂;田鼠出;农率均田;獭祭鱼;鹰则为鸠;采芸;鞠则见;初昏参中;斗柄悬下;柳稊;梅、杏、杝桃则华;缇缟;鸡桴粥"等,说明当时对风、雨、水、旱以及多种物候现象有了较为细致的认识。其中物候和天象观察的结合,意味着物候知识的体系化,这似乎成为后世"以时"系事及其"月令"图式的模板。《诗经》与《夏小正》相应,多篇涉及物候知识。《豳风·七月》就是物候诗,在按月叙事中往往夹带物候等,如"蚕月条桑","四月秀葽,五月鸣蜩","五月斯螽动股,六月莎鸡振羽","七月在野,八月在宇,九月在户,十月蟋蟀入我床下","八月剥枣,十月获稻",等等。而在《召南·小星》《小雅·节南山之什》《小雅·谷风之什》《小雅·鱼藻之什》《邶风·终风》等篇中还有一些气象、天文、节气、测天经验等,并应用物候知识进行描述。[4]其中一些物候、农事记载与《夏小正》基本一致。若此,《夏小正》体现了以物候定季节和观象授时的结合。

物候历只能大体把握时节,对季节、年月循环以及具体时间的认识不够准确。随着生产实践的发展,《夏小正》那种以分辨斗柄上下确立时间季节已不够准确,也不能满足人们对"时间"把握的要求。殷商时期气候学、农业和天文历法相互整合促进,出现了观象授时方法,确定了一回归年的时间长度,并以闰月定四时,形成回归年和朔望月并行的阴阳合历。《尚书·尧典》载:"乃命羲和,钦若昊天,历象日月星辰,敬授人时。分命羲仲……日中,星鸟,以殷仲春。厥民析,鸟兽孳尾。申命羲叔……日永,星火,以正仲夏……分命和仲……以殷仲秋。厥民夷,鸟兽毛毨。申命和叔……日短,星昴,以正仲冬。厥民隩,鸟兽氄毛。帝曰:咨!汝羲暨和,期三百有六旬有六日,以闰月定四时,成岁。"设置专人观象定季节,以观测鸟、火、虚、昴四星黄昏时处于南

---

[1]《左传》昭公十七年:"少暤氏鸟名官,何故也?郯子曰:'吾祖也,我知之。……我高祖少暤,挚之立也,凤鸟适至,故纪于鸟,为鸟师而鸟名。凤鸟氏历正也。玄鸟氏,司分者也。"参见《春秋左传正义》(十三经注疏),北京大学出版社,2000年,第1566—1568页。

[2] 竺可桢:《中国近五千年来气候变迁的初步研究》,《中国科学A辑》1973年第2期。

[3] 胡厚宣:《释殷代求年于四方和四方风的祭祀》,《复旦学报》(社会科学版)1956年第1期。

[4] 谢世俊:《中国古代气象史稿》,1992年,第347—348页。

中天(即过子午圈)的日子来定二分二至,以此划分时间季节,确立了四季寒暑(季节)与斗转星移的关系,给出了以闰月来调整的阴阳历,显示了以天象观测确定时间季节的开端,对天文天象的观测导致了由物候定时向观象授时的转向,提升了时候型的气候学认知。

二、历法及节气系统与农时

农业的要素就是宇宙自然的要素。农业系统的复杂性决定了农耕对时间要求的模糊性,而精确时间的确定又有利于农业生产的开展和把握,准确时间的确定依赖于历法的推进。[1]西周至春秋战国时期,由于农业发展及其历法推进,形成了以二十四节气为标志的成熟的"时候"体系,奠定了传统农业的"农时"基础。[2]

节气系统有一个渐进发展的过程,其原始形态是二分二至,完整形态是二十四节气。二十四节气的萌芽可能源于夏商时期,即由观测日影而定冬至、夏至,西周时期测得春分、秋分。《尚书·尧典》载有两分、两至的原始概念,春秋时期已用土圭测影定季节,有了春分、秋分、夏至、冬至四个节气,确立了四立(即立春、立夏、立秋、立冬),"四时八节"的概念已经形成。战国时期,随着二十四节气天文定位的确定,二十四节气已基本形成,在秦汉之时趋于完善并定型,《淮南子》最早记载了完整的二十四节气,在《太初历》中使用。二十四节气是中国古代天文历算、气候学和农业生产实践的成功结合,在中国传统农业生产实践中起着极其重要的作用。

节气概念由来久远,《夏小正》《管子·幼官》《吕氏春秋·十二纪》等文献中呈现了二十四节气部分原始名称及渐进过程。《管子》中呈现了对气候学的全面认识以及节气系统的建立。书中似乎兼有两套节气系统。一是《管子·幼官》中三十节气系统,《幼官》按东、南、西、北、中分布构成方图,内容涉及节气与方物、政论和兵法,包括四时政令和三十节气。《管子》中《四时》和《五行》两篇以三十节气系统为据,即"五行御天",各领七十二日,合三百六十天,每节气十二天。另一节气系统是《管子·轻重》中的二十四节气的原始形态,《轻重己》篇中出现了二十四节气的早期形态,以"数四十六日"、"数九十二日"为基准,似乎有十五天、四十五天的时间节点之征,疑有将一年分为二十四节气、每节气十五天的取向。《轻重己》并以冬至、春始、春至、夏始、夏

---

〔1〕 江晓原从日月五星与农业的关系、二十四节气之推求以及"观象授时"等角度,质疑了"历法为农业服务"。参见江晓原:《天学真原》,辽宁教育出版社,1991年,第140—151页。

〔2〕 曾雄生认为,二十四节气之太阳历对于农业虽然重要,但不符合人们的阴历习惯,实际中常依阴历。农家月令体农书由此而产生。参见曾雄生:《〈数书九章〉与农学》,《自然科学史研究》1996年第3期。

至、秋始、秋至、冬始"八节"记载天子的祭祀活动。《管子·巨乘马》也依此节气阐释农耕生产，如"日至六十日而阳冻释，七十日而阴冻释[1]。阴冻释而秫稷，百日不秫稷，故春事二十五日之内耳也"。强调春季二十五天对于农耕的重要性，认为"春已失二十五日，而尚有起夏作，是春失其地，夏失其苗，秋起繇而无止，此之谓谷地数亡"。相比较而言，三十节气虽然占居《管子》节气观的主导，也概括了物候特征、气候特征以及白昼长短等事宜，但从叙述安排农耕实践活动来看，依照的可能是二十四节气。《管子》强调农时，在《牧民》《山权数》《五辅》《度地》《揆度》《乘马》等篇中阐述了"时"的重要性，并制定了灾害和减征的农业气象指标；在《权修》《水地》《七法》《牧民》《立政》《侈靡》等篇中探讨气候变化，以时节引领农业生产实践。

《礼记·月令》中已经形成大部分节气概念。《月令》运用日、昏、旦以"二十八宿"、"四象"确立天象变化，将气象、物候及农事活动对应其中。《月令》初步具备了节气系统模型，已有立春、日夜分、立夏、日长至、立秋、日夜分、立冬、日夜分等明显的节气概念，还有具备节气意义的概念，如始雨水、小暑至、白露降、霜始、蛰虫始振、闭塞而成冬，等等。《吕氏春秋》在物候、节气及天文历法等方面与《月令》基本相同，在阐述云、日、月、星、气、物等各种自然现象的观测时，都与气象气候相联系。在农业气候方面，集中反映在《上农》《任地》《辩土》《审时》四篇，文中阐述了农时、保墒、田间小气候及通风、土壤水分、耕作及用物候来把握气候变化等。《淮南子》根据斗建和律吕来确定二十四节气，《淮南子·时则训》对二十四节气、七十二候进行了规整的排列，每节气附三候，五天一候、三候一节气，形成一年七十二候、二十四节气的完整系统。至此，气候学臻于成熟，二十四节气与七十二候的配合，能够更加方便地应用于农耕实践。历法月令是人们生产和生活的重要依据，在《山海经》的《海外经》中画面四方，就有着顺序描绘十二个月，及其每个月应该举行的重要节气活动情景，实为后世皇历的滥觞。[2]

时节的确定依赖于历法推演。秦代颁行《颛顼历》沿用古历，为四分历，定回归年长为 365 又 1/4 日，朔望月为 29 又 499/940 日，以孟冬（农历十月）为岁首，闰月放在岁末即九月之后。而此历法与农时季节、人们生活不相匹配。[3]

---

[1] 俞樾认为：《管子》中"七十日而阴冻释"为"七十五日而阴冻释"之误，否则都不相当符合。曰："日至六十日而阳冻释，是为惊蛰，七十五日而阴冻释，是为雨水。若作七十日则不相当矣。"参见俞樾：《诸子平议》，中华书局，1954 年，第 103 页。

[2] 刘宗迪：《山海经》与上古历法制度》，《民族艺术》2002 年第 2 期。

[3] 如："以北平侯张苍言，用颛顼历，比于六历，疏阔中最为微近，然正朔服色，未睹其真，而朔晦月见，弦望满亏，多非是。"班固撰，颜师古注：《汉书》第四册卷二一上，中华书局，1964 年，第 974 页。

对此，由落下闳、邓平等制定《太初历》，对历法进行精密运算和验证[1]，改革违背农时的旧历，其主要贡献在于以正月为岁首，设立二十四节气，围绕农事活动和四季变化，做到日月五星与时候的对应。[2]该历法体现了时候型农业气候学的成熟和完善，在农业中发挥了重要作用。《太初历》以后，二十四节气测定趋于更加精密和完善。在节气的确定中，最为重要的创造是以"定气"确立二十四节气的时间间隔，"定气"是二十四节气走向成熟的重要标志。

农业实践虽无需精确的时间概念，历法的精确推演也未必由农业驱动，但历法制定却需要满足农业生产对"农时"的要求。"农业生产发展的需要对天文学形成了强大的推动力。以春秋后期出现的四分历——一种回归年程度为365.25日，并用十九年七闰为闰周的历法——为代表，标志着历法已经摆脱了对观象授时的依赖而进入了比较成熟的时期。……制定于战国后期的古"六分历"中已包含了节气的概念，即把一个回归年均匀地分作若干等分，每一分占用气候状况、生物生态特征和农业生产的特征来标志它。这样就能使传统的阴阳合历更好地反映一年中太阳位置的变化，为农业生产服务。"[3]春秋时期的"四分历"是对观象授时的摆脱，改进了阴阳历对于农业发展的阻碍[4]。战国后期的古"六分历"促进了阴阳历更好地为农业服务，《太初历》则具备了后世历法的各项主要内容，如节气、朔晦、闰法、五星、交食周期等。历法的不断进步，以及阴阳合历的整合使用，推动古代农业基本形成了由"农时"引领的精耕细作传统。至《授时历》，定一岁为365.2425日，每月为29.530593日，精确程度与现代值几无差别。由此，在历法、气候学、农业实践等诸因素的驱动下，时候型传统农业不断向纵深发展。

三、农时与农业精耕细作

自古以来，从帝王到百姓、从生产到生活的各个领域都蕴涵着中国特有的时间观。《白虎通·德论》曰："古之人民，皆食禽兽肉，至于神农，人民众多，禽兽不足，于是神农因天之时，分地之利，制耒耜，教民劳作。"对"时"的把握是圣王之道、国之本、治之理、民之用，"时"在治国安邦中具有统领性作用。《管子·霸言》言"君人者有道，霸王者有时"，《管子·四时》说"不知四时，乃

〔1〕《汉书》在这方面作了细致的描写："其法以律起历，曰：'律容一龠，积八十一寸，则一日之分也。
　　　與长终始，律长九寸，百七十一分而终复，三复而得甲子……'与邓平所治同。于是皆观新星
　　　度、日月行，更以算推，如闳、平法。法，一月之日二十九日八十一分日之四十三。"参见班固撰，
　　　颜师古注：《汉书》第四册卷卷二十一上，中华书局，1964年，第975—976页。
〔2〕正如孟康所言："谓太初上元甲子夜半朔旦冬至时，七曜皆会聚斗、牵牛分度，夜尽如合璧连珠
　　　也。"师古曰"言其应候不差也。"参见班固撰，颜师古注：《汉书》第四册卷卷二十一上，中华书
　　　局，1964年，第977—978页。
〔3〕〔4〕　中国天文学史整理研究小组编著：《中国天文学史》，科学出版社，1981年，第23、93页。

失国之基。不知五谷之故,国家乃路。……是故阴阳者,天地之大理也;四时者,阴阳之大经也;刑德者,四时之合也"。《管子·禁藏》认为,"顺天之时,约地之宜,忠人之和,故风雨时,五谷实,草木美多,六畜蕃息,国富兵强"。天下一切事都在于对"时"的把握。

"时"体现了各种环境因素及其资源的集合,蕴涵着天地自然社会事物的节律、契机及其运行机制;"时"是万事万物生、成、化、变的一个绝好标志,反映到农业上就是"农时",四时八节、二十四节气、七十二候等标志着农业实践的时间节点。人们只有勤奋劳作,把握好农时,协调农作物与外界环境的关系,农业产生才有所作为。古人对于时间的实际把握可能不仅仅依赖朔望月和二十四节气,也不仅仅依照老《黄历》[1],而可能是来自物候、谚语流传、历书传播、老农经验的多向整合,尤其是时候模式营造的农家"月令派"在农业生产中发挥了重要作用。月令体农书是中国古农书的重要组成部分,如东汉《四民月令》、六朝《荆楚岁时记》、唐《四时纂要》、宋《岁时广记》、元《农桑衣食撮要》、明《便民图纂》及《沈氏农书》、清《农圃便览》等,都以时系事,按月安排农事活动。"时候"体现了几千年经验农学的特征,引领传统农业走向了精耕细作。

《吕氏春秋》是专门论述农业的最早文献,论述了农业生产中的"时宜"原则。如:"凡农之道,厚之为宝。斩木不时,不折必穗;稼就而不获,必遇天菑。夫稼,为之者人也,生之者地也,养之者天也。"(《吕氏春秋·审时》)并强调适时者事半功倍,不适时者歉产歉收。如:"知贫富利器,皆时至而作,渴时而止。是以老弱之力可尽起,其用日半,其功可使倍。不知事者,时未至而逆之,时既往而慕之,当时而薄之,使其民而郊之。"(《吕氏春秋·任地》)同时还讨论了禾、黍、稻、麻、菽、麦六种主要农作物的"先时"、"后时"和"得时"的利弊,指出"先时"、"后时"对作物生长、结实、收获等均为不利,只有"得时"才是最佳选择。正如:"得时之黍,芒茎而徼下,穗芒以长,抟米而薄糠,春之易,而食之不喂而香;如此者不饴。先时者,大本而华,茎杀而不遂,叶藁短穗。后时者,小茎而麻长,短穗而厚糠,小米钳而不香。"

两汉魏晋南北朝时期,对"农时"的认识不断深入。《氾胜之书》强调天时、地宜对农作物生长发育的重要性,其言"凡耕之本,在于趋时","得时之和,适地之宜,田虽薄恶,收可亩十石"等。《齐民要术》继承重农时的传统,在叙述作物栽培管理方面,无一例外地强调了"时"的重要性,其说"顺天时,量地利,则用力少而成功多,任情返道,劳而无获"。并指出在"得时"的前提下,可以利用耕作及施肥措施来协调土壤的水肥气热状况。《齐民要术》还收集

---

〔1〕 江晓原:《历书起源考》,《中国文化》1992年第1期。

了不少关于农时、作物生长的农谚，其对后世农谚有着重要影响。

隋唐宋元时期，传统农业精耕细作基础已经形成，经典月令有了新发展。在《开成石经》所收经典中产生了《唐月令》，与《礼记·月令》原文相异〔1〕。唐代农书《四时纂要》继承"月令派"传统，叙述农事活动不可违背时节，否则将"五谷不实"，"人多流亡"。宋代《陈旉农书》强调农时的重要性，专辟《天时之宜篇》，其说："故农事必知天地时宜，则生之、蓄之、长之、育之、成之、熟之，无不遂矣。由庚，万物得由其道，崇丘，万物得极其高大，由仪，万物之生各得其宜者，谓天地之间，物物皆顺其理也。"元代王祯《农书》把"天时"贯穿于全书之中，认为农业生产应"顺天之时"。在"授时"中说："四时各有其务，十二月各有其宜，先时而种，则失之太早而不生，后时而艺，则失之太晚而不成。"在论述农作物栽培管理中始终强调不误农时，分析"上时"和"下时"的不利，强调要"得时"，否则必受其害。王祯《农书》还创制了"授时指掌活法之图"，认为"盖二十八宿周天之度，十二辰日月之会，二十四气之推移，七十二候之迁变，如环之循，如轮之转，农桑之节，以此占之"。不依历书定月，而按照二十四节气将月份固定下来，把天体运行、节气变化、作物生长与农事活动多个环节对应统一起来，试图运用于农业实践。

明清时期，对于气候及农时在不同地区的差异及其适宜性问题尤其关注。明代冯应京将我国东西南北各分为三个气候带，他在《月令广义》中说："东西高下亦三别：一自汧源县西至沙洲，二自开封县西至汧源，三自开封县东至沧海。东方大温，西方大凉。寒热不同，阴阳多少不一。春气西行，秋气东行，夏气北行，冬气南行。"由此认为："广东、福建，则冬木不凋，其气常燠，如北之宣大，九月服纩，而天雪矣。草木蔬谷，自闽而浙，自浙而淮，则二候每差一旬。"而刘献廷通过对南北、东西地区物候差异的考察，认为物候记载与现实情况不符，其言："诸方之七十二候各各不同。……今历本亦载七十二候。本之月令，乃七国时中原之气候也。今之中原，已与月令不合，则古今历差为之。今于南北诸方，细考其气候，取其确者一候中，不妨多存几句，传之后世，则天地相应之变迁，可以求其微矣。"〔2〕对于气候、时节差异的认识为农业实践提供了重要指导。同样，明清农学家也十分关注农时。明代马一龙《农说》言："力不失时，则食不困。知时不先，终岁仆仆尔。故知时为上，知土次之。"清代杨屾《知本提纲》说："相土而因乎地利，观候而乘乎天时，虽云耕道之大，实有过半之思"，"稼得其时，则无五贼寒热之害，稼失其时，更有外侵零秕之忧"。与此同时，明清时期的农业气象学在总结经验的基础上进一步发展，其气象预报、占验著作及民间谚语大量出现，如《田家五行》《农候杂占》

---

〔1〕 刘次沅：《西安碑林的〈唐月令〉刻石及其天象记录》，《中国科技史料》1997年第1期。
〔2〕 刘献廷：《广阳杂记》卷三，中华书局，1957年，第151页。

《授时通考》等有所辑录,而《便民图纂》《农政全书》《宝训》及《马首农言》等集中了大量气象谚语。[1]由此,物候、气候、气象及农事等谚语在古代社会生产生活中发挥着重要作用。

总体而言,中国古代气候学属于农业气候学,对气候学的认知和把握主要基于农耕实践,它以"物候"、"时候"为基础,以四时八节、七十二候、二十四节气以及"月令"为标志,引导了以"农时"为核心的精耕细作农业传统。一定意义上讲,关于物候历认知及其应用,是人类早期气候学认知的自然模式。这种"时候型"概念模式并非简单的时间模式,它是时间、空间与人类实践的整合,是天地人物的协调统一,这正是中国古代气候学所蕴涵的哲理所在。换言之,古代哲学思想对气候学认知产生了重要影响,也体现了经验农学的规律性及其哲理。

物候学在现代仍然具有借鉴价值。物候具有敏感性、灵活性、兆示性、混沌性等诸多特点,它比气象仪器复杂、灵敏,应用在农事活动里比较简便、容易掌握。竺可桢认为物候学对于防治环境污染等问题是有益的,指出:"如何对污染问题能'见微知著'防患于未然呢? 在这方面,物候学的观察方法不失为一个良好的助手。如把物候观测点、网建立起来,可以起到一定的监视环境污染的作用。"[2]这在当今环境污染问题凸显的情境下具有特别意义。

当今科学不断突破分析的框架,以整体有机看待自然界的观念渐渐显露,科学乃至气象学走向了交叉和综合。事实上,今日世界科学前沿的全球气候变化研究,正是地候模式和时候模式的珠联璧合,或者说时空变化序列构成了现代气象学家的思维框架。特别是气候系统概念的提出,是气候学领域的一次科学革命,可谓时候模式有机统一自然观的具体反映和深化。[3]当今气象学泰斗肖纳伯(英国)对二十四节气十分推崇[4],主张欧美国家都应当学习、借鉴和采用。

---

[1] 倪根金:《〈齐民要术〉农谚研究》,《中国农史》1998年第4期。

[2] 竺可桢、宛敏渭:《物候学》,科学出版社,1973年,第162—163页。

[3] 王乃昂:《中西古代气候学的概念模式及其比较》,《自然科学史研究》1998年第1期。

[4] 竺可桢著,施爱东编:《天道与人文》,北京出版社,2005年,第102页。

中国古代天文学对传统农业的影响*

天文学是中国古代自然科学的四大学科之一。中国在天文天象观测、历法制定及推步等方面曾领先于世界。中国古代天文学的高度发展是政治、生产需求、人们求知欲交互作用的结果。农业是中国古代的主导产业，它对天文学的发展形成了强大推动；与此同时，天文学的发展对农业生产、农学理论产生了重要影响，天象观测和历法的进步，伴随和标志着农业及农学理论的重要发展。本文将从日月五星的观测、历法制定推步以及时节的确立等方面来探研中国古代天文学对传统农业的深刻影响。

中国传统农业长盛不衰，有着精耕细作的优良传统。传统农业由于对"天时"、"农时"的关注和重视，引导了农业生产重时节、重过程、重整体、重关系的总体特征，由此导致了传统农业的生态化特征和取向。这反映到农业生产实践中，主要是注重于农作物与外界环境条件、农作物与农作物之间关系的把握；其主要内容包括土壤轮耕、作物轮作、间作套种、合理密植、茬口安排、合理施肥、兴修水利等。德国化学家尤·李比希对此评价说："观察和经验使中国和日本的农民在农业上具有独特的经营方法。这种方法，可以使国家长期保持土壤肥力，并不断提高土壤的生产力以满足人口增长的需要。"[1]并称其为"无与伦比的农业耕作方法"。这种成就的取得，虽受到诸多因素的影响，但首先或直接的是来自于天文学的内在推动，天文天象观测、历法推步、节气确立等可以满足农业生产对农时季节的要求，使农业生产由粗放低产不断走向精耕高产，中国传统农业精耕细作的优良传统因此而形成和发展。

一、天文历法与农业

人类在采集狩猎时期，就对日出落、月圆缺、昼夜交替、月相变化以及寒来暑往等自然节律有了一定的认识，随着时间的推移和原始农牧业的兴起，以自然界物候现象来定季节的自然历便应运而生，即根据植物生长花开花落、鸟兽生长出没及气候变化等规律来确定生产活动的季节和方位地点，这

---

* 原载《南京农业大学学报》(社会科学版)2001年第3期。

〔1〕[德]尤·李比希著，刘更另译：《化学在农业和生理学上的应用》，农业出版社，1983年，第43页。

实际上是一种物候历。物候历只能是大体上把握时节,对季节、年月循环以及具体时间的确立不准确,因此一种更准确可靠的以日月五星的星象观测来确定农时的方法便孕育产生了。

物候历从本质上来说,它是地球绕太阳公转的一种外部表象,是一种自然规律,它被人们所认识是必然的,上古时期人们都将其应用于农业生产。古希腊就有关于星象、物候和生产季节安排的记载。[1]中国古代关于天象观测的最早传说,如《国语》中所记载:颛顼帝命南正重司天以属神,火正黎司地以属民。相传为夏代的我国最早历书《夏小正》已把一年分为 12 个月[2],并把各月的天象、物候和农事对应起来,反映了从观测物候定季节农时的物候历阶段向观测天象定农时的观象授时阶段的过渡,标识着我国古代天文学的萌芽。《尚书·尧典》[3]中出现了殷商时期设置专人观象定季节的记载,指出以观测鸟、火、虚、昴四星黄昏时处于南中天(即过子午圈)的日子来定二分二至,以此来划分季节,确定农时,并给出了一年 366 天的以闰月来调整的阴阳历。农业生产的发展,对把握农时季节有了较高的要求,《夏小正》那种以分辨斗柄上下来确定季节的简单做法就不够了,《尧典》中以观测明亮的星宿来定季节就成为必然。《尧典》中记载了圭表测日影,以圭表进行星辰中天的观测较之以观测恒星的昏旦出没来确定季节的精度更高。[4]这表明我国商周时期天文观测和历法已有较高水平。由此也促进了农业的发展,这一时期的农业发展已有相当规模和水平。

春秋战国时期,铁器、牛耕和土地连种制等技术的应用大大提高了劳动生产力。农业生产的迅速发展对天文学形成了强大推动力,这一时期天官二十八宿的建立和成熟、四分历和古六分历的出现即是标志。二十八宿可用来量度日月运动的相对位置,因此赤道坐标系得以建立和发展。甘德、石申对五星的运行周期以及顺、逆行现象有了一定的认识,他们对全天星宫进行定性分划,完成了石氏星表,形成定量化的星宫体系。四分历确立了一个回归年长度为 365.25 日,并采用十九年七闰的置闰法,此历法标志着由观象授时

〔1〕 [古希腊]赫西俄德著,张竹明、蒋平译:《工作与时日》,商务印书馆,1996 年,第 12—21 页。
〔2〕 陈久金等学者认为《夏小正》是十月太阳历,把《夏小正》和彝族太阳历作对比研究,就每月日所在、参星、北斗斗柄的指向、节气和气温、物候等六个方面的特征进行了论证。参见陈久金、卢央、刘尧汉:《彝族天文学史》,云南人民出版社,1984 年,第 199 页。陈遵妫认为《夏小正》基本显示了夏代的历法。其说:"从它记载的物候、气象、地理等方面来看,都和夏代情况相合,因而断定它保留着夏代历法的基本面貌,但有少数可能是春秋时代混入当时的天象。"参见陈遵妫:《中国天文学史》第一册,上海人民出版社,1980 年,第 1589 页。
〔3〕 《尧典》所载观测年代当在殷商时期,主要根据为,"大火昏见春季,大火南中定夏至"。李约瑟、哈特纳等学者都认为我国殷商时期能够测得分至点。参见中国天文学史整理研究小组:《中国天文学史》,科学出版社,1981 年,第 11 页。
〔4〕 中国天文学史整理研究小组:《中国天文学史》,科学出版社,1981 年,第 10 页。

进入比较成熟的时期。制定于战国后期的古六分历已包含了节气的概念，即把一回归年分为若干等份，每一份用气候、物候和农业生产的特征来标志它，这使传统的阴阳历能够更准确地反映太阳一年的变化，基本满足了农业生产的迅速发展对时节的较高要求。农业的发展对天文学形成了强大推动力，同时天文学的发展也大大促进了农业的发展。这一时期中国传统农业精耕细作的基础已基本奠定。

此后，天文、天象观测及历法沿着这条路线不断地发展，历法不断进步和精确。秦颁《颛顼历》，使得全国历法得以统一。长沙马王堆出土的《五星占》《云气景象杂占》对金木土星的会合周期已定得相当准确。汉初制定《太初历》，历法达到一个高峰，它已经具备了后世历法的各项主要内容，如节气、朔晦、闰法、五星、交食周期等。后来又经过后汉四分历、景初历、乾象历、麟德历、大衍历、统天历、大明历等，直到元代《授时历》的完成。《授时历》是中国古代历法的顶峰，它是中国古代最精确的历法。值得一提的是，沈括在《梦溪笔谈》中提出"十二气历"，这是个纯阳历，它能使节气固定，可以避免传统阴阳历中节气与月份关系不固定的问题，从根本上解决了历法适应农业生产需要的问题，但未能实施。与此同时，天文学由于定量化以及天文仪器的不断发展，逐渐形成了完备、精确的中国古代天文学体系。

从物候历到观象授时，人们对时节和气候的把握渐趋精确，古代农业由原始粗放农业向精耕农业过渡。春秋时期的四分历是对观象授时的摆脱，历法较为成熟，农业精耕细作的基础已经基本奠定。至秦统一以及汉太初历的制定，传统农业精耕细作的传统已经形成。唐宋以后，经济中心南移，南方农业大发展，《授时历》完成，传统农业向纵深发展。明清时期，天文学方面虽处于停顿和低潮时期，但由于农业传统的形成和生产实际的需要，农业上也有相当建树，农田水利、多业互补、中小农具、土壤改良、地力常新、合理施肥等方面都有一定的发展。随着天文学的发展和"天人合一"、"三才论"思想的倡导，重视"农时"，以求天、地、人、物的和谐统一在农业生产和农学理论中占有主导地位，并成为一种重要传统。天地环境、农作物和人的生产实践这三大要素的协调统一是农业生产的基本保证，人的生产实践活动主要是协调农作物与其外界环境条件的关系。也正因为如此，中国传统农业逐渐形成了精耕细作的传统。

人类早期的天文、天象观测远早于耕作和畜牧农业的文明，它是引发或唤起人类早期文明的一个重要方面，并成为文明延续的一种力量。农业及农学理论的发展无疑受到了天文学的内在推动。与此同时，天文学发展也受到诸多因素的制约，它是最早萌发和发展起来的科学之一。恩格斯指出："必须研究自然科学各个部门的顺序的发展。首先是天文学——游牧民族和农业民族为了定季节,就已经绝对需要它。"[1]而天文学发展除了生产上的绝对需要外,还有人们求知欲的驱使,人的本性"力求了解周围世界和作用于它的各种外力。他在找到一种自认为能够合理解释这些事物的办法之前,总是不肯善罢甘休"[2]。

星占作为早期天文发展的一个重要阶段,具有重要意义。星占是早期人类求知探索的重要实践活动,这种对星象及其变化的关注,无疑促进了天文学的发展。星占的主要功能是对人间祸福、农业丰歉等进行预测,它被古代中国发挥到极致,这可能也是中国古代星象观测较早、全面及连续不断的一个重要原因。此外,中国古代天文的发展还受到政治的强大推动,制定、颁布新历是历代王朝的要政之一,这是天文学的官营特征。如此等等,造就了中国古代天文学所具有的神秘性和强大的政治功能。总之,中国古代天文的发展是政治、生产实践和人们求知本性交互作用的结果。这也是中国历史上历法建制繁多、频频改历的原因之所在。

二、天时、农时与农业

天,在中国古代有多层含义,主要是指自然的天和人格神的天。但它反映到现实生活尤其是农业生产中,则是指自然的天,它应该包括光照、热量、水分、气等多种因子,这些因子随时节不同而不同,所以天的特征就可以用"时"来喻示,这就构成农业生产中的季节、节气、农时等概念。古人特别注意把握时序,因为农作物萌发、生长、开花、结实、成熟等,与时节有一定的对应,把握这种节律,是从事农业生产、获得农业丰收的最基本的保证。关于"时"的论述,可见之于大量古代文献,如:

> 物其有矣,唯其时矣。(《诗·小雅·鱼丽》)
>
> 钦若昊天,历象日月星辰,敬授人时。(《尚书·尧典》)
>
> 虽有智慧,不如乘势。虽有镃基,不如待时。(《孟子·公孙丑上》)
>
> 明时正度,则阴阳调,风雨节,茂气至,民无夭疫。(《史记·历书》)

重"时",则重"天",意在表明人类活动要与宇宙大系统运动节律相协调。反映到农业上,实际上就是农作物生长节律与宇宙大系统节律的某种吻合。这正是农家"月令派"所追求的目标。《夏小正》《诗·豳风·七月》《吕氏春秋·十二纪》《礼记·月令》等,都列出每个月气候、物候、农事等,即以物候定时节,以时节安排农事等活动,因此也产生了四季、二十四节气、七十二候等

---

[1] 恩格斯:《自然辩证法》,人民出版社,1971年,第162页。
[2] [美]亨利·M.莱斯特:《化学的历史背景》,商务印书馆,1982年,第2页。

服务于农业生产的节气知识。

农时是立农之本,农业生产的三大要素是天地自然环境、农作物(包括动物)和人们的生产实践活动。重视农时就是重视天地人物的协调统一,人的生产实践活动要与自然节律、农作物生长发育节律相协调,这是农业生产的关键。《管子·禁藏》指出:

> 顺天之时,约地之宜,忠人之和,故风雨时,五谷实,草木美多,
> 六畜蕃息,国富兵强。

这里高度概括了天时、地利、人和的和谐统一是五谷丰登、六畜兴旺乃至国富兵强的根本保证。《管子·四时》中说:"四时者阴阳之大经也,刑德合于时则生福,诡则生祸","不知四时,乃失国之基,不知五谷之故,国家乃路",强调了"四时"对于社会和国家的极端重要。此外,《荀子·王制》中说:

> 君者,善群也。群道当,则万物皆得其宜,六畜皆得其长,群生
> 皆得其命。故养长时,则六畜育;杀生时,则草木殖;政令时,则百姓
> 一,贤良服。

这里指出了"时"对于农业生产和社会生活的重要。《吕氏春秋》从涉农情况看,其《十二纪》《纪首》是典型的"月令派"传统,主要是阐述时节与动植物生长、农事安排等情况。其中《上农》《任地》《辩土》《审时》等四篇是最早见之于文献的关于农业生产的专门论述。《上农》等四篇主要论述了农业生产中"时"和"宜"的原则。如《吕氏春秋·任地》中说:

> 天下时,地生财,不与民谋……无失民时,无使之治下,知贫富
> 利器,皆时至而作,渴时而止。是以老弱之力可尽起,其用日半,其
> 功可使倍。不知事者,时未至而逆之,时既往而慕之,当时而薄之,
> 使其民而郄之。民既郄,乃以良时慕,此从事之下也。操事则苦。
> 不知高下,民乃逾处。种稷禾不为稷,种重禾不为重,是以粟少而
> 失功。

适时者,事半功倍,不适时者歉产歉收。总之一句话,"凡农之道,厚之为宝"。重天时、农时是协调农作物与外界环境条件的关键环节,这是天地人物的协调统一观引导了传统农业重整体、重过程、重协调的总体走向,也是传统农业生态化取向的根本内核。

重农时的传统被后世不断继承发扬。两汉魏晋南北朝时期,《氾胜之书》中有"凡耕之本,在于趋时","得时之和,适地之宜,田虽薄恶,收可亩十石","种禾无期,因地为时"等记载;晁错在《论贵粟疏》中说"粟米布帛,生于地,长于时,聚于力"。《晋书·食货志》中也说"农穰可致,所由者三,一曰天时不愆;二曰地力无失;三曰人力咸用"。《齐民要术》说"顺天时,量地利,则用力少而成功多。任情返道,劳而无获"。这里叙述了天时、地利、人力与收获的关系。《齐民要术》在叙述作物栽培管理方面无一例外地强调了"时"的重要

性,"时"是农作物生长的关键因素,不可违背,否则"劳而无获"。隋唐宋元时期,《四时纂要》继承"月令派"传统,叙述农事活动不可违背时节,否则,将"五谷不实","人多流亡"。《陈旉农书》在《天时之宜》篇中作了具体的叙述:"在耕稼盗天地之时利……故农事必知天地时宜,则生之蓄之,长之育之,成之熟之,无不遂也。"农作物生产依赖天地时利,人们必须认识并利用它的规律性,才可确保农作物丰收。王祯把"天时、地宜"贯穿于其《农书》之中,认为农业生产"顺天之时,因地之宜,存乎其人"。在《授时》篇阐述得则更为详细,其说:"四时各有其务,十二月各有其宜,先时而种,则失之太早而不生,后时而艺,则失之太晚而不成。"《垦耕》篇中说:"种艺之宜,惟在审其时月,又合地方之宜,使其不失其中,盖谓栽培之宜。"《耙劳》篇中也说:"然地有肥瘠,能者择焉,时有先后,勤者务焉。"如此等等,都是要求农业生产合"天时地利"。并在农作物栽培管理中始终强调不误农时,分析"上时"和"下时"的不利,要"得时",否则必受其害。因此农业生产是天地人物协调统一的结果。王祯《农书》继承发展了"月令派"的成果,创制"授时指掌活法之图",达"月令派"农学的最高成就。其概括为:

盖二十八宿周天之度,十二辰日月之会,二十四气之推移,七十
二候之迁变,如环之循,如轮之转,农桑之节,以此占之。
这里将天体运行、节气变化、作物生长与农事活动多个环节对应统一起来,把天、地、人、物的协调统一以一个活动圆图表示,直观实用。

明清时期,马一龙《农说》认为,人们若适当合理地利用天时地利,可战胜自然,改造自然,否则,劳而无功。其说:"力不失时,则食不困,知时不先,终岁仆仆尔。故知时为上,知土次之,知其所宜,用其不可弃;知其所宜,避其不可为,力足以胜天矣。知不逾力者,虽劳无功。"又说:"然时言天时,土言土脉,所宜主稼穑,力之所施,视以为用不可弃,若欲弃之而不可也,不可为亦然。合天时、地脉、物性之宜,而无所差失,则事半而功倍矣。"如此等等,都是说人们在农业生产中要认识和利用天时、地利、物性之宜,协调生物有机体和环境条件的关系,使农业高产丰收,只有这样,才可事半功倍。清代杨屾《知本提纲·修业章》中"农则耕稼一条"则说:"若能提纲挈领,通变达情,相土而因乎地利,观候而乘乎天时,虽云耕道之大,实有过半之思。"郑世铎解释说:"变,谓耕道之变;情,谓物生之情也。相,视也。耕道虽大,不越因地、乘天二端;若能提纲挈领,通耕之变,达物之情,相土自然之种而因其利,观天一定之候而乘其时,其于耕道之大,已思过半矣。"意即农业耕作栽培虽涉及面很广,而因地、乘天时乃为要旨。

三、时节与农业生产实践

（一）传统纪年与农业丰歉

中国传统纪年肇始于岁星纪年，归结于干支纪年。其十二年周期及其与农业丰歉等方面的联系对中国传统社会影响很大。岁星纪年是在天象观测和星占基础上得以创始和使用的，是上古时期人们对木星周天的认识和木星占卜功能结合的产物。岁星纪年是干支纪年的直接源泉，是干支纪年发展的一个初始阶段。岁星纪年制作的原始意义以及在农业中的应用，反映了先民对农业丰歉、水旱灾害等情形的一种推断和预测。

岁星纪年以《淮南子·天文训》记载为最早，稍后或同时《史记·天官书》有载，后又见于《汉书·天文志》，此三家之说，大体一致，学术上属同一体系，据考均承袭石氏之说。[1]《汉书·天文志》杂以甘氏星法，《开元占经》载有甘氏岁星法，据《史记·天官书》知石、甘氏有"五星法"，石、甘氏同为战国时人，因此，岁星纪年法，原是石、甘氏"五星法"之一，即木星法。马王堆帛书《五星占》载有秦汉之际金、木、土三星位置及会合周期，也是这种"五星法"的延续。甘氏著有《岁星经》，据《开元占经》可知，《岁星经》大概是讲如何用岁星来占农事的，如"摄提格在寅，岁星在丑……其国有德，乃热泰稷，其国无德，甲兵恻恻。其失次，将有天应，见于舆鬼，其岁早水而晚旱"云云。《淮南子·天文训》继承这一观点，所述太阴纪年，别有水旱、五谷丰歉、民食等记载，如"摄提格之岁，早水晚旱，稻疾蚕不登，菽麦昌，民食四升"，并对其规律进行了总结，说，"岁星之所居，五谷丰昌，其对为冲，岁乃有殃。……三岁而改节，六岁而易常。故三岁而一饥，六岁而一衰，十二岁一康"。《史记·货殖列传》则根据岁在某星，对异常气候进行了总结，如"故岁在金，穰；水，毁；木，饥；火，旱……六岁穰，六岁旱，十二岁一大饥"。这基本反映了我国黄河中下游一带的气候年际变化特征，表明当时人们已认识到气候变化有着一定的周期性，并与农业丰歉联系起来。而《计倪子》在介绍公元前4世纪南方博物知识时，也有类似的总结。如：

> 太阴三岁处金则穰，三岁处水则毁，三岁处木则康，三岁处火则旱……天下六岁一穰，六岁一康，凡十二岁一饥。

因此，可以说，这种十二年周期在当时已得到普遍认识。久而久之，"十二"这个具有广泛意义的周期数就不难被揭示。其结果是十二年周期与水旱灾害周期、农业丰歉相吻合。[2]

关于十二年周期，公元3世纪肯索里努斯（Consorinus）的《论生辰》（De

---

〔1〕 刘坦：《中国古代之星岁纪年》，科学出版社，1957年，第1—14页。

〔2〕 胡火金：《中国古代岁星纪年与旱涝灾害周期初探》，《中国农史》1999年第1期。

Die Natali)一书的十八章有一段话说:"这和十二年一循环的十二年岁周长短极其相似。其名为迦勒底年,是星历家由观测其他天体运行而得,而不是由观测日、月运行来的。据说在一岁周中,收成丰歉以及疾病流行等天候的循环,都与这种观测相合。"[1]由此看来,对十二岁周以及它与收成丰歉等联系的认识是中外早期天文学的一个重要阶段。这也是人们在生产实践活动中得到的对天体运行规律的一种认识和把握。

岁星纪年是周期性循环纪年法,其十二年周期与旱涝灾害、农业丰歉周期有一定的联系。中国纪年,最先是依王公即位而纪年,《左传》时有岁星纪年萌芽(星占功能)。随着岁星纪年的流行,太岁纪年相伴而生,先秦古历中有之。两者合用,后发展为干支纪年,在《颛顼历》制作中始用。经过太初历直到四分历,干支纪年最终完成。干支纪年当制作使用于颛顼历时代,它将太岁纪年中这六十个太岁扩充为六十干支,把以前的太岁称作岁阴,并加入十个岁阳以配成六十个岁名,岁名被《史记·历书》《后汉书·律历志》所正式使用。[2]

(二)七十二候、二十四节气

"候"是指具有一定物候特征的一个时段。人类社会从采集狩猎到原始农业时期,就需要辨别时令,观察和研究物候就成为古人把握时令的主要手段,以物候来判别季节,确定农时。"候"的起源早于二十四节气。甲骨文的"年"就像是人头上一把禾,意为谷熟一次就是一年,"年"首先是从谷物成熟亦即物候变化的周期中得到的。《夏小正》中所载物候就多达60种,其中有动物的37条,植物的18条,非生物的15条,非生物涉及风、雨、旱、冻等气象因素。《诗经·豳风·七月》记述的物候及相关农事也终年不辍;《尚书·尧典》中有鸟兽毛革一年四季的变化;《黄帝内经·素问·六事藏象论》则有"五日谓之候,三候谓之气,六气谓之时,四时谓之岁"的说法。"七十二候"始见于《逸周书·时训解》,其候应不仅按节气编排,而且各节气都有一定的候应,每月二气,每气三候,每候有一定的候应,全年二十四节气,七十二候应。因此,完整的七十二候体系又与二十四节气的形成相关。

二十四节气说是历法进步的产物,是对阴阳历的改革,是农业生产重视时节的必然结果。节气产生很早,《尚书·尧典》已有两分、两至的原始概念,《春秋·左传》中已有二分、二至、四立的原始概念,《夏小正》《管子·幼官》《吕氏春秋·十二纪》等先秦文献中已有二十四节气的部分原始名称。二十四节气最初是在汉初《太初历》中出现并固定的,它是中国古代天文学、气候学和农业生产实践的成功结合,它在中国传统农业生产实践中起着极其重要

〔1〕 李约瑟:《中国科学技术史》,第4卷第2分册,科学出版社,1975年,第55页。
〔2〕 莫绍揆:《从〈五星占〉看我国的干支纪年的演变》,《自然科学史研究》1998年第1期。

的作用。

二十四节气之每节气所在时段与农业生产的阶段性密切相关。其基本意义在于：一是反映时节，这一点有很强的地区性，四立是天文学上的划分，并不完全适应地域辽阔的中国，从气候特征来看，有的地区无明显的冬、夏，四季如春；二是反映气候特征，即热量和降水情况；三是表明物候特征，即作物播种、生长、成熟的物候特征。这要求人们要根据二十四节气来安排农事活动。但它运用于全国，要因时、因地、应作物进行调整，全国各地关于二十四节气的谚语中可见其不同的应用。随着天文观察、历法研制的深入，平气、定气概念的建立，二十四节气逐步完善成熟，显示了它对农业生产更强的指导作用。被誉为当今气象学泰斗的肖纳伯对此也十分推崇，主张欧美国家均可学习采用。

二十四节气，是古代直至现代的农事历，它简要、明确，而又切合农业生产实际。其用途十分广泛，不仅包括农、林、牧、鱼、副，而且还包括农村工业活动以及人们的衣、食、住、行等。现在南方农村双季稻区有"双抢"的说法，即在立秋之前抢收早稻抢种晚稻，意在不务农时。至今仍然流行的物候、节气谚语对农业生产仍有一定的指导作用。

（三）时序引导的农业生态化倾向

中国传统农业生产实践谋求与自然节律的统一，即注重把握时间节律，其结果是将传统农业导向生态化。整体观、循环观和尚中、优化思想在传统农业中得到不断强化和发展，传统农学就出现了重整体、重关系、重功能、重中和的理论倾向，淡化或忽略了作物形体结构、形状、个体生长发育生理机制及规律，以及遗传变异性状及其规律的研究；在农业生产中，注重的是对农作物生产过程和要领的把握，即注意时间序和关注生态环境，比如土地选择、前后茬作物、播种时间、种子数量、播种方法、耕耙要求、田间管理以及作物生长、收获时间过程等，都属于生态学的范畴。这种模式的代表如《齐民要术·大豆》：

> 春大豆，次植谷之后。二月中旬为上时，一亩用子八升。三月上旬为中时……岁宜晚者，五六月亦得；然稍晚稍加种子。地不求熟……收刈欲晚……必须耧下……锋、耩各一，锄不过再。叶落尽，然后刈……刈讫则速耕。

由此可见，在大豆生产中主要关注大豆的前茬、播种时间、耕耙及收割等问题，是属于生物与生物以及生物与环境的关系，具有生态农学的特点。这是中国传统农学生态化取向的具体表现。这种对农业的生态学关注，促使人们去寻求各生态因子之间的最佳组合和结构关系，其表现：一为非生物环境中最佳生态关系的选择，也包括农业耕作和合理施肥等人工因子；二为在生物环境中寻求最佳生态关系，也包括轮作、间作套种以及土壤及微生物环境。

对于农业生态系统来讲,最佳生态关系的选择,是保持农业生态系统持续、稳定、相对平衡以及开展农业生产的重要保证。与之相应的农业生产措施是:作物轮作复种、间作套种、合理密植、土壤轮耕、合理施肥、用养结合、构建多级物能循环的农业生态系统等,这实际上也是对农业生态系统运作的优化。传统农业的精华在于此,中国传统农业长盛不衰的原因也在于此。

第三部分　传统与现代

天人合一——中国古代农业思想的精髓 *

　　中国古代农业长盛不衰，在自然农业经济运作模式下，以环境安全、生态保护型的农业生产方法，在有限的土地上维持着众多人口的生计，维系了几千年传统农业社会的绵延发展，铸就了中国农业文明。"天人合一"思想在中国独特的"土壤"里产生发展，并在传统农业文明中不断强化提升，引导了中国古代农业思想及其农业实践，成为中国古代农业思想的精髓。

一、"天人合一"思想的产生和发展

　　人是自然的产物，人类与自然同源同体。"天人合一"是人类早期自然理性的深刻体现。采摘狩猎时期，人类依赖天然的动植物资源，以简单直接的方式获得生存繁衍机会。昼夜交替、寒来暑往、草木枯荣、鸟兽出没等直接关系到食物的获取，关系到他们的生存繁衍。人们在长期的生存实践中，不断积累经验，熟悉了自然规律，渐渐掌握其大致的规律，指导采集狩猎生活。人类起初与天地自然万物发生着千丝万缕的联系，积累了关于自然事物的零散的经验和知识，由此结成了最原始的天人关系。

　　农业文明起始于动植物的驯化，动植物的驯化是人与自然共生、亲和的产物，由动植物驯化到农业的发展，人们必须依赖和珍视自然环境、生态资源，依赖地理、气候条件和动植物资源，以维持生存繁衍。农业文明及其前期，人与自然趋于一体、共生和亲和的关系，这是人类各族的共同特征。[1]自然环境及人们对自然环境的态度决定着民族的生死存亡。人类随着适应性的加强和智能化活动的加剧，不断改变着生存环境，各种背景差异导致了民族及区域的不同选择，由此形成思想文化和社会制度的分别，西方走向"天人二分"，中国则固守"天人合一"。

　　中国古代关于天人关系的思考，主要是"天人合一"思想和天地人"三才论"。"三才论"也即天地人宇宙系统论，这是一种直观的普遍联系的整体思维方式，是中国有机自然观的突出体现。这种整体思维取向，影响和透渗至

---

　　* 原载《农业考古》2007年第4期。

　　〔1〕 赫西俄德在《工作与时日》中同样把每月天象、物候、天气、农事相互联系起来，显露出"人与自然统一"的整体系统思维方式。参见赫西俄德著，张竹明、蒋平译：《工作与时日·神谱》，商务印书馆，1996年，第12—21页。

中国传统文化的各个层面,是最能体现中国传统思维特色的主要问题之一。中国关于天人关系的探讨源远流长,"究天人之际"是中国传统哲学思维的永恒主题。中国古代典籍中蕴涵着丰富的"天人合一"思想。《夏小正》把一年十二个月里天象、气候、季节、物候、社会活动和农事联系在一起,把天地自然运动与人的活动视为一个有机联系的整体。《诗经·豳风·七月》按月份叙述农事活动,每个月份中又往往附带着物候,其脉络与《夏小正》相承相通,这种把自然社会事物整合一体的叙事方式及其思维倾向为后来提供了天人统一协调的思想基础和框架。《周易》是儒家宇宙论世界观建立的标志性著作,整个《周易》蕴含着天人统一的思想,其用以谕示自然物的八卦符号体系及以此为基础的六十四卦体系,都具有引发整体思维模式的功效,天地人以及一切事物有着内在的同源、同质、同构,各类事物在一定条件下相互关联、相互通融、相互转化。"夫大人者,与天地合其德"(《周易·文言》),"天地交泰,后以裁成天地之道,辅相天地之宜,以左右民"(《象传·泰》),"仰以观于天文,俯以察于地理,是故知幽明之故"(《系辞》),"天行健,君子以自强不息"《象传·乾》,如此等等,指出人要洞悉、效法宇宙天地运行之理,达到"天人合一"的至高境界。"然变化运行,在阴阳二气,故圣人初画八卦,设刚柔两画,象二气也;布以三位,象三才也"(《周易正义·卷首》),三位象征天、地、人,天、地、人即"三才"。"《易》之为书也,广大悉备,有天道焉,有地道焉,有人道焉。兼三才而两之,故六;六者,非它也,三才之道也。"(《易传·系辞下传》)六画成卦,六位成章,意即阴阳匹配,刚柔相济,象征天、地、人。《易》取天道、地道、人道为基础,阐述自然社会的普遍联系和变化。

　　老子以"道"阐述思想和事理,指出:"道大,天大,地大,王大。域中有四大,而王处一。人法地,地法天,天法道,道法自然。"(《道德经》第二十五章)"道"是统御天地人的最高范畴,"道"主宰天地人,用"道"把天地人统一起来,它们之间相互联系,又都受制于道。老子坚持"是以圣人抱一为天下式","道"的统一性贯穿于万物之中,以此作为检验和处理天下一切事物的道理和范式。这一观念在《管子》中也有反映。"执一不失,能君万物。君子使物,不为物使"(《管子·内业》),即君子只有固守"一"的观念,才可促成、把握事物的变化,统御万物。《管子》认为水是自然万物的初始物质[1],指出水"集于天地,而藏于万物,产于金石,集于诸生……万物莫不尽其几,反其常者,水之内度适也"(《管子·水地》),用水把天地万物联系起来;进而"人,水也。男女精气合而水流形……酸主脾,咸主肺,辛主肾,苦主肝,甘主心,五藏已具而后生肉",认为人是由水组成的。《荀子》继先儒而发展,阐述"天人相分"思想,

---

[1] 李志超先生持《管子》中"水"为生命起源说。参见李志超:《国学薪火》,中国科学技术大学出版社,2002年,第253—260页。

但仍然没有脱离天地人的系统框架。他用"礼"把天地人联系起来，"礼有三本，天地者，生之本也；先祖者，类之本也；君师者，治之本也。无天地，恶生？无先祖，恶出？无君师，恶治？三者偏亡，焉无安人。故，礼，上事天，下事地，尊先祖而隆君师。是礼之三本也"（《荀子·礼论》）。《黄帝内经》以人为主体，以天人相应的系统观来讨论人体生理病理的变化发展，主要思想是"人与天地相参也，与日月相通也"，"天地之大纪，人神之通应也"，"天人合一"思想由此进入到人体医学层面。

春秋战国时期气、阴阳、五行学说的合流，一方面使得天地人系统运作的深层原因得到合理的解释，另一方面则丰富和发展了天地人整体思维内涵，构建了宏大而又具体的天地人整体系统。自秦代起，天地人整体思维便以气、阴阳学说为说理工具，以五行为纲纪，四时五方为统一架构，其表现形式更具体，内容更为丰富，使天地人整体思维得到充实和发展。这使得按时序（月份）来阐明各种事物的做法和传统渐渐地形成了"月令派"[1]；《月令》构建了一个无所不包的天地人物大系统，这个系统模型的核心是时空的配合和统一，以五行为纲纪，以四时五方的统一为架构，即春夏秋冬四季、十二个月和东南中西北五个方位相统一；按一年十二个月把天象、气候、物候、政令、农事以及祭祀全部联系在一起，构建成天地人相统一的大系统，大系统中的各种事物相互联系，依照统一的节律运动和变化。《月令》成为农家传统，不断被沿用和发展，在后来的继承中大多演变为"以时系事"的月令体裁的农书[2]，围绕时宜、地宜、物宜等阐发农业思想，以指导农业实践。其后的"天人合一"基本上都以"元气"本原论而展开。

二、"天人合一"思想导引下的农业生态思想及其农学体系

在"天人合一"及天地人"三才论"的引导下，传统农业形成了天地人物农业系统。这个生态系统是由若干子系统及若干因素编织而成的相互联系和作用的"网"，要对古代农业思想进行阐述，就需要洞察这个"网"的脉络和链接关系及其作用机制，对此作如下梳理：

天人合一（人与自然）

↓

天、地、人（"三才"、宇宙系统）

↓

---

[1] 《夏小正》《诗经·豳风·七月》均以时论事，为"月令派"鼻祖。"月令派"代表作为《吕氏春秋·十二纪》的"纪首"及《礼记·月令》

[2] 如东汉《四民月令》、六朝《荆楚岁时记》、唐代《四时纂要》、宋代《岁时广记》、元朝《农桑衣食撮要》、明代《便民图纂》与《沈氏农书》、清代《农圃便览》等。

天、地、人、物（农业系统）

↓

农业生态系统运行机理和作用机制（气、阴阳、五行）

↓

农业生态系统循环观、优化观

↓

生态农学思想体系（气候、耕作栽培、土壤、水利等）

↓

生态化农业生产实践（精耕细作传统）

农业思想主要包含四个层面。第一也是最高层面是由"天人合一"引导的天、地、人"三才论"，表现为天、地、人宇宙系统论和天、地、人、物农业生态系统论；第二层面是元气、阴阳和五行学说，是对"三才论"及农业生态系统各因素运作机理的理论阐释；第三层面是农业生态系统的圜道观和尚中观（即循环思想和优化思想），从轮回循环和取中均衡的耕作栽培观阐述农业生态系统及农业实践；第四层面是农学理论，即在传统农业生态思想引导下的农学思想体系。四个层面融为一体，统一于天、地、人、物系统，在多因素、多层面、多向的整合下，中国传统农业走向了生态化的道路。

"天人合一"及天地人宇宙系统论构建了农业系统思想的哲学基础，它反映到农业系统中即表现为天、地、人、物系统的协调和统一，其中天、地是指农作物生长的外界自然环境，如时节、气候、土壤等，"人"是人们的社会生产实践，"物"则指农作物和畜牧、家禽等。各种要素的协调统一是农业生态系统良性循环的前提条件，是农业丰收的根本保证。

气、阴阳和五行学说，主要充当了"天人合一"及其天地人物系统运作机理的解释，在农业上成为阐述农业生态系统运动变化的理论思维工具，从土壤耕作到作物栽培，直到作物生长发育，气、阴阳和五行学说被运用其中。"气"是天地人物的共同本原物质，天地万物因气而生，因气而化。气分阴阳，阴阳接，变化起；阴阳和，则万物生。阴阳学说应该是两种基本力量的理论。"阴阳"是一切事物的属性，具有对立、统一、消长变化的性质，说到底是宇宙间的两种基本力量。"一阴一阳之谓道"，意即宇宙间有两种基本力量或作用，时而这一个主导，时而是另一个，处于一种波浪式的相续过程之中。[1]这是一种自然的秩序，它决定着事物、系统的发生、变化及其演进。五行是对宇宙自然及社会系统复杂事物的总体分属、内在结构、作用机制的阐述，它是中

---

〔1〕 李约瑟持此观点。参见李约瑟：《中国科学技术史》第二卷《科学思想史》，科学出版社、上海古籍出版社，1990年，第296—299页。

国人的思想律[1]，是中国的重要科学思想。[2]五行配伍体系及"生克制化"之理，阐明了事物普遍联系、相互制约的关系，任何系统都是各种事物、各种要素综合博弈的均衡。"天人合一"则以气、阴阳学说为基础，以五行为纲纪，四时五方为统一架构，表现形式更为具体，内涵更为丰富，尤其是在传统农学思想以及农业实践中，更是得到极其广泛的运用和淋漓尽致的发挥。

圜道观和尚中思想从另一个方面阐述了"天人合一"思想，是"天人合一"思想在农业生产中的具体体现。圜道即循环之道，认为一切自然社会事物在各个方向、各个层面上的运动变化都是周而复始、循环往复的。为此，人们必须遵循循环往复的规律，遵循天地自然的循环之道。在农业生产上，人们依照循环往复的规律，采用作物轮作、土壤轮耕、用养地相结合的农业运作方式。在循环往复思想的基础上，尚中思想是对自然社会事物取向的阐述。尚中即取中，取得平衡，是对系统的优化。体现在农业上，就是选择适中的耕作栽培措施，协调农作物之间及农作物与外界环境条件之间的关系。

在"天地人物和谐与统一"的传统农业生态思想的架构下，形成了农学思想体系。其内容主要包括时气、土壤、物性、树艺、畜牧、耕道、粪壤、水利、农器、灾害等方面[3]，其中时气属"天"，土壤属"地"，物性、树艺、畜牧三者属"物"，耕道、粪壤、水利、农器等则属"人"，农学思想各论兼容天地人物，实际上也是天地人物系统的有机统一。农业生产实践也都要以此为原则，如在耕道、粪壤、水利、农器等人的活动方面，需要依据天地（时气、土壤）条件，根据农业生物特点（物性、树艺、畜牧）进行，由此展开的农业生产实践活动，实质上还是天、地、人、物的协调统一。

三、"天人合一"思想引领农业生态化实践

中国古代农业思想在"天人合一"思想引导下，由"三才论"，气、阴阳、五行学说，圜道观及尚中思想等构成主脉络，在农学思想及农业生产实践中得到充分体现，中国古代农业走上了生态化的道路，形成了精耕细作的优良传统。农业化学家李比希称之为"无与伦比的农业耕作方法"，他说："观察和经验使中国和日本的农民在农业上具有独特的经营方法。这种方法，可以使国家长

〔1〕 "五行是中国人的思想律，是中国人对宇宙系统的信仰。"参见顾颉刚：《五行说下的政治和历史》，《古史辨》第五册，上海古籍出版社，1982年。

〔2〕 "阴阳五行的思考在秦汉以后一直是中国在自然哲学上的思考的基础形态。……如果去掉阴阳五行说的思考，是不会有中国的传统科学的。"参见山田庆儿：《空间·分类·范畴——科学思考的原初的基础形态》，《日本学者论中国哲学史》，中华书局，1986年。

〔3〕 郭文韬：《中国传统农业思想研究》，中国农业科技出版社，2001年，第188—368页。

期保持土壤肥力,并不断提高土壤的生产力以满足人口增长的需要。"[1]中国传统农业及其耕作方法得到国外科学家的高度评价,受到现代农业可持续发展的关注。

天地人"三才"体现在农业上就是"天地人物的和谐与统一",其实质是农业生态系统的和谐与统一,是农业生态系统各种要素的优化组合和动态平衡。农业生态系统是由人的活动参与和控制的生物有机体及其环境条件构成的。农业生产就是人们通过生产劳动,协调和控制动植物与外界环境条件的关系,维持动植物正常生长,以获取农业产品。自然环境(天和地)、人的社会生产实践(人)和生物(动植物)构成了农业生态系统的三大要素。正所谓"夫稼,为之者人也,生之者地也,养之者天也"[2]。只有"顺天之时,约地之宜,忠人之和"[3],才能做到"五谷实,草木美多,六畜蕃息,国富兵强,民材而令行,内无烦扰之政,外无强敌之患也"[4],从而保证农业丰收、国家富强。

农业生产实践在自然环境中进行,时节不同,阴阳、气消长变化不同,天地自然环境就存在差异,农作物生长发育不同,采用的耕作栽培方法也不同。天有"天气",地有"地气",时有"时气",具体还有暖气、寒气、生气、杀气等,各种"气"分属阴阳,彼此消长变化。"春者阳气始上,故万物生。夏者阳气毕上,故万物长。秋者阴气始下,故万物收。冬者阴气毕下,故万物藏。故春夏生长,秋冬收藏,四时之节也。"[5]《礼记·月令》《吕氏春秋·十二纪》等"月令派"都用元气和阴阳二气的升降、进退、转化来阐述农作物的生长发育,农事实践活动要根据各个时节阴阳和气的消长变化及农作物生长发育的规律来进行,应当采取相应的耕作栽培措施以顺应时节及其阴阳变化,以获得生物有机体与外界环境条件的协调统一。人们只有"顺天地时利之宜,识阴阳消长之理",才能"百谷之成,斯可必矣",否则"其风雨则不适,其甘雨则不降,其霜雪则不时,寒暑则不当,阴阳失次,四时易节,人民淫烁不固,禽兽胎消不殖,草木庳小不滋,五谷萎败不成"[6]。这种思想及其农业实践造就了中国古代的耕作栽培制度,形成了精耕细作的传统。在"天人合一"思想引导下,传统农学出现了重整体、重关系、重功能、重中和均衡的理论倾向,淡化和忽略了对作物形状结构、生长发育生理机制以及遗传变异规律的研究。在农业生产实践中,就是遵循"时""宜"原则,注重对农作物生产的过程、要领及其环境的把握,关注时间序和生态环境,土壤轮耕、作物轮作、间作套种、用养结

---

[1] [德]尤·李比希著,刘更另译:《化学在农业和生理学上的应用》,农业出版社,1983年,第43页。

[2] 《吕氏春秋·审时》。

[3][4] 《管子·禁藏》。

[5] 《管子·形势解》。

[6] 《吕氏春秋·季夏纪·明理》

合、合理施肥及密植等生产实践就是例证。就作物种植来看，关注的是土地选择、前后茬作物、播种时间、种子数量、播种方法、耕耙要求、田间管理以及收获时间等，体现了生态化的农业实践取向。《齐民要术》中就大豆种植的描述提供了这种模式的代表："春大豆，次植谷之后。二月中旬为上时……三月上旬为中时……四月上旬为下时……岁宜晚者，五六月亦得；然稍晚稍加种子。地不求熟……收刈欲晚……必须耧下……锋耩各一，锄不过再。叶落尽，然后刈……刈讫则速耕。"[1] 在大豆生产中，注意大豆的前茬、播种时间及数量、耕作方法及收割时机等问题，属于生物与生物以及生物与环境的关系，具有生态农学生产实践的典型特点。

农业生产周而复始，农业生态系统循环往复，为保证农业生态系统物能的良性循环及其各要素的合理优化组合，人们在农业生产活动中，要以整体系统循环和取中优化的思想协调生物有机体与外界环境的关系。天地运行，季节、气候、水土等条件不断循环变化，由此亦要进行作物循环、耕作循环、用养循环、物能循环来顺应各种外界条件的循环往复；在农业生态系统生态关系的选择及其耕作栽培方法等方面就需要进行优化处理，由此产生土壤轮耕、作物轮作、间作套种、土壤用养结合、三宜施肥及合理密植等农业生产的生态化实践。其中，作物轮作和土壤轮耕是最具典型的代表。作物轮作在战国以前就已创始，《吕氏春秋·任地》就明确地记载了禾麦轮作。"今兹美禾，来兹美麦"（《氾胜之书》），以及东汉郑众在为《周礼·遂人》作注时也说"今时谓禾下麦为芟下麦，言芟刈其禾，于下种麦也"，"今俗间谓麦下为芟下，言芟芟其麦，以其下种禾豆也"等，当指禾麦、麦豆轮作。《齐民要术》系统地总结了黄河中下游地区作物轮作的理论和技术，阐明了各种作物合理轮作的必要性，在汉代禾麦豆轮作的基础上，确立了豆类作物和谷类作物、绿肥作物和谷类作物合理轮作的基本格局。此后，黄河中下游、长江中下地区采取了各种各样的轮作复种方式。豆谷轮作、谷肥轮作是轮作制度史上的一个重要阶段。如"凡美田之法，绿豆为上，小豆、胡麻次之"[2]，这种绿肥、豆类与谷类的轮作措施体现了用地、养地的有机结合。在作物轮作基础上，实行土壤轮耕，施行作物种植与土壤耕作的双循环，两者有机配合，在动态中把握种植与耕作的关系，以取得农业好收成。由此拓展，在农业生态系统和农业技术系统的各个方面，都深刻地体现了生物有机体和外界环境条件相统一的思想，影响到农业生产实践的各个层面、各个环节，引导了传统农业的生态化实践。

农业生态化实践的长期积累和发展，导致了各业并举互补、多种生态要素和生产要素组合、物能多级多层次循环利用的农业生态系统的建立。最具

---

〔1〕《齐民要术·大豆》。
〔2〕《齐民要术·耕田》。

代表性的是明清时期嘉湖地区的农牧桑蚕鱼生态系统和珠江三角洲"桑基鱼塘"生态系统。太湖地区在独特的自然条件下创始"圩田",在圩内种稻、圩上栽桑、水草养鱼的基础上,形成了种田养猪、猪粪肥田,种桑养羊(蚕)、羊粪壅桑,水草养鱼、鱼粪肥桑等各业并举互补的农牧桑蚕鱼生态系统格局。[1]珠江三角洲在围田挖田筑塘的基础上,创建"桑基鱼塘"系统,形成桑、蚕、鱼、猪四者互养的生态农业模式。如"将洼地挖深,泥复四周为基,中凹下为塘,基六塘四,基种桑,塘蓄鱼,桑叶饲蚕,蚕粪饲鱼,两利俱全,十倍禾稼"(清《高明县志》);"顺德地方足食有方⋯⋯皆仰人家之种桑、养蚕、养猪和养鱼⋯⋯鱼、猪、蚕、桑四者齐养"(《岭南蚕桑要则》)。上述两区域农业生态系统的建立,使得种植业、畜牧业、养殖业等各业在一个较大的生态圈中有机地结合起来,做到了多业并举、各业齐养,互为条件、互相补充,以较小的投入实现了较大的产出,保证了农业生产稳定持续发展。

综上,中国古代农业哲学、农业思想及其农学理论和技术实践,在"天人合一"思想的导引下,蕴涵着丰富的"天地人物协调统一"思想,这正是传统农业长盛不衰和社会绵延发展的重要基础,由此理解和洞察古代农业乃至传统经济社会、历史文化当是一个至关重要的线索。

---

[1]《沈氏农书》《补农书》《浦卯农咨》等有较为详细的记载。

中国古代岁星纪年与旱涝周期试探[*]

中国古代岁星纪年是在天象观测和星占基础上得以创始和使用的。它是沿用至今的干支纪年的直接源泉，也是干支纪年发展的一个初始阶段。岁星纪年是上古时代人们对木星周天的认识和木星占卜功能结合的产物。对木星周天的认识基于长期以来星象观测经验的积累，而星占功能必然反映着人们适应环境、利用环境的观念及对其居住环境的探究心理，中外概都如此。星占的灵验，特别是直接关系人们生产生活、生死存亡的旱涝灾害的验证，其中必定或多或少地包含着某种规律性，所以星占的灵验（旱涝灾害）与木星周期的某种相关是岁星纪年产生的重要条件。战国时期农业的发展和天象观测的经验为它的产生提供了契机。本文从岁星纪年的背景及应用与旱涝灾害的相关性人手，探讨岁星纪年与旱涝周期的联系。

这里试图从岁星纪年制作的背景出发，认为岁星纪年制作的原始意义与旱涝灾害有关，岁星纪年的应用（星占功用）在一定的意义上反映了旱涝灾害的周期性变化，从而进一步推演，指出中国古代岁星纪年与旱涝周期有着某种切合，可能是某种规律性的反映。与此同时，文章还对旱涝周期形成的原因进行了一些探讨。

一、岁星纪年制作的背景及其原始意义

人类早期的粗略天象观测、物候历法远远早于耕作和畜牧农业的文明，它引发或唤起人类的早期文明，并成为文明延续的一种重要力量。关于岁星纪年，从记载来看，它当产生于战国时代，但从石、甘星法规模中可知，其由来一定相当久远。远古时期，因受到各种条件的约束，各地区、各民族都有各自的物候历和星象观测经验，随着生产力的发展、财富的积累、民族的融合，专业脑力劳动者分化出来以后，集中搜集、总结、整理各种物候历和星象观察才成为可能。在此基础上，较为系统的物候历和天象观测才得以产生。

中国古代观测天象最早的传说，如《国语》《史记》等所载：颛顼帝命南正重司天以属神，火正黎司地以属民。而《夏小正》的出现，则标志着以观测物候定季节农时向以观测天象确定季节农时的过渡。较后就产生了《尚书·尧

---

* 原载《中国农史》1999 年第 4 期。

典》中记述的通过一些明亮的星宿如鸟、火、虚、昴四星的观测来确定季节并制定比较准确的历法。殷商时期已有年岁概念，采取了"唯王几祀"的说法，这可从殷商甲骨卜辞中分析得到，且此期可能已认识到岁星十二年一周期。

西周时期，纪年法仍沿商代，即依王在位的年份来纪年，这有大量金文可证。据《国语》《左传》载，春秋期间(偶尔有西周年份)已有岁星纪年之萌芽，但当时的记载似乎是占星的体现，即占验吉凶，并非真正纪年。《左传》襄公三十年，"师旷曰，鲁叔仲惠伯会郤承匡于承匡之岁也"，却没有跟着说"岁在某某"便是明证。至战国时，岁星纪年肇始。[1]

岁星纪年前，古代纪年只有依王公即位及依事纪年两法，这种传统及其中内容必定会带进或渗透至后来的干支纪年中。事实也是如此，岁星纪年后，仍然还是两种纪年法并用。而干支纪年的开端——岁星纪年，最具传统特色，其中伴有旱涝灾害和农业丰歉情况则是自然的，这还可从上古时期人们对旱涝灾害的认识和生产实践中找到线索和依据。

水是农业的根本问题之一，旱涝灾害更是直接影响农业生产、危及人们生命财产安全的大问题。在以农为主的古代，水利的兴衰往往同社会制度、生产关系的变革有着直接的关系，《管子·度地篇》《尚书·禹贡》《水经》《经注》，以及正史《河渠书》《沟洫志》等关于水利的论述，就充分表明了对水利的重视。

有关共工氏和大禹治水的传说发生在四五千年前的中国古代黄河流域。相传在尧、舜、禹时(公元前 21 世纪以前)，黄河流域连续出现特大洪水，如《尚书·尧典》载："汤汤洪水方割，荡荡怀山襄陵，浩浩滔天。"可见这洪水给人们带来深重的灾难。西汉初期陆贾《新语·道基》载："当斯之时，四渎未通，洪水为害，禹乃决江疏河，通之四渎，致之于海，大小相引，高下相受，百川顺流，各归其所。"《诗经·商颂·长发》有"洪水芒芒，禹敷下土方"，《荀子·成相》有"禹有功，抑下鸿，辟除民害，逐共工；北决九河，通十二渚，疏三江"等记载；又据先秦诸子所载，禹治水的活动已达江、汉、淮、汝等水域，因此，这些传说当与历史事实基本相符。另据《山海经·海内经》"帝乃命禹卒布土以定九州"，《淮南子·修务训》说禹"平治水土，定千八百国"等记载可知，禹治水后大体已形成与氏族不同的行政区划和诸侯国的大体轮廓，也因此导致了一场社会变革，即从禹的儿子开始，君权体制从氏族部落禅让制改为传子世袭制。

关于旱涝问题，甲骨文中多有记载，如："丁巳卜，其奠于河？牢，沉郢"，"洹弗其(作)兹邑祸"，"洹其盗"，"其屮(有)大水"，"今岁亡大水……其又大水"，"乙酉卜，黍年，有足雨"，"庚午卜贞，禾有及雨，三月"[2]，等等，这些都

〔1〕 莫绍揆：《从〈五星占〉看我国的干支纪年的演变》，《自然科学史研究》1998 年第 1 期。
〔2〕 《殷墟书契续编》《前编》《后编》等。

是用来占卜有无水灾的。也就是因为洪水的巨大威胁，甲骨文中"灾"字就源于洪水或降雨的图形。而从另一面来看，雨水又是农作物所必需的，干旱会导致农业减产或无收，因此，干旱时就要祈祷降雨。殷墟十万多片甲骨中有数千片是与求雨或求雪有关的，正说明了这一点。后来《诗经》中也有祈雨之记载，如"琴瑟击鼓，以御田祖，以祈甘雨，以介我稷黍"，"有渰萋萋，兴雨祈祈，雨我公田，遂及我私"，等等。又据后来的《考工记·匠人》《周礼·稻人·遂人》记载可知，当时的沟洫布置已有相当规模，可见古人对旱涝问题的重视。

据古本《竹书纪年》载，公元前 623 年至公元前 429 年间多次发生大洪水。如"洛绝于洵"、"浍绝于梁"、"丹水三日绝，不流"、"河绝于扈"等，概是表明黄河因洪水造成决口，导致下游多处断流。《汉书·沟洫志》引王莽时大司空椽王横话："(周谱)云，定王五年河徙，则今所行，非禹所穿也。"这是黄河第一次大改道的记载，周定王五年是公元前 602 年，这条新河道存续了六百年。特大洪水有时会导致都城的迁移，《尚书·咸有一德》中"河亶甲居相……祖乙圯于耿"，意即因洪水"耿地"都城被毁。《尚书·盘庚》也有"盘庚作，惟涉河以民迁"，"古我先王，将多于前功，适于山，用降我凶，德嘉绩于朕邦。……尔谓朕曷震动万民以迁"，这说明商都的这次迁徙可能与黄河洪水有关。这些特大洪水以及因洪水迁都，会给岁星纪年与水、旱灾害的联系提供依据。

此外，商周青铜器上所饰的动物纹样及空隙处都可见云形纹饰，这是占候云气的痕迹，可能与云可致雨以及占卜灾异有关，云和雨的联系是不难被发现的。当然从广泛意义上来看，这可能是一种"天人沟通"的表达。[1]

中国古代天象的观测记录之悠久、全面、精细及连续为世界瞩目。这也是中国天文学的政治性、哲理性及实用性的体现。正是这样，日食、月食、太阳黑子、彗星及流星雨等奇异天象的出现，就成为人间灾异的预示，即包括旱涝灾害在内的各种灾异可能发生，影响人们的生产生活。这些奇异天象发生的年份以及与人间灾异的联系为古人所重视是必然的。因此，实践经验的积累和探知的需求就反映到施行预测的占卜之中，灾异的发生规律及其周期性就被不断逼近。久而久之，"十二"这个具有广泛意义的周期数就不难被揭示，其结果是岁星纪年周期与水旱灾害周期相吻合。

综上分析，可作以下归纳：

(1) 旱涝问题是上古时期攸关人们生死存亡的大问题，其被关注之切，了解之多，为任何其他问题所不及。对旱涝灾害的认识，为星占提供了基础。

(2) 从大量占卜旱涝的甲骨文来看，古人有认识旱涝规律的动因，因此，经验的积累和占卜的灵验，使得对旱涝周期的认识成为可能。

---

〔1〕 胡维佳：《阴阳、五行、气观念的形成及其意义——先秦科学思想体系试探》，《自然科学史研究》1993 年第 1 期。

(3) 天文学早期以星占为主,星占内容很多是关于农业丰歉及旱涝灾害的,这种联系中外概都如此。上古时期,旱涝灾害被视作天意,"天意"与天相通,历法必合于天,天象观测是历法的基础,因此,纪年也必合于这两者。

(4) 天文、天象、农事等与月的联系起源很早。木星周期可能与十二支以及十二朔望月有联系,其周期符合可能源自于每月例行的仪式。《夏小正》把一年十二个月的天象、气候、物候农事等联系在一起。古希腊《工作与时日》也同样,它把每年分为四季,四季分为八个分季,再分为十二个月,把天象、气象、物候、农事、畜牧纳入其间。[1]因此,对年际周期的认识是符合逻辑的,且年际小周期是人们容易认识和总结的。

总之,岁星纪年是个周期性循环纪年法,其十二年周期与旱涝灾害、农业丰歉周期有一定程度的吻合,这才使岁星纪年制作和流行成为可能。换句话说,岁星纪年制作的原始意义在于,希望对于收成丰歉以及旱涝灾害提供一个推测性规律。

二、岁星纪年及其应用与旱涝周期规律

观象和历法是中国古代天文学的两大支柱。历法反映天人之际关系,受到历代帝王的重视,除政治外,反映到农业上,即通过观象制历,可更好地识别季节,掌握气候特征,为农业生产服务。春秋战国时期,铁器的使用和推广大大提高了劳动生产率,兴修水利,耕地面积剧增,土地连种制得到确立。此期农业大规模发展对天文学形成了强大推动力,历法大兴;同时,诸侯争雄,为对比全国的纪年,利用天象观测成果,逐步产生了岁星纪年法。

殷商时期,人们已认识到岁星(木星)十二年周期,春秋战国前,有了岁星纪年的萌芽。木星十二岁一周天,从纪年上考虑,就把周天均匀分成十二等分,使冬至点正处于一分的正中间,这一分叫星纪,然后由西向东依次取名排列,这叫十二次,把每年木星所在位置记下来,用以纪年。这就是岁星纪年的由来。

事实上,木星周天的时间是 11.86 年,这其中存在超辰问题,即82.6年超辰一次;再者,十二星次表面上避免了十二辰由丑到子的逆行,但由于十二星次与十二辰有一定的对应,实际上仍难免逆行的感觉。后来,甚至可能同时,人们假定有一个太岁,它运行方向与木星相反,并准确地以十二年为一周天,上述问题便解决了,以此纪年,称太岁纪年。自东汉以后,岁星纪年都与太岁纪年并用,只不过是岁星纪年依超辰率而推排。干支纪年当制作使用于颛顼历时代,它将太岁纪年中太岁扩充为六十干支,把以前的太岁称作岁阴,并加

---

〔1〕 [古希腊]赫西俄德著,张竹明、蒋平译:《工作与时日·神谱》,商务印书馆,1991年,第12—25页。

入十个岁阳以配成六十个岁名，这六十个岁名被《史记·历书》《后汉书·律历志》所正式使用。

中国纪年，最先是依王公即位而纪年，《左传》时有岁星纪年萌芽（星占功能）。随着岁星纪年的流行，相伴而生太岁纪年，先秦古历中有之。两者合用，后发展为干支纪年，在颛顼历中开始使用，经过太初历直到四分历，干支纪年最终完成。[1]

十二岁次表

	子	丑	寅	卯	辰	巳	午	未	申	酉	戌	亥
十二支（辰）	子	丑	寅	卯	辰	巳	午	未	申	酉	戌	亥
岁星	丑	子	亥	戌	酉	申	未	午	巳	辰	卯	寅
太岁（太阴岁阴）	寅	卯	辰	巳	午	未	申	酉	戌	亥	子	丑
十二次（天文学上名称）	玄枵	星纪	析木	大火	寿星	鹑尾	鹑火	鹑首	实沉	大梁	降娄	娵訾
岁名（占星或历法上的名称）	摄提格	单阏	执徐	大荒落	敦牂	协洽	涒滩	作鄂	阉茂	大渊献	困敦	赤奋若

岁星纪年以《淮南子·天文训》记载为最早，稍后或同时《史记·天官书》有载，后又见于《汉书·天文志》，此三家之说，大体一致，学术上属同一体系，均承袭石氏之说。《汉书·天文志》杂以甘氏星法，《开元占经》载有甘氏岁星法，据《史记·天官书》知石、甘氏有"五星法"，石、甘氏同为战国时人，因此，岁星纪年法，原是石、甘氏"五星法"之一，即木星法。马王堆帛书《五星占》载有秦汉之际金、木、土三星位置及会合周期，也是这种"五星法"的延续。

甘氏著有《岁星经》，据《开元占经》可知，《岁星经》大概是讲如何用岁星来占农事的，如"摄提格在寅，岁星在丑……其国有德，乃热泰稷，其国无德，甲兵恻恻。其失次，将有天应，见于舆鬼，其岁早水而晚旱"云云。《淮南子·天文训》继承这一观点，所述太阴纪年，别有水旱、五谷丰歉、民食等记载，如："摄提格之岁，早水晚旱，稻疾蚕不登，菽麦昌，民食四升"，并对其规律进行了总结，说："岁星之所居，五谷丰昌，其对为冲，岁乃有殃。……三岁而改节，六岁而易常。故三岁而一饥，六岁而一衰，十二岁一康"。《史记·货殖列传》则根据岁在某星，对异常气候进行了总结，如"故岁在金，穰；水，毁；木，饥；火，旱……六岁穰，六岁旱，十二岁一大饥"。这基本反映了我国黄河中下游一带的气候年际变化特征，表明当时人们已认识到气候变化有着一定的周期性，并与农业丰歉联系起来。而《计倪子》[2]在介绍公元前4世纪南方博物知识

---

〔1〕 莫绍揆：《从〈五星占〉看我国的干支纪年的演变》，《自然科学史研究》1998年第17卷第1期。
〔2〕 《计倪子》卷1，收马国翰《玉函山房辑佚书》卷69。

时,也有类似的总结。其中有这样的话:"太阴三岁处金则穰,三岁处水则毁,三岁处木则康,三岁处火则旱……天下六岁一穰,六岁一康,凡十二岁一饥。"因此,可以说,这种十二年周期在当时已得到普遍认识。

无独有偶,关于十二年周期,公元 3 世纪肯索里努斯(Consorinus)的《论生辰》(De Die Natali)一书的十八章有一段话说:"这和十二年一循环的十二年岁周长短极其相似。其名为迩勒底年,是星历家由观测其他天体运行而得,而不是由观测日、月运行来的。据说在一岁周中,收成丰歉以及疾病流行等天候的循环,都与这种观测相合。"[1]由此看来,对十二岁周以及它与收成丰歉等的联系的认识是早期天文学的一个重要阶段。

岁星纪年之应用,当以《淮南子·天文训》最为完备。它具体记载了水旱、五谷、民食等情况,是与岁星纪年各自为纪。《史记·天官书》《汉书·天文志》《开元占经》中"甘氏岁星法"均为脱漏不全之记载,而水旱情况却均有登载,是与岁星纪年相间为纪,我们可以从下表中看出,岁星纪年与水旱灾害呈现十二年周期。其最初来源是,通过星占,以求对水旱灾害、农业丰歉、未来景象获得预见,拟为或趋或避做准备,结果便是岁星周期与旱涝周期相吻合。

岁星纪年中水旱情况表[2]

岁名	淮南子·天文训	史记·天官书	汉书·天文志(石、甘)	开元占经(甘氏)
摄提格	早水、晚旱	早水、晚旱	早水、晚旱	早水、晚旱
单 阏		大水	有水灾(甘)	大水
执 徐	早旱、晚水	早旱、晚水	早旱、晚水	早旱、晚水
大荒落				
敦 祥	大旱	早旱、晚水	早旱、晚水	早旱、晚水
协 洽				
涒 滩	小雨			岁小水雨
作 鄂		(有旱)	有火(甘)	(有旱)
阉 茂		岁水	水	小水
大渊献				
困 敦	大水出			(有水)
赤奋若	早水			早水

从上表可知,在岁星纪年(或太岁纪年)周期中水旱情况大体一致,说明总体上没有脱离石、甘氏关于农事、水旱灾害的占卜框架,即十二年这个大致

---

〔1〕 李约瑟:《中国科学技术史》第 4 卷第 2 分册,科学出版社,1975 年,第 55 页。

〔2〕 笔者根据《淮南子·天文训》《史记·天官书》《汉书·天文志》整理。

周期。表中水旱记载不完全相同，则可能与水旱灾害因时代不同实际发生存在差异有关。而具体到每次水旱发生是否与记载完全相符已很难查考，且从周期性角度来看，也只不过是一个参考。

据研究，《淮南子》与《史记》记载的星岁对照表确为当时所用，而非抄于战国时期的表，它与《汉书·天文志》所载石、甘氏对照表以及《开元占经》所载甘氏对照表基本相同，是因为历法所致。[1]这样说来，上述文献所载岁星纪年中水旱等情况大体一致，原因也在于此，不能硬说是传抄或附会之作。另外，从天文文献的严格性来说，其水旱记载与当时实际应存在某种相符才比较合理。

大家知道，十二岁次（十二地支、十二辰）很早就与动物的周期发生了联系。我们认为，动物周期与水旱灾害、收成丰歉可能有某种相关，十二生肖起源于动物崇拜[2]，但它用以纪年就需要深究，这种十二生肖纪年和气候及年成好坏等观念至今盛行于中国民间。

既然十二年周期已明，我们就需要探讨这十二年周期产生的本质原因。

三、旱涝灾害周期及其原因

古人把木星周期与农事、水旱情况相联系，是因为木星的恒星周期 11.86 年与太阳黑子活动周期 11.11 年相近。今天人们讨论的是日地关系，古人把它归结为木地关系。

水旱变化、农作物丰歉的直接原因之一是气候。竺可桢《中国近五千年来气候变迁的初步研究》一文，通过对大量的历史记载和考古发现的考释和分析，根据物候特征，得出了五千年中国温度变化曲线，并指出，这种气候变迁是世界性的。其中有一结论是说，在每一个 400 至 800 年的期间里，可分出 50 至 100 年为周期的小循环，温度范围为 0.5℃—1℃，由此可知，气温变化的循环周期势必导致水旱情况呈周期性变化。因为上古时代，自然植被较完好，土壤受侵蚀程度低，水旱灾害就更大程度地受到气候的影响。[3]

关于旱涝灾害周期的研究，黄河流域已取得一系列成果。[4]研究者除了采用土壤和湖泊沉积物、考古发现等资料作气候变化分析外，还着重根据历史文献和树木年轮资料重建过去局部地区气候变化的序列，得到了河套及临近地区 13000 年来的降水变化，反映了大时段的周期性。如图 1：

〔1〕 席宗泽：《中国天文学史的一个重要发现——马王堆汉墓中的〈五星占〉》，参见《中国天文学史文集》，科学出版社，1978 年，第 14—33 页。
〔2〕 张秉伦：《再论十二生肖起源于动物崇拜》，参见《科学史论集》，中国科学技术大学出版，1987 年。
〔3〕 竺可桢：《中国近五千年来气候变迁的初步研究》，《中国科学》1973 年第 2 期。
〔4〕 叶青超：《黄河流域环境演变与水沙运行规律研究》，山东科学技术出版社，1994 年，第 30—48 页。

图1　北大池剖面反映的13000年来降水变化

西安长达1724年的旱涝变化序列中,不同程度的旱涝灾害共发生1104次。其中,一般性干旱发生555次,大体是"三年一小旱";大旱发生过140次,接近"十年一大旱"。另据东经100度以东各站1871年至1970年资料,黄河流域和从台湾到珠江流域呈现11年的旱涝周期变化。依据树木年轮年表,重建了河南洛阳地区750年来降水变化序列,如图2:

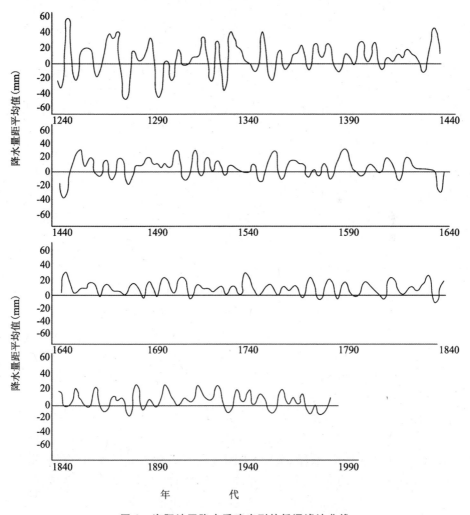

图2　洛阳地区降水重建序列的低通滤波曲线

上图降水变化曲线基本呈现了11年左右的振荡周期，该地区生长季干湿期变化就会大体反映水旱灾害的发生情况。

上述西安和洛阳两地区的旱涝变化周期，与中国古代对水旱灾害周期的认识基本相符。

关于旱涝灾害周期，现在认为它可能受到太阳黑子活动的影响。太阳黑子活动周期通过气象条件变化的作用，同水旱灾害、农作物丰歉之类的社会大事发生关系，是可能的。这里根据瑞士苏黎世天文台的太阳黑子相对数系列，由其相对数年平均值随时间的变化，可得图3：

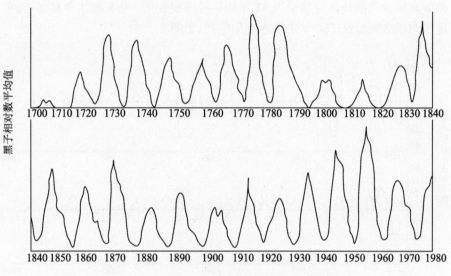

图3   1700—1980年黑子相对数年均值的变化

从这里我们可清楚地看出，平均每隔11年，太阳黑子相对数就有一次明显的涨落，即11年周期。此周期并非固定不变，从9年到14年，平均为11年。荒川认为，从公元1750年以来日本稻米歉收的情况看，与11年周期是符合的。中国古代关于水旱灾、农业丰歉的12年岁星周期，其根据也许也是11年的太阳黑子周期。竺可桢统计了正史记载的太阳黑子次数，把它与严冬数目比，结果看出，太阳黑子次数高的世纪，对应的严冬次数也高。这也说明了气候的变化与太阳黑子活动有密切关系。

根据相位分析法研究发现，北京、长江中下游以及黄河流域的旱涝都有"双振动"现象，即旱涝主要发生在太阳黑子活动峰值年和谷值年附近，峰值易涝，谷值易旱。此外，希腊、英国、美国等进行的相关分析表明，雨量、温度与太阳活动有密切的关系，结论也基本一致。当然，因气象因素、地域、时段的不同，其关系也是错综复杂的。总之，太阳耀斑活动22年周期（太阳黑子11年周期）对气候变化可能起着重要作用。

论中国传统农业生态系统观[*]

天地人"三才"是传统哲学一种思维范式,由此形成了中国特色的天地人宇宙系统论。天地人整体思维影响了传统农业的运作方式[1],农业生产实践中的"天时"、"地利"、"人力(和)",形成了天、地、人、物农业巨系统。天地人物和谐统一构成了农业生态系统的动态平衡。农业生态系统由三大要素系统构成,一是生物有机体(动植物、微生物)系统;二是农业生物赖以生存的环境条件(天和地)系统;三是人的社会生产劳动系统。农业生产实践就是通过人的社会生产劳动协调生物有机体与其环境条件(天和地)的关系,三大要素系统的协调是农业生产的根本保证。中国传统农业是生态化的抑或生态取向的农业,几乎成为世界范围内的某种共识。对此,必须指出,传统意义上的生态农业与现代的生态农业概念虽然有着相通之处,但也不尽相同。传统农业借鉴哲学上的天、地、人的整体思维倾向,融入动植物的"物",形成天、地、人、物的农业生态巨系统,在此基础上深化拓展,构建了传统农业生态系统观。

一、农业生态系统观

农业生态系统是一个极其复杂的巨系统,指在人类活动的干预下,农业生物群体与其生长的周围自然环境和社会经济因素的相互作用的人工生态系统。中国古代农业生产注重农业生态系统中光、热、水、气、土壤肥料与农作物生长发育之间以及农作物与农作物之间的组合搭配、协调统一,在一定的层面上揭示了农业生态系统高效运作的可能性。

针对农作物外界环境条件(非生物因子)光、热、水、气、土壤等生态关系的协调,传统农业坚持以"农时"为核心进行总体把握,即"凡农之道,候之为宝"。对于农作物生长发育来说,农时季节不同,光、热、水、气、土壤等因子的状况也不同。"得时"之时,光、热、水、气、土壤等各要素因子的组合搭配是最优化的,正所谓"得时之和,适地之宜,田虽薄恶,收可亩十石"[2]。土壤承载

---

[*] 原载《农业考古》2008 年第 1 期。

[1] 胡火金:《天地人整体思维与传统农业》,《自然辩证法通讯》1999 年第 4 期。

[2] 《氾胜之书》。

农作物,其生态环境的把握十分重要。在"得时"的前提下,利用耕作及施肥措施协调土壤的水肥气热状况。具体耕作方法因土壤的肥瘠、湿燥、松紧等不同而不同,施肥亦要因时、因地、因物进行。总体上就是要把握好"度",在两端对立中取得平衡。农业生产的另一方面就是协调农业生态系统中生物环境因子的生态关系。生物环境是指农业生态系统中农作物与农作物之间的生态关系。对此,传统农业采用作物种类组合布局、轮作复种、间作套种、合理密植等措施进行综合协调,维持了农业的持续稳定。轮作复种的关键在于前后茬作物的安排。中国古代有"今兹美禾,来兹美麦"[1],"凡美田之法,绿豆为上,小豆、胡麻次之"[2],如此等等,指出禾麦轮作及绿肥(豆类)作物种植的"美田之法"。作物轮作导致土壤轮耕,施行作物轮作与土壤轮耕的有机结合,在动态中把握种植与耕作,实现用地养地的结合和循环,从而优化了作物群体之间以及作物与土壤之间的生态关系,保证了不同作物群体、不同农业生态系统的正常衔接和转换,维持了农业生态系统的相对稳定和永久持续,为农业生产持续稳定奠定了基础。间作套种意在在有限的土地上、有限的生产期限内充分地利用光、热、水、气、土肥等自然条件,生产出更多的农业产品。间作套种涉及两种以上作物的共同生长,其共生期间构成复合作物群体。其生态关系较为复杂,既要处理好不同作物种群之间的关系,又要考虑不同作物对外界环境条件的不同要求,即既要根据植物层片结构及性状特点,采取高与矮、尖叶与阔叶、深根与浅根作物的搭配,又要考虑用地作物和养地作物的相互结合,没有优化组合,间作不会成功。《齐民要术》指出,桑间间作小绿豆有"二豆良美,润泽益桑"的效果。《陈旉农书》中"桑根植深,苎根植浅,并不相妨,而利倍差"等指出如何选择间作作物。《农桑辑要·栽桑·修莳》指出了不适合组合的间作,即"若种蜀黍,其梢叶与桑等;如此丛杂,桑亦不茂",桑地不宜间作蜀黍,蜀黍与桑等高,互相挤占空间,不利生长。合理密植是作物个体和群体之间生态关系的优化,它要求既保持合理的群体密度,又给每个个体植株以较充分的生长空间和条件,从而保持较高的单位面积产量。《吕氏春秋》中"树肥无使扶疏,树墝不欲专生而族居;肥而扶疏则多秕,墝而专居则多死"[3],指出肥沃之地不可种得过稀,瘠薄之地不要种得过密,体现了合理密植思想。并说:"是以先生者美米,后生者为秕。是故其耨也,长其兄而去其弟。"[4]即农业生产针对性地施行间苗,可获丰收。上述表明,传统农业采取了各种耕作栽培措施,较好地协调了作物群体之间以及作物群体与个体之间的生态关系。

---

〔1〕《吕氏春秋·任地》。
〔2〕《齐民要术·耕田》。
〔3〕〔4〕《吕氏春秋·辩土》。

农业生产的目的,是永续不断地从农业生态系统中获取物质能量。因此,通过生产实践维持农业生态系统的相对稳定和持续,促使农业生态系统物能的良性循环就是农业生产的关键。农业生态系统中农作物及其生长环境条件等生态关系的协调统一,意义就在于此。中国传统农业对农时、季节的强调,作物轮作复种、土壤轮耕、间作套种、合理密植措施以及合理施肥等其他相关耕作栽培措施的施行,较好地协调了生物体与其外界环境条件的关系,在维持农业生态系统的相对持续和稳定的基础上,实现了低投入高产出。从生态学的角度来讲,农作物及其生态环境协调和优化的思想及有关措施,大体涉及和包涵了生态学的共生互惠、种群演替、地域性及生态位原理,以及生态学的多因子协调使功能优化和扩大化原理等,这表明中国传统农业思想及实践具有相当的科学性和合理性。明清时期太湖地区农牧桑蚕鱼系统和珠江三角洲的桑基鱼塘系统,是农业生态系统持续高效运行的典范。该生态系统做到了各业互补,物质能量多级循环、多层利用,大大提高了物能利用率。这种以较小投入带来较大产出,持续无污染的农业生态系统的建立,应该是农业持续发展的一个重要方向。现代农业主要依靠高投入(化石能源为主)来获取农业收获,高投入状况下农业生态系统诸因子被置于边缘状态,不稳定持久,产投比较低,并易造成破坏,带来资源、环境等诸多问题。农业生态系统接近于自然系统,在一定程度上可以效仿自然生态系统的运作,从中获得借鉴和启示。自然生态系统是自然界长期进化演替的结果,具有完美的均衡,其系统本身能进行自然演替、进化和修复。中国先民通过对自然进化、生态群落演替及其自然生态系统规律的认识,汲取提炼其合理内核,产生了"人与自然协调统一"、"农作物与生长环境相协调"的农业生态思想,在农业生态系统的生态关系协调及其高效持续运作方面积累了丰富的思想和经验,时至今日仍然具有借鉴意义。现代农业可从中国传统农业生态思想中获得重要借鉴,以期实现农业的持续发展。

二、农业生态系统的要素构成

农业生产的实质是能量物质的生产,即人们通过生产劳动,协调好农作物与环境条件的关系,使绿色植物在适宜的光、热、气、土、肥、水的条件下,通过光合作用来贮存能量物质,满足人们需求。这也就构成了农业生态系统要素的组合和平衡。从宏观上来讲,就是天、地、人、物的协调统一。

天,在中国古代有多层含义,反映到农业生产中,则是指自然的天,主要包括光照、热量、水分、气等多种因子,这些因子因"时"而变,因此天的特征就可以用时来表征,这就构成农业生产中的季节、节气、农时等概念。古人特别注意把握时序,农作物萌发、生长、开花、结实、成熟等与时节有一定的对应,把握这种节律,是从事农业生产、获得农业丰收的最基本的保证。"时"是农作物生长节律与宇宙大系统节律的某种吻合的体现。"时"观念是理解中国古代思想的重要线索，在一定层面上讲，"时"观念的延展及其实践承载着传统农业社会的绵延。在农业生产中，古人很早就认识到"时"的重要。正如《管子·形势解》所言："天覆万物而制之，地载万物而养之，四时生长万物而收藏之，古以至今，不更其道。"它还凸显了四时节律的意义，认为认识了解春、夏、秋、冬四季节律，按照四时规律及其所赋予的意义行事，就会有良好收成，正是"四时事备，而民功百倍矣"，并由此实现天时、地宜、人和，达到五谷实、草木多、六畜旺、国富强、内外兼治的目标。正如："春仁，夏忠，秋急，冬闭，顺天之时，约地之宜，忠人之和。故风雨时，五谷实，草木美多，六畜蕃息，国富兵强，民材而令行，内无烦扰之政，外无强敌之患也。夫动静顺然后和也，不失其时然后富，不失其法然后治。"[1]《吕氏春秋·审时》列举了禾（粟）、黍、稻、麻、菽、麦六种作物得时、先时、后时的生长发育和收获情况，总之"凡农之道，候之为宝"。王祯《农书》在农作物栽培管理方面始终强调不误农时，分析"上时"和"下时"的不利，要"得时"，否则必受其害。《齐民要术》继承《吕氏春秋》的"审时"传统，在叙述作物栽培管理方面无一例外地强调了"时"的重要性和不可违背，否则"劳而无获"。"时"实际上就是农作物生长节律与宇宙大系统节律的某种吻合。这正是农家"月令派"所追求的目标，《夏小正》《诗·豳风·七月》《吕氏春秋·十二纪》《礼记·月令》等，都列出每个月气候、物候、农事等，即以物候定时节，以时节安排农事等活动，由此产生了四季、二十四节气、七十二候等服务于农业生产的节气知识。

地，是与"天"相对的概念，人类的生存以及农业生产一刻不能离开它。《管子·水地》说地是"万物之本原，诸生之根菀"。"地"在农业上是地形地貌特征、土壤理化性状、肥力等多因子的综合，农作物的生长对"地"有一定的要求。因地制宜思想产生很早，《史记·周本纪》中记后稷的农耕本领在于"相地之宜"，《尚书·禹贡》描述了九州的水文、土壤、植被、薮泽、物产、贡赋和交通的大致情况，并依据各州土质肥瘠和地形地貌特征，将所有田地分成上、中、下三类，每类再分为三品，这样就形成九个等级，然后按田地等次和当地特产规定贡赋。这已表明人们已充分认识到农作物生长的"地宜"原则。《周礼·夏官·职方氏》对全国九州的山川、土地、物产、人口、民情、五谷、畜牧进行全面调查，其目的也是在于从总体上把握因地制宜的原则，更好地发展农业生产。《管子·地员》记载了自然状况下的植物群落分布，指出植物种群因海拔高度（地势）不同而不同，还叙述了什么土长什么植物以及不适宜什么植物；此外，还叙述了十二种植物在水陆地理位置中的分布，表明植物对土壤和

---

[1]《管子·禁藏》。

水分的自然适应,这些论述对后来因地制宜发展农业生产有重要的指导意义。《氾胜之书》中有"得时之和,适地之宜,田虽薄恶,收可亩十石",《吕氏春秋·审时》中说"天下时,地生财……",如此等等,都把"地"与"天"并列而述。地宜、地利就是强调土壤的特点。一定的"地"具有相应的条件,适合相应的农作物种植,由此才可能获得相应的收获。天时地宜构成农作物生长的环境条件,没有适宜的环境条件,农作物就不可能很好地生长发育。农业生产就是要求人们通过生产劳动,去协调动植物与环境的关系,以求得天时地宜与农作物的协调统一。正如:"古之人民,皆食禽兽肉,至于神农,人民众多,禽兽不足,于是神农因天之时,分地之利,制耒耜,教民劳作。"[1]这表明,原始农业的基本操作是根据天时、地利的原则进行的。

人,是农业生产的主体。人首先认识天地自然万物,然后通过社会生产实践去协调自然环境和动植物的关系,因此"天时"、"地利"、"人力(和)"三者并列。在古代农业中,劳动力和土地是最主要的生产要素。《尚书·盘庚》中载商王盘庚说"若农服田力穑,乃亦有秋。……惰农自安,不昏作劳,不服田亩,越其罔有黍稷",肯定了劳作与收获是正相关的。《管子·八观》谓:"彼民非谷不食,谷非地不生,地非民不动,民非作力毋以致财。天下之所生,生于用力,用力之所生,生于劳身。"《韩非子·五蠹》中有"夫耕之用力也劳,而民为之者,曰:可得以富也",如此等等,都注意到了人的"劳作"、"用力"在生产中的地位,足以表明农业生产离不开人的劳动,人在协调农作物和环境条件的关系方面起着决定性的作用。一切社会实践活动是由人来完成的。

物,在古代泛指万事万物。在农业生产中,"物"则指动植物,它为人们提供五谷、草木、六畜等生产生活资料,是农业生产的落脚点。人们要想获取生产生活资料,就必须了解动植物的生物学特征,在古代称之为"物性",它主要包括农业生物的遗传性和变异性的对立统一,生物与环境的统一,植物个体的生长发育特点以及"风土"条件和异地引种等问题。关于"物性"的论述,古代农书涉及很多。《吕氏春秋·用民》中说"夫种麦而得麦,种稷而得稷,人不怪也",《论衡·奇怪》中"万物生于土,各似本种……物生自类本种"等,都是先民对物种性状遗传性的认识。《论衡·初禀》指出,"草木生于实核,出土为栽蘖,稍生茎叶,成为长、短、巨、细,皆由实核",表明植物各种性状是通过种子传给后代的。《齐民要术》、王祯《农书》及《花镜》等都有物种遗传性和变异性方面的论述;此外,还有对生物与环境、个体生长发育以及风土等方面的论述。这些表明古代对动植物的生物学特性有了初步的了解。动植物是自然的产物,天地自然环境也规定和影响着它的地理分布及其种类特性;另一方

---

〔1〕《白虎通·德论》。

面,动植物对环境也有一定的选择作用。由此可见,动植物与外界环境处于统一体中,它们相互影响,农业生产就是要协调好它们之间的关系,做到有的放矢,以获农业丰收。

天时、地利、人力(或人和)是地地道道的农业思想,天、地、人、物协调统一的观念是中国农业几千年来长盛不衰的思想基础。《管子·禁藏》说"顺天之时,约地之宜,忠人之和,故风雨时,五谷实,草木美多,六畜蕃息",概括了天时、地利、人和的谐调统一是五谷丰登、六畜兴旺的基础,农业生产顺天、量地就可收获。正如《齐民要术》言:"顺天时,量地利,则用力少而成功多。任情返道,劳而无获。"天时、地利、人力与收获关系密切。人们在农业生产中要认识和利用天时、地利、物性之宜,协调生物有机体和环境条件的关系,才能事半功倍,使农业生产丰收。

三、农业生态系统观的阐发及应用

中国古代哲学家和农学家在论述农业或农业有关的问题时,都把天、地、人、物作为立论依据。春秋战国时期,由于铁器的使用和推广大大提高了劳动生产率,农业生产得到大力发展,诸子百家这类论述颇多。《管子·四时》中说:"中央曰土,土德实辅四时,入出以风雨。节土益力,土生皮肌肤,其德和平用均,中正无私,实辅四时。春赢育,夏养长,秋聚收,冬闭藏。大寒乃极,国家乃昌,四方乃服,此谓岁德。"这里是说土地与四时对农作物的影响。《荀子·大略》中说:"不富,无以养民情,不教,无以理民性。故,家,五亩宅,百亩田,务其业,而勿夺其农时,所以富之也。"这里着重强调农时的重要性。《荀子·王制》中说:"君者,善群也。群道当,则万物皆得其宜,六畜皆得其长,群生皆得其命,故养长时,则六畜育,杀生时,则草木殖,政令时,则百姓一,贤良服。"农业生产必须在天时、地利、人和的前提下进行,才可获丰收。《吕氏春秋》的《上农》《任地》《辩土》《审时》四篇专论农业,为传统农学的奠基之作。《审时》篇论述了"适时"对农业生产的重要,适时者,事半功倍,不适时者,歉产歉收,还列举了禾(粟)、黍、稻、麻、菽、麦六种作物得时、先时、后时的生长发育和收获情况,总之一句话,"凡农之道,候之为宝"[1]。关于"地宜"的原则,其《任地》篇中说:"凡耕之大方:力者欲柔,柔者欲力;息者欲劳,劳者欲息;棘者欲肥,肥者欲棘;急者欲缓,缓者欲急;湿者欲燥,燥者欲湿。"这是说在耕作中针对各种情况采取适宜的做法,不可偏。《审时》篇对农业生态系统进行了高度概括,其说:"夫稼,为之者人也,生之者地也,养之者天也。"农作物要受到天地人三大因素的制约,这虽然十分直观,其中却蕴含了这样一

---

〔1〕《吕氏春秋·辩土》。

个农业生态系统:生物有机体(稼)及其生长环境(天地中包含的诸因子),加上人的生产实践活动(人),农业生产就是通过这三大要素的协调,而使传统农业长盛不衰。

其后,农业生态系统思想得到继承和发展,并在生产中得到应用。《氾胜之书》说"凡耕之本,在于趋时","得时之和,适地之宜,田虽薄恶,收可亩十石","种禾无期,因地为时"等,强调天时、地宜对于农作物生长发育的重要。《四民月令》继承传统并进一步发挥。晁错在《论贵粟疏》中对以"三才论"为特点的农业生态系统作了概括:"粟米布帛,生于地,长于时,聚于力。"《齐民要术》全文在叙述作物栽培管理方面都无一例外地强调了"时"的重要性,"时"是农作物生长的关键因素,不可违背,否则"劳而无获",指出"顺天时,量地利,则用力少而成功多;任情返道,劳而无获",叙述了天时、地利、人力与收获的关系。隋唐宋元时期,《四时纂要》继承"月令派"传统,叙述农事活动不可违背时节,否则将"五谷不实","人多流亡"。《陈旉农书》在《天时之宜》篇中作了具体的叙述:"在耕稼盗天地之时利……故农事必知天地时宜,则生之蓄之,长之育之,成之熟之,无不遂也。"农作物生产依赖天地时利,人们必须认识它的规律性,利用它,只有这样,才可确保农作物丰收。王祯《农书》把"天时、地宜"贯穿于全书之中,认为农业生产"顺天之时,因地之宜,存乎其人"。在《授时》篇阐述得则更为详细,其说:"四时各有其务,十二月各有其宜,先时而种,则失之太早而不生,后时而艺,则失之太晚而不成。"在农作物栽培管理中始终强调不误农时,分析"上时"和"下时"的不利,强调要"得时",否则必受其害。因此,农业生产是天地人物协调统一的结果。王祯《农书》还继承发展了"月令派"的成果,创制"授时指掌活法之图",达"月令派"农学的最高成就。其说:"盖二十八宿周天之度,十二辰日月之会,二十四气之推移,七十二候之迁变,如环之循,如轮之转,农桑之节,以此占之。"这里把天体运行、节气变化、作物生长与农事活动多个环节对应统一起来,具很强的实用价值。

明清时期,农业生态系统思想有了深入和发展。马一龙《农说》中说:"然时言天时,土言地脉,所宜主稼穑,力之所施,视以为用,不可弃,若欲弃之而不可也,不可为亦然。合天时地脉物性之宜,而无所差失,则事半而功倍矣。"人们在农业生产中要认识和利用天时、地利、物性之宜,协调生物有机体和环境条件的关系,使农业高产丰收,只有这样,才可事半功倍。清代杨屾《知本提纲·修业章》"农则耕稼一条"则说:"若能提纲挈领,通变达情,相土而因乎地利,观候而乘乎天时,虽云耕道之大,实有过半之思。"郑世铎释:"变,谓耕道之变;情,谓物生之情也。相,视也。耕道虽大,不越因地、乘天二端;若能提纲挈领,通耕之变,达物之情,相土自然之种而因其利,观天一定之候而乘其时,其于耕道之大,已思过半矣。"意即农业耕作栽培虽涉及面很广,但其最主要是因地、乘天，此乃耕道大纲。在"农则畜牧一条"中说："水泽之地，宜修鱼塘，高燥之处，多牧牛羊，鹅鸭畜于渠潦，鸡鸽养于平原。因地之所产而广其种类，随物之所利而倍其功力。"这里具体分析了得时、失时的利弊，文中还大量叙述了防止弊端之措施，这是天地人物农业生态系统观的具体应用。总之，此期已把生物有机体与环境的协调统一作为农业生产的目标来追求，而且侧重于具体应用。

综上所述，中国传统农业是以天、地、人、物的协调统一为特点，构建了宏观农业生态系统，被广泛应用于农业生产实践的各个层面、各个环节之中，贯穿于几千年农业生产的始终，是中国传统农业得以长盛不衰的重要思想基础。天地人物协调统一的农业生态系统观具有极强的生命力和实践应用价值，在现代农业可持续发展中仍然具有重要的借鉴意义。

论中国传统农业的生态化实践[*]

中国传统农业遵循"天人合一"思想,坚持天、地、人、物系统的协调与统一,在此引导下,传统农业思想理论及其农业生产实践具有明显的生态化取向。文章认为,"天人合一"奠定了传统农业生态化实践的思想基础;农业生态化实践主要表现为农业生产实践中循环运作及其农业生态环境条件的优化选择,内容包括作物轮作、土壤轮耕、多业循环以及生物、非生物因子的搭配组合。中国传统农业长盛不衰,一路领先于世界各地区农业发展。先民们在长期的农业生产实践中,摸索总结出一整套农业思想及优良的耕作栽培措施,保持着"地力常新"、五谷丰登、六畜兴旺,以较少的耕地维持着众多的人口。这其中遵循自然的、协和的生态自觉及其具有鲜明生态化取向的农业生产实践在世界农业史上无与伦比。

一、传统农业生态化实践的思想基础——天人合一

人类与自然同源同体,"天人合一"是人类早期自然理性的深刻体现。采摘狩猎及农业文明时期,人们依赖自然环境及其生态资源,遵循自然律,维持生存繁衍,人与自然趋于"一体"、"共生"和"亲和"的关系。"天人合一"思想及其生态观念源于自然及其社会群体的普遍无意识,在中国这个"以农为本"、以耕作农业为主的特定"土壤"里得到强化和升华,成为贯穿始终的一种观念思想,决定了中国传统农业的生态化取向,影响了中国农业发展乃至社会的演进。

"天人合一"思想作为最高思维架构,从哲学文化层面到具体的农业生产实践环节都得到充分体现。在哲学思维文化层面,"三才论",气、阴阳、五行学说,以及循环观、中庸观等都深刻体现和蕴涵着"天人合一"思想。"天人合一"在农业生产实践中表现为天、地、人、物系统的协调统一,其实质是农业生态系统的和谐与统一。传统农业生产实践的各个层面、各个环节都体现了"天人合一"思想。《夏小正》可视为农家"月令派"起始,它把天象、气候、物候和农事活动等全部联系起来,对应在十二个月里,视自然节律与人的活动为一个有机联系的整体,具有天地人物协调有机统一的整体思维取向。其后,

* 原载《南京农业大学学报》(社会科学版)2005 年第 3 期。

《吕氏春秋·十二纪》《礼记·月令》阐述了"天地人物相统一"的"月令"图式，它以五行为纲纪，以四时五方的统一为架构，把自然社会人事(天象、气候、物候、政令、农事以及祭祀)配列到天地人系统中去，构建了天地人相统一的宇宙大系统。由此，农家"月令派"[1]传统被后世不断沿用和发展，所有农书及涉农书籍都围绕天时、地利、人力、物宜等阐发农业思想，以指导农业实践。天、地、人、物协调统一的思想观念是传统农业长盛不衰的思想基础，主要表现为"时"、"地"、"人"、"物"及其相互关系。

"时"是指"天时"，当是生物节律与自然宇宙系统节律吻合度的体现。"天时"的重要性为先民最早认识和利用。《夏小正》《诗·豳风·七月》《吕氏春秋·十二纪》《礼记·月令》等，都列出每月气候、物候、农事等，以物候定时节，以时节安排农事活动，产生了四季、二十四节气、七十二候等服务于农业生产的节气知识。《吕氏春秋·审时》篇列举了禾(粟)、黍、稻、麻、菽、麦等六种作物得时、先时、后时的生长发育和收获情况，强调"凡农之道，候之为宝"。王祯《农书》始终强调在农作物栽培管理中不误农时，分析"上时"和"下时"的不利，指出要"得时"，否则必受其害。王祯《农书》还创制"授时指掌活法之图"，把天体运行、节气变化、作物生长与农事活动多个环节对应统一起来，具较强的实用价值。《齐民要术》继承《吕氏春秋》的"审时"传统，在叙述作物栽培管理方面无一例外地强调了"时"的重要性和不可违背，不务农"时"，则"劳而无获"。

"地"是地形地貌特征、土壤理化性状、肥力等多因子的综合。"地"是农作物的载体，自然植物，农作物的生长因地而宜。《尚书·禹贡》描述了九州的水文、土壤、植被、薮泽、物产、贡赋和交通的大致情况，并依据各州土质肥瘠和地形地貌特征，将所有田地分成上、中、下三类，每类再分为三品，这样就形成九个等级的土地状况，为因地制宜开展农业生产奠定了基础。《周礼·夏官·职方氏》对全国九州的山川、土地、物产、人口民情、五谷、畜牧进行全面调查，其目的在于从总体上把握"因地制宜"的原则。《管子·地员》记载了自然状况下的植物群落分布，指出植物种群因海拔高度不同而不同，还叙述了不同土质适宜的与不适宜的植物，作物生长要遵循"地宜"原则。中国古代各类农书都非常强调"地宜"的无比重要。

"人"是农业生产的主体。人认识天地自然万物，通过生产实践去协调自然环境和动植物的关系。《尚书·盘庚》中载，商王盘庚曾说，"若农服田力穑，乃亦有秋。……惰农自安，不昏作劳，不服田亩，越其罔有黍稷"，肯定劳作与收获的正相关；《管子·八观》中"谷非地不生，地非民不动，民非作力毋

―――――――――――――

[1] 即按月行事的一种做法，因主要表现在农业生产方面，有称之为"农家月令派"。

以致财。天下之所生,生于用力";《韩非子·五蠹》中有"夫耕之用力也劳,而民为之者,曰:可得以富也"等,都注意到了人的"劳作"、"用力"在农业生产中的地位。

"物"是指生物有机体。在农业生产中要注意合"物性之宜"。明代马一龙《农说》中说"合天时地脉物性之宜,而无所差失,则事半而功倍矣",在认识和利用天时、地利的同时,强调了"物性之宜",把生物有机体特性作为一个重要因子提出来,要求协调生物有机体和环境条件的关系,做到事半功倍。清代杨屾《知本提纲·修业章》"农则畜牧一条"中说"水泽之地,宜修鱼塘,高燥之处,多牧牛羊,鹅鸭畜于渠潦,鸡鸽养于平原。因地之所产而广其种类,随物之所利而倍其功力",也阐明了农业生产需要遵守"地宜"和"物性"的原则。

显而易见,天时、地宜、人力、物性是互相联系、相互影响的因素,农业生产只有在天时、地利、人和、物性的有机联系中进行,才能取得预期效果。正如《吕氏春秋·审时》所说:"夫稼,为之者人也,生之者地也,养之者天也。"《管子·禁藏》中"顺天之时,约地之宜,忠人之和,故风雨时,五谷实,草木美多,六畜蕃息",进一步阐述了天时、地利、人和是五谷丰登、六畜兴旺的保证。晁错《论贵粟疏》中"粟米布帛,生于地,长于时,聚于力",说粟、米、布、帛的生长发育要依赖于天时、地利,但最终的收成还是要靠人的运作,即"聚于力"。《齐民要术》中"顺天时,量地利,则用力少而成功多;任情返道,劳而无获",强调天时、地利、人力与农作物收获的必然联系。

二、农业生产实践中的循环运作

在人类原始观念中,循环观念应该起始最早。循环观认为,一切自然、社会事物在各个方向各个层面上都呈现周而复始、循环往复的运动变化。人们必须依照天地自然的循环之道及事物循环往复的规律,从事社会生产实践活动。传统农业遵照循环之道,采用了作物轮作、土壤轮耕、用养结合以及多业循环的方法,奠定了农业生态化实践的基础。

作物轮作。我国早在战国两汉时期已普遍采用麦禾轮作制。"今兹美禾,来兹美麦"[1],"禾收区种"[2],"今时谓禾下麦为茇下麦,言芟刈其禾,于下种麦也",以及"今俗间谓麦下为茇下,言芟茇其麦,以其下种禾豆也"[3]等,讲的就是禾麦、麦豆轮作。《齐民要术》全面系统地总结了黄河中下游地区作物轮作的理论和技术,阐明了各种作物合理轮作的必要性,在汉代禾麦豆轮作的基础上,确立了豆类作物和谷类作物、绿肥作物和谷类作物合理轮

---

[1]《吕氏春秋·任地》。
[2]《氾胜之书》。
[3] 郑众:《周礼·遂人·薙氏》注。

作的基本格局，即施行大豆—谷—黍稷，冬麦—大豆—谷子、黍的豆谷轮作，谷子—小豆(绿肥)—瓜的肥谷轮作种植方式。此后，由于各地自然环境气候条件的差异，采取了各种各样的轮作复种方式。黄河中下游地区主要是麦—大豆—秋杂模式(一年一熟、二年三熟制)。长江中下游主要是采取水稻—小麦，稻—稻—麦，麦—稻—稻的模式(一年二熟、一年三熟制)。东北地区清代以后普遍采用大豆、高粱、谷子或小麦、大豆、谷子为主的轮作制，是以大豆为核心、豆谷轮作为基础的轮作复种方式。豆谷、谷肥轮作是轮作史上的一个重要阶段，"凡美田之法，绿豆为上，小豆、胡麻次之"[1]，表明先民已认识到豆类作物种植对土壤的重要作用。

土壤轮耕。不同作物的种植应采取不同的土壤耕作方法，由此产生土壤轮耕措施。在作物合理轮作的基础上，实施土壤的合理轮耕，两者有机配合，施行作物种植与土壤耕作的双循环，在动态中把握种植与耕作的关系，以获农业收成。土壤轮耕主要包括垄作与平作、土壤翻耕和免耕、水旱轮作等。土壤垄作方法早在西周至春秋战国时期就已普遍采用，如"上田弃亩，下田弃圳"[2]。汉以后，整体上是垄作与平作混用，有的施行年度间轮换。由于"滴种法"的使用，土壤翻耕和免耕播种相结合的措施得以创始。黄河中下游地区作物种植与土壤耕作的配合是：作物种植：冬麦—大豆(小豆)—秋杂；土壤耕作：翻耕—免耕—翻耕。长江中下游地区，在明清以后，作物轮作复种和间作套种制逐渐发展，土壤耕作也相应地采取了翻耕和免耕或耧耕相结合的方式，其主要模式是间作套种方式：早稻—晚稻(双季间作)、水稻—大豆(复种或套种)、小麦—大豆(套种)、小麦—棉花(套种)(东南沿海)，水稻—紫云英(套种)、水稻—小豆(泥豆)(套种)；土壤轮耕方式：翻耕—免耕(免耕和耧耕相结合)。东北地区，清代至民国时期普遍采用大豆、高粱、谷子或小麦、大豆、谷子为主要形式的轮作制，该轮作方式以大豆为中心，以豆谷轮作为基础，其相应的土壤耕作虽较为复杂，但仍属于翻耕—免耕—翻耕模式。随着稻麦轮作复种方式和一年二熟制的产生和发展，自唐宋以后，长江中下游地区土壤耕作采取相应的水旱轮耕的耕作方式，即水田耕耙耖耘，旱地开垄作沟。其总的模式是：作物种植：水稻—小麦；土壤耕作：水(耕耙耖耘)—旱(开垄作沟)，这种水旱轮耕的耕作方式在稻作区是普遍的。其后，稻、菜，稻、豆一年二熟以及稻、稻、麦，稻、稻、菜，稻、豆、麦，稻、稻、油等一年三熟制都施行水旱轮耕。[3]

作物轮作和土壤轮耕是中国古代耕作制度的重要组成部分。作物轮作、

〔1〕《齐民要术·小豆》。

〔2〕《吕氏春秋·任地》。

〔3〕 郭文韬：《中国耕作制度史研究》，河海大学出版社，1994年，第34页。

土壤轮耕坚持用养地结合,是充分有效利用有限土地资源的最佳耕作措施,符合农业生态系统的物能循环规律,做到"地力常新",提高复种指数,以期在单位面积土地上获得最好收成。

多业循环。多业循环就是在一个包含多业的有机的农业生态系统内,促使物能多级多层循环,互补轮流利用,提高物能循环利用率,最大限度地增加动植物生产。由于传统农业生态化实践的长期积累,多业并举互补、多种生态要素生产要素组合、物能多级多层次循环利用的农业生态系统的建立成为可能。其中最具代表性的当是明清时期嘉湖地区的农牧桑蚕鱼生态系统和珠江三角洲"桑基鱼塘"生态系统。太湖地区在独特的自然条件下创始"圩田",在圩内种稻、圩上栽桑、圩外养鱼的基础上,形成了种田养猪、猪粪肥田、种桑养羊(蚕)、羊粪壅桑,水草养鱼、鱼粪肥桑等各业并举互补的农牧桑蚕鱼有机农业生态系统格局。[1]珠江三角洲在围田挖田筑塘的基础上,创建"桑基鱼塘"系统,形成桑、蚕、鱼、猪四者互养的生态农业模式。如清《高明县志》载:"将洼地挖深,泥复四周为基,中凹下为塘,基六塘四,基种桑,塘蓄鱼,桑叶饲蚕,蚕粪饲鱼,两利俱全,十倍禾稼。"《岭南蚕桑要则》中则有:"顺德地方足食有方……皆仰人家之种桑、养蚕、养猪和养鱼……鱼、猪、蚕、桑,四者齐养。"上述两区域农业生态系统的建立,使得种植业、畜牧业、养殖业等各业在一个较大的生态系统(生态圈)中有机地结合起来,做到了多业并举、各业齐养,互为条件、互相补充,使物能多级、多层次循环利用,用养循环结合在更大范围内实现,物能循环效率和利用率更高,以较小的投入实现了较大的产出,保证了农业生产稳定持续发展。这是农业生态化实践的典型代表。

三、农业生态环境条件的优化组合

尚中观是中国传统思维方式的重要组成部分。尚中观对于一切自然社会事物的存在、运动、变化、发展采取了取中、适中、平衡的思想观点。体现在农业上,就是通过生产实践选择恰当的耕作栽培措施,协调农作物之间及农作物与外界环境条件之间的关系。说到底就是选择最优的生态因子组合,得到优质高产持续的农产品。它包括非生物环境条件因子和生物环境条件因子的优化组合。

先阐述非生物环境条件因子的优化组合。非生物环境因子是指农作物生长发育的一切外部环境因子,主要包括光、热、气、水、土、肥等。这些因子的优化组合可为农作物生长提供一个良好的外部生态环境。

首先是光、热、水、气等气候因子。中国古代注重农业生产中光、热、水、

---

[1] 《沈氏农书》《补农书》《浦泖农咨》等有较为详细的记载。

气等条件的选择，主要反映在对农时的关注和选择方面。农时季节不同，光、热、水、气等气候因子也不同。传统农学一贯重视与天争时，不违农时，视农时为农业生产之根本保证。从气候因子来看，"得时"能充分利用光、热、水、气各因子的作用，促进农作物生长发育和成熟。所谓"得时"，就是不过又无不及。"得时"情况下，气候因子的组合对农业生产是最优化的，选择利用这种气候因子的优化组合，对农业丰收十分有利。正所谓"凡农之道，候之为宝"。

其次是土壤因子。土壤因子主要指土壤质地、肥力、结构、水分等，也就是土壤的水肥气热状况，在耕地的选择上还包括是否宜于管理以及水田灌溉等条件。农业生产的主要任务之一是采取适宜的耕作和施肥措施，来营造良好的土壤环境。对此，一要选择适宜的耕作方法，即"凡耕之大方，力者欲柔，柔者欲力；息者欲劳，劳者欲息；棘者欲肥，肥者欲棘；急者欲缓，缓者欲急；湿者欲燥，燥者欲湿"[1]。这是总的耕作原则，强调耕作中要把握好"度"，不要太过或不及，使土壤处于有利于农作物种植的适宜耕作状态。二要使土壤有适宜的松紧度及团粒结构。这直接关系到土壤的水、肥、气、热状况。这一方面要采取合理轮耕和因地、因时、因物耕作，另一方面要因时、因土、因物采取不同的施肥方法和肥料种类。《氾胜之书》《齐民要术》等书中叙述了因土质、作物不同而采取不同的耕作方法，表明对最佳生态关系的选择要有灵活性，这样才能较准确地优化各生态因子，维持农业生态系统的良性循环。

再次就是合理施肥。对此，清代杨屾作了全面的总结："时宜者，寒热不同，各应其候，春宜人粪，牲畜粪……土宜者，气脉不同，美恶不同，随土而粪，如因病下药，即如阴湿之地，宜用火粪……物宜者，物性不齐，当随其情，即如稻田，宜用骨蛤蹄角粪、皮毛粪。"[2]这里一一给出了因时、因土、因物施肥的原则，这是具体实践经验的总结，对优化改良土壤环境有着重要作用。

生物环境条件因子的优化选择，主要是指农作物之间关系的协调优化。包括作物种植中茬口安排、作物种类、间作套种及其布局和种植密度等。这些因素构成个体作物之间、复合作物群体之间以及作物个体与群体之间的生态关系。

首先是前后作搭配。这需要通过连种、复种、前后茬安排即轮作复种来实现。前后茬安排得当，可用养结合，复种可增收，否则就增加复种不增收。其中典型实践是豆谷、绿肥轮作。

其次是间作套种。间作套种能充分地利用光、热、水、气、土肥等自然条件，在有限的生产期限内生产出更多的农产品。作物共生涉及两种以上作物

---

〔1〕《吕氏春秋·任地》。
〔2〕 杨屾：《知本提纲》。

的共同生长,其共生期间构成复合作物群体,可通过适当的间作套种措施来调节作物之间的关系。这需要处理好作物种间的关系以及不同作物对外界环境条件的不同要求,不仅要针对作物层片结构及性状特点,采取高矮作物、尖叶与阔叶作物、深根与浅根作物相结合,还要考虑用地作物和养地作物的交叉配合,只有这样间作才会成功。此类经验良多,如"二豆良美,润泽益桑"[1],"桑根植深,苎根植浅,并不相妨,而利倍差"[2],"若种蜀黍,其枝叶与桑等,如此丛杂,桑亦不茂"[3]等,提出了间作的某些要点。在套种方面,则要根据植物群落演替规律优化组合,具体搭配是早对晚、快对慢、老对少,同时还要考虑作物对水、肥、气、热等条件的要求。间作套种优化群体生态关系,就是要充分利用作物间的互利关系,避免其互抑互害关系,充分利用天时地利因素,有效利用时间与空间。

再就是合理密植。合理密植是在单位面积内寻求个体与群体的合理关系。即使作物个体和群体之间生态关系趋于合理、协调,既保持合理的群体密度,又给每个植株以充分适当的生长空间条件,保持单位面积高产。如"是以先生者美米,后生者为秕。是故其耨也,长其兄而去其弟","树肥无使扶疏,树墝不欲专生而族居;肥而扶疏则多秕,墝而专居则多死"[4]等,都含有合理密植的思想。

自然是最伟大的经济师,宇宙自然生态系统具有完美的均衡。"天人合一"蕴含着人类对自然进化、自然生态群落演替规律的深刻认识和普遍认可,它要求人们的社会生产实践活动与天地自然节律保持协调与和谐。中国传统农业禀承"天人合一"思想,遵循自然律,把天地自然环境、动植物生长与人的生产实践活动视为统一的有机整体进行协调控制。由此形成了中国传统农业的生态化实践及其精耕细作的优良传统,为中国乃至世界文明做出了不朽的贡献。这种农业生态化思想及其实践至今仍有着十分重要的借鉴意义。

---

[1]《齐民要术》。
[2]《陈旉农书》。
[3]《农桑辑要》。
[4]《吕氏春秋·辩土》。

中国传统农业生态思想与
现代农业持续发展[*]

中国传统农业生态思想的精髓是人与自然的协调统一。传统农业遵循"天人合一"架构下的天、地、人、物系统的和谐与统一，由此引导了中国传统农业精耕细作的优良传统及其生态化取向的农学理论与农业技术。现代农业面临资源、环境、生态以及食品安全、产业结构等一系列问题，影响了农业持续发展乃至人类的持续生存和发展。对此，世界各国农业进行了战略性转移，生态农业、绿色农业、环保农业等所谓"替代农业"纷纷登场。本文认为，中国传统农业生态思想对于现代农业持续发展具有重要借鉴意义。

20世纪，人类依靠科技进步，在诸多方面取得了辉煌的成就。可是，在其背后却存在着资源匮乏、环境恶化、生态破坏以及食品安全、疾病、伦理道德等一连串重大问题，这些问题从根本上动摇了人类生存和持续发展的自然社会根基，迫使人们进行反思，寻找稳定生存持续发展的道路，由此回到了对中国古老命题——"天人合一"的探讨之中，即人类发展如何与自然相协调相统一。随着经济全球化的演进和诸多问题的加重，可持续发展问题越来越受到世界各国的普遍重视。[1]

农业是人类生存繁衍、经济发展、社会进步和维护人类尊严的基础。农业是解决环境、生态、资源、人口等诸多问题的重要环节，在人类持续生存和发展中举足轻重。近年来，世界各国在农业可持续发展的探索中，目光转向东方，转向中国，回归"天人合一"，出现了生态农业、环保农业、绿色农业等各种生态型农业的发展模式，寻求人与自然协调发展的农业可持续发展道路。中国传统农业生态思想体现了人与自然的和谐与统一。传统农业在"天人合一"思想指导下，坚持天、地、人、物宇宙系统的整体协调与统一，做到人类社会化生产实践（人）、农作物（物）与农作物生长环境（天地）的协调与统一。这

---

[*] 原载《中国农史》2002年第4期。

[1] 1972年6月5日，联合国在斯德哥尔摩召开人类环境会议，通过《人类环境宣言》。1992年在巴西里约热内卢召开了"联合国环境与发展大会"，会议通过了《21世纪议程》等一系列文件。中国在1994年通过了《中国21世纪议程——中国21世纪人口、环境与发展白皮书》。

是中国传统农业思想的基点。[1]传统农业生态思想在中国传统农学理论与农业技术中得到了充分的体现,深入挖掘和总结这一思想,对于现代农业持续发展具有重要的借鉴意义。

一、传统农业生态思想为现代农业提供思想源泉和哲学依据

人类有关生态的观念和思想起源于远古时代。在起初的社会化活动中,人类就有了对天地运转、自然演替、生物进化及气候变迁、生态群落等一连串生态化事实的感知,这些感知进而发展成为人类社会群体的普遍无意识,便由此进入社会文化和制度。生态化的观念在中国这个以农为本、以耕作农业为主的特定土壤里得到升华,成为贯穿始终的一种观念和思想,决定了中国传统农业的生态化取向,影响了中国传统农业的发展乃至传统社会的演进。

中国传统思维向来主张"天人合一",主张以天、地、人、物相合相融的整体系统思维方式构建其自然社会宇宙系统。这便是中国传统思想及传统哲学的主线,也是传统农业生态思想的理论基础。夏代历书《夏小正》把一年十二个月[2]的天象、气候、物候和农事活动联系对应起来,视自然事物及其节律与人的活动为一个有机联系的整体,具有天地人物整体思维的取向。《周易》以八卦为基础构建六十四卦体系,表明宇宙系统中事物内在本质的同源、同质和同构性,即便是外在不相关的事物在一定的条件下都是融合关联的,具有引发整体思维模式的功效。中国三大思想派别儒、道、佛(中国化)都是以"天人合一"观为致"礼"、致"道"、致"佛"的前提。[3]儒家探讨社会世事,以尊天、敬礼、伦理政治以及修身、齐家、治国、平天下为处世哲学,以天、地、人、物相融相合为社会伦理法则,是一种典型的生态伦理。道家善于凭借宇宙自然之理阐述治理天下之事,一语道破天、地、人、道及其自然的效法和遵从秩序,即"人法地,地法天,天法道,道法自然"[4]。天、地、人,道为主宰。"道"遵循和体现宇宙自然及社会的运行法则和规律,是大自然的秩序。老子用"道"把天地人统一起来,并指出万物由道所"生"[5],它们之间既相互联系,又都受制于道。而"故有无相生,难易相成,长短相形,高下相倾,音声相和,前后相随"[6],则具体地阐明了自然社会事物之间的相互联系,实为一种生

〔1〕 胡火金:《天地人整体思维与传统农业》,《自然辩证法通讯》1999 年第 4 期。

〔2〕 作者从星象、气温、节气、物候等方面进行全面论证,认为《夏小正》是十月太阳历。参见陈久金等:《彝族天文学史》,云南人民出版社,1984 年,第 199 页。

〔3〕 王树人、喻柏林:《传统智慧再发现》下册,作家出版社,1997 年,第 51—212 页。

〔4〕 《道德经》二十五章。

〔5〕 《道德经》四十二章:"道生一,一生二,二生三,三生万物。万物负阴而抱阳,冲气以为和。"

〔6〕 《道德经》二章。

态智慧。佛教生态观的基本特征主要表现为"整体论"与"无我论"。[1]它以
"缘起论"为基点审视人与自然环境的关系，即认为世界万物及其现实存在都
由各种条件和合网织而成。整体论的突出体现是全息论思想，认为"芥子容
须弥，毛孔收刹海"，即任一极微都含有天体宇宙之信息。"无我论"即"空"，
是"人空"、"人无我"、"人我空"，其本质是反对一切范围的自我中心论，反对
人类中心主义，是宇宙主义的观点。这些基本思想融进佛教的自然观、生命
观和理想观之中。佛教的生态观为现代生态学对于整体论、还原论（笛卡
尔—牛顿系统的原子论方法）的分析以及反对人类中心论等方面提供了根本
的思想基础，为人类带来宇宙主义的生存理念。此外，在对天人关系及天、
地、人、物系统运行机理的解释方面，气、阴阳、五行学说作了重要铺垫。气、
阴阳、五行观念和学说本身也蕴涵着深刻的生态化观念，它是中国古代科学
思维的主线，并直接构成了人和动植物生命体（医、农）实践的思想和理论基
础。中国传统经济以农为主，"天人合一"及天、地、人、物整体系统思维方式
起源于农业文明，提升于农业文明，又反过来指导着农业实践，在农业上形成
了独特的农业生态思想体系，引导着传统农业生产实践和社会生活。

　　众所周知，自然系统具有完美的均衡。人类活动在一定的层面上免不了
要破坏自然及生态环境，农业也是如此。中国传统农业遵循人与自然的协调
与统一，做到了尽可能少地破坏自然环境。农业生产实践坚持天、地、人、物
的整体协调，把天地自然环境、动植物生长与人的生产实践活动视为统一的
有机整体，人们通过一定的协调控制，使动植物生长与自然环境处于和谐统
一的生态系统之中。这种生态思想贯穿于传统农业的始终。如"古之人民，
皆食禽兽肉，至于神农，人民众多，禽兽不足，于是神农因天之时，分地之利，
制耒耜，教民劳作"[2]，说明在所谓"神农"时代的原始农业时期，农业操作也
应该遵循天时、地利的原则。《管子》中有"夫为国之本，得天之时而为经，得
人之心而为纪"[3]，"故春仁，夏忠，秋急，冬闭，顺天之时，约地之宜，忠人之
和。故风雨时，五谷实，草木美多，六畜蕃息，国富兵强"[4]，指出天时、地利、
人和是五谷丰登、六畜兴旺乃至于国富兵强的根本保证。《荀子》中"若是，则
万物失宜，事态失应，上失天时，下失地利，中失人和，天下敖然，若烧若
焦……若是，则万物得宜，事态得应，上得天时，下得地利，中得人和，则财货
浑浑如泉源，汸汸如河海，暴暴如丘山"[5]，阐述了天时、地利、人和对于生产
的极端重要性。《淮南子》中"是故人君者，上因天时，下尽地财，中用人力，是

〔1〕 魏德东：《佛教的生态观》，《中国社会科学》1999 年第 5 期。
〔2〕 《白虎通·德论》。
〔3〕〔4〕《管子·禁藏》。
〔5〕 《荀子·富国》。

以群生遂长,五谷蕃殖。教民养育六畜,以时种树,务修田畴滋植桑麻,肥硗高下,各因其宜"[1],认为天地人三大要素相合为农业(畜牧业、林业等)生产所必备。《吕氏春秋》对农作物生产中天地人物的协调统一作了高度的概括,指出:"夫稼,为之者人也,生之者地也,养之者天也。"[2]此说在后世得到不断发挥。《陈旉农书》说:"在耕稼盗天地之时利……故农事必知天地时宜,则生之蓄之,长之育之,成之熟之,无不遂也。由庚,万物得由其道;崇丘,万物得极其高大;由仪,万物之生,各得其宜者,谓天地之间,物物皆顺其理也。"[3]农家"月令派"以及七十二候、二十四节气等应用也充分体现了农业生产中的整体观及其生态化取向。王祯《农书》继承发展了"月令派"成果,创制"授时指掌活法之图",达"月令派"农学的最高成就。其说:"盖二十八宿周天之度,十二辰日月之会,二十四气之推移,七十二候之迁变,如环之循,如轮之转,农桑之节,以此占之"[4],把天体运行、节气变化、作物生长与农事活动等多个环节对应统一起来,用以指导农业生产实践。明代马一龙引经据籍阐述农学原理。其说:"力不失时,则食不困。知时不先,终岁仆仆尔。故知时为上,知土次之。知其所宜,用其不可弃;知其所宜,避其不可为,力足以胜天矣。知不逾力者,虽劳无功"[5],意在表明人们若适当合理地利用天时地利,就可战胜自然,改造自然,否则劳而无功。而"然时言天时,土言地脉,所宜主稼穑,力之所施,视以为用,不可弃,若欲弃之而不可也,不可为亦然。合天时地脉物性之宜,而无所差失,则事半而功倍矣"[6],指出人们在农业生产中要认识和利用天时、地利、物性之宜(动植物生长规律及特点),协调生物有机体和外界环境条件的关系。如此等等,古代哲人、农家在阐述农业理论与生产实践时都无一例外地以"天地人物的协调统一"作其立论的依据,其生态化取向是显而易见的。

人类生存繁衍的基础是资源、环境构成的生态巨系统。人类从过去到现在乃至将来,都丝毫不能脱离资源、环境、生态巨系统,离不开由此构建的生态平衡网络。生态平衡网络是人类生存发展的动态载体,人类既是其受惠者,又是其维护者与贡献者,人类自身是生态平衡网络中的一个环节,不能从中独立出来,与其对立或凌驾其上,惟一出路就是要与自然环境结成统一体,维护生态平衡网络。资源、环境、生态巨系统的优化组合,是人类生存与持续发展的根基。实质上这是一种生态化的观念和思想。人类及其个体生命生

---

[1]《淮南子·主术训》。

[2]《吕氏春秋·审时》。

[3]《陈旉农书·天时之宜》。

[4] 王祯《农书·农桑通诀·授时》。

[5][6] 马一龙《农说》。

存发展的本质也在于此。一方面,资源、环境构成的生态巨系统是人类生存、繁衍和发展的物质基础,人对自然有依赖性;另一方面,人类实践活动一定程度上改变了自然,人按照人的方式改造自然,自然受到人类活动的强烈影响,与此同时人类营造自身、营造文化。地球生物圈本身是一个巨大、复杂的生态圈,对于人类来说,人与自然的关系是这个巨系统的核心问题。人类的生存发展及对自然的把握(依赖和控制双向性)要在人与自然具有良好适应性的前提下进行。资源、环境、生态巨系统及其生态平衡网络的优化组合,归根结底是"人与自然的协调统一",这是人类生存发展的前提,是可持续发展的本质,是人类生存发展必须遵守的"天律"。中国传统农业生态思想的精髓也在于此,它是生态农业、持续农业乃至人类持续生存发展的思想源泉和哲学依据。目前世界各国各种持续农业的模式都源于生态学思想,都应归结为生态化的农业。农业及人类可持续发展的关键是解决需求与限制的问题,即人们在从生产中获得各种需求的同时,要考虑它对人类稳定生存长远发展所造成的种种限制,就是要把发展与持续、现实和长远结合起来,把现代人的发展和世世代代的繁衍及生存结合起来。为此,"天人合一"是人类通向这一目标的惟一的理性认识。

二、传统农业生态思想是对自然进化、生态演替规律认识的提炼和升华,可为建立现代高效持续的农业生态系统提供借鉴

宇宙形成,天地造就,生物进化;日出日落,月明月晦;昼夜更替,寒往暑来;植物荣枯,花开花落;植物生、长、化、收、藏,动物生、长、壮、老、已;种子—植株—种子,交配—生殖—繁衍,如此等等,是大自然的法则。海洋、湖泊、山林、沼泽、草地等自然生态系统,都按照自然规律演替生息,这是大自然的自然生态。大自然及其生态演替具有普遍的适应性的均衡。人类产生后,首先被置于一种自然生态之中,自然生态由宇宙地球环境、自然资源及生态网络构成,人类越是往前越受制于它,并从大自然的均衡中得到生存的机会和有益的启迪。人类在漫长的历史中,绝大部分时间几乎完全依赖于自然的赐予而维持着基本的生存和繁衍,自然变化、动植物种群、生态演替直接影响着人们的生存繁衍,人们受到自然法则的严格制约,这种自然法则会渐渐进入人类群体的普遍无意识之中,久而久之,便成为人们的一种普遍观念,对后世必定产生一定的影响。从发展的角度来看,人类从刀耕火种的原始农业到传统农业以及现代农业时期,在适应自然、战胜自然方面取得了进步,同时由于生产实践活动的加剧加强了对自然的干预,也即加大了对自然的破坏,自然生态也就随着人类活动的增强而发生一定的变迁,久而久之,造成了今天的格局,在诸多方面出现了人与自然的不协调,并不断地受到自然的惩罚。这是一个深刻的教训。正因为如此,人类在越来越多地受到自然"报复"的同时必

须反思自己的历程,检讨自己的得失,从大自然的生生息息中领悟自然生态运作及其演替规律,从中得到有益的启示。人类要生存要发展,农业是第一产业,是基础产业,农业发展不可避免,工业化城市化发展不可避免,对自然生态环境的破坏不可避免,那么我们惟一要做的就是寻求发展与破坏之间的平衡,与自然协调发展。中国传统农业生态思想坚守"天人合一"天条,在农业发展和自然破坏两方面尽可能取得平衡,通过对自然进化、生态演替规律的认识及其提升,从中汲取、提炼合理内核,做到了在发展农业维持生存的前提下尽可能少地破坏自然、破坏环境。人们在农业生产实践中把天地自然环境、动植物生长与人的生产实践活动视为统一的有机整体的系统,通过一定的协调控制,使动植物生长与自然环境处于和谐统一的生态系统之中。农业生态系统不同于自然生态系统,但可以效仿自然生态系统,可以从中得到有益的启示,为建立高效持续的农业生态系统提供借鉴。

农业依赖自然循环往复、周而复始的时程变化。农业生态是指植物、动物、微生物生命体与生存环境以及人的活动的动态相关,农业生态系统是由生物有机体、天地自然环境和人的社会生产活动三大要素组成的,这三大要素的和谐与统一是农业生态系统稳定和持续高效的基础,也应该是农业生产所追求的一个重要目标。中国传统农业坚持"天地人物"的和谐统一,人应按照自然的启示,尊重天地自然的运行法则,按照动植物生长发育规律,从整体上、从普遍关联的动态中去把握农业生产,而不是顾此失彼,逆自然行事。现代农业及可持续农业虽然施行的模式各异,但总体上可理解为:在农业生产实践中,在人的有效调控下,既合理利用了自然的农业资源,又合理保护了自然环境;既考虑当代人的发展,又考虑后代人的持续。实质上可归结为对自然生态、自然进化的普遍认可。

农业生产与自然环境相适应、相协调,人们尽可能少地干预农业生态系统(农田、旱地、草原),可使其近似于自然生态系统或与其相对统一,使得农业生态系统具有自然生态系统的自我保持和修复功能。这也是由人口密度低、小农经济的自给自足以及对实用性的最大追求原则等因素所决定的,也是基于农业初期这样的一个事实:早期的火耕农业和草原牧场的利用这两种农业系统,在人口稀少的情况下运转良好,在各种生态环境下几乎都可以通过较少的劳动投入来获取食物。在农业的大部分历史中,农民依靠土地、自然能(太阳能)和生态智慧进行着生产,这是一种良好的生态适应体系,对于先民来说,依赖自然、顺应自然就是他们的自然法则和文化智慧。但随着人口增长和实践的深入,良好的生态适应体系在一定程度上被打破,人们必须在同样多的土地上生产更多的粮食,农业生态系统不稳定的因素就多了起来,对于耕作农业来说产量低、病虫害、水旱灾害等问题更加突出,人们必须增加劳动投入,采取措施,以求生存。对此,中国先民采取"杂五粮,以备灾害"的作物轮作、间作套种等措施，以耕作及生物的方法防治水旱、病虫等灾害，以自然合理的生态观，进行精耕细作，与自然灾害抗争，获得相对稳定的收获以满足需求。即便是在面临生存危机的情况下，也深谙违背自然的做法或掠夺性生产是走不通的，仍然以与自然相协调统一的生态观来实行自救。这是小农经济能够自我维持和相对稳定的重要前提。

自然生态按照自然法则在漫长的历史长河中变迁，经历了长期的选择、进化过程。人类的活动影响了它，它就要影响人类，给人类以不可调和的"回报"，甚至危及人类的生存根基。因为人本身就是自然在久远的时间序列中的产物，如果人类自身造就出自身不适应的环境，只有走向灭亡。因此，人类在认识自然、改造自然的同时必须协调好人与自然的关系。也只有这样，才能长治久安。我们讲自然以及自然生态的规律和法则，并不是要求人类一定去顺应它，而是从自然生态的演替和进化中得到有益的启示，更好地处理改造和协调、发展和持续的关系。传统农业生态思想及其引导的生产实践恰好在这两方面做到了完美的结合，即在尊重自然规律的同时，强调人的主观努力。其思想源泉无疑来自于对自然及自然生态规律的认识。宇宙产生后，天地万物看上去都各自存在并依照一定的规律运行，但实际上却被各种关系联系着、规定着，是一个巨大复杂的网络。"天人合一"也就是基于这样的前提。

三、传统农业生态思想中的优化观和循环观揭示了生态学的普遍原理，阐明了农业生态系统高效持续运行的规律性

中国传统农业生态思想是基于人们对宇宙自然、生态规律的深刻理解，中国传统农业生产实践中的优化观和循环观是农业生态思想的重要体现。它在一定的层面上揭示了一些生态学重要原理，同时阐明了农业生态系统高效持续运行的规律性。

优化思想源于"尚中"和"取中"的观念和思想，具体到农业实践中就是农业生产中各种要素的优化组合。中国传统农业生产实践非常关注非生物因子(光、热、水、气、土壤肥料)与生物因子(农作物、微生物)的组合与搭配，这其中包涵或涉及了生态学的共生互惠、种群演替、地域性及生态位原理，以及生态学的多因子协调、功能优化和扩大化原理等。关于光、热、水、气等非生物条件的选择，主要表现为对农时的把握，农时季节不同，光、热、水、气等因子也不同。传统农业一贯坚持与天争时，不违农时。"凡农之道，候之为宝"，即视农时为农业生产之根本保证。《吕氏春秋·审时》讨论了禾、黍、稻、麻、菽、麦六种主要农作物的"先时"、"后时"和"得时"的利弊，指出"先时"、"后时"对作物生长、结实、收获等均为不利，只有"得时"才是最佳选择。所谓"得时"也就是不过又无不及，是"用中"。"得时"之时，光、热、水、气各因子的组合对于农作物生长发育和成熟来说是最优化的。人不能改变气候条件，但可

认识它、利用它,这是农业生产所必须做到的重要方面。传统农业生产关注时间序,关注生态环境,注重的是对农作物生产过程和要领的把握,比如土地选择、前后茬作物、播种时间、种子数量、播种方法、耕耙要求、田间管理以及收获时间等,即在关注整个农业生产过程以及整个农业生态系统的运作,这些都属于生态学的范畴。如《齐民要术·大豆》:"春大豆,次植谷之后。二月中旬为上时……三月上旬为中时……四月上旬的下时……岁宜晚者,五六月亦得;然稍晚稍加种子。地不求熟……收刈欲晚……必须耧下……锋耩各一,锄不过再。叶落尽,然后刈……刈讫则速耕。"[1]由此可见,在大豆生产中主要关注大豆的前茬、播种时间、耕耙及收割等问题,是属于生物与生物以及生物与环境的关系,具有生态农学的典型特点。在土壤耕作方面,如"凡耕之大方,力者欲柔,柔者欲力;息者欲劳,劳者欲息;棘者欲肥,肥者欲棘;急者欲缓,缓者欲急;湿者欲燥,燥者欲湿"[2],给出了农业耕作的总原则,即强调耕作要把握好"度",不要太过或不及,在极端中寻求中和。这无疑是对土壤结构及其理化性状的优化,做到这一点就可使土壤处于适宜耕作的状态。

循环思想在农业生产中突出一个"轮"字,作物轮作、土壤轮耕以及用养结合等都是如此。"轮"体现了生态学中的生态位原理,而在轮作复种、土壤轮耕、间作套种、合理密植等方面也包涵了生物种群及演替的生态学规律。《吕氏春秋》首阐"圜道",提出"天道圜,地道方",并对圜道进行了具体的论述:"物动则萌,萌而生,生而长,长而大,大而成,成乃衰,衰乃杀,杀乃藏,圜道也。"[3]阐述了各种生物生长化收藏(生长壮老已)的循环运动。王祯创制"授时指掌活法之图",指出天象、季节、农时、农事活动等都进行周而复始的环周运动。即"一岁之中,月建相次,周而复始,气候推迁,与日历相为体用。所以授民时而节农事,即谓用天之道也"[4]。生产生活的循环往复与天地自然运行节律是合拍的,农业生产要合"用天之道"。关于作物轮作,"今兹美禾,来兹美麦"[5],"禾收区种"[6],"凡美田之法,绿豆为上,小豆、胡麻次之"[7]等,描述了禾麦与绿肥作物的轮作。东汉郑众在为《周礼·遂人·薙氏》作注时说:"今俗间谓麦下为黄下,言芟黄其麦,以其下种禾豆也",当指麦禾、麦豆轮作。轮作复种制度的形成直接导致了土壤轮耕方式的产生。在作物合理轮作的基础上,实行土壤的合理轮耕,两者有机配合,施行作物种植与土壤耕作的双循环,在动态中把握种植与耕作的关系。只有这样,才能在有

---

[1]《齐民要术·大豆》。
[2][5]《吕氏春秋·任地》。
[3]《吕氏春秋·季春纪·圜道》。
[4] 王祯:《农书·农桑通诀·授时》。
[6]《氾胜之书·区种麦》。
[7]《齐民要术·耕田》。

限的土地上获得较多的收成，并可保持地力不减。从农业生态系统的角度看，明清时期太湖地区农牧桑蚕鱼系统和珠江三角洲的桑基鱼塘系统，做到了各业互补，物质能量多级循环多层利用，大大提高了物能利用率。这是对"轮"的提升，是先民对生态学多种原理具体应用的结果。当然这肯定也得益于对自然生态系统的效仿和模拟。这种以较小投入带来较大产出，持续无污染的农业生态系统的建立，是农业可持续发展的一个重要方向。

农业生态系统从大田作物或成片作物种植的角度来看，由不稳定的生态系统交替运行。人工生态系统具有不稳定性，需要人来控制。农业生产是根据季节时令安排农作物种类及其前后茬搭配，对于某种作物某个生长段来看，是个不稳定的生态系统。但从农业生产的总体运作来说，由于人工的控制，它又始终处于一种稳定的生态系统之中。中国传统农业优化思想和循环思想为此提供了高效运作的理论基础。其核心内容是，如何通过人力使农作物及其环境处于最佳状态。在非生物因子（环境）关系的选择中，始终强调农业生产过程的"得时"，因此产生了"月令派"以及七十二候、二十四节气，这是传统农业关注时程变化的产物，是认识和利用自然环境为农业生产服务的经典之作。此外，耕作中的因地、因时、因物制宜及其三宜施肥原则也充分地体现了这一点。在对生物环境生态因子的选择中，强调作物之间、复合作物群体之间以及个体与群体之间的最佳搭配，其轮作复种、间作套种、合理密植是在把握气候土壤等环境因子情况下的种植优化，实质上也是人协调生物体与环境条件的具体表现。这可解决靠高投入来维持农业生态系统的不合理性问题，高投入状况下生态平衡的诸因子被置于边缘状态，易造成破坏，且不能稳定持久，也易带来资源环境等问题。

四、运用生态思想及其相关原理和技术，有利于解决现代农业所面临的一系列问题，保持农业稳定持续发展

（1）运用生态思想，采用轮作复种、间作套种、土壤轮耕等生态型农业措施，维持农业持续发展。现代农业面临资源、环境、生态以及食品安全、产业结构等一系列问题，其中能源、土地、粮食及其食品安全等诸多问题日益突出。这些问题的引发，原因很多，如人口增长、食物需求增加、农业经济效益低下、化肥农药过度使用以及人们对农业的态度和措施的消极，等等，其核心是无机农业的普遍施行和农民利益问题的驱使。一方面，由于农业存在着面广基础大、劳动生产率低以及经济效益相对低下等特点，这决定了农业的发展受到诸多的限制，在各个部类发展中处于比较滞后的地位。而这些问题的根本解决，需要有政府的支持和社会观念的根本改变。依靠国家政策合理保护农民利益，营造一个理解农业、支持农业的良好社会环境，使得农民有能力抵御自然风险与市场风险的能力，在这个前提下利用经济杠杆，提高农业生

产效益。只有这样,才有可能引导农民进行可持续的农业生产。另一方面就是无机农业所带来的弊端,对此,就要充分运用传统农业生态思想及相关原理和技术,发扬精耕细作传统,以期有针对性地解决现代农业存在的一系列问题。现代农业的主流是无机农业,这种在发达国家以化石能源为主的机械化大规模运作,以及我国由传统农业精耕细作走向粗放经营、走向无机化石农业,都是令人非常担扰的。这种趋势只会使环境、资源、生态以及食品安全等各种问题雪上加霜。因此,我们不能任其发展,必须在研究制定合理的农业经营及产业结构模式的前提下,领会和运用传统农业的生态思想,采用轮作复种、间作套种、合理密植、土壤轮耕等生态型精耕细作措施,维持土壤肥力,保持土地永续利用,提高复种指数,有效合理利用各种自然资源,维持农业生态系统的平衡,促进农业生态系统物质和能量的良性循环,以低投入高产出不断提高农业产投比,增加产量,保证品质,满足人们日益增长的食物需求,兼顾经济效益和生态效益,走持续发展的路子。总之,必须依靠政府的政策支持,恰当运用经济规律和科技手段,从传统中汲取营养,走生态农业、持续农业的发展道路,从根本上解决现代农业面临的诸多问题。

(2) 合理利用和保护自然资源,维持生物多样性,促进生态系统良性循环。我国早在先秦、两汉时期,对自然保护问题就有了较深刻的认识。如《吕氏春秋》中说:"竭泽而渔,岂不获得,而明年无渔;焚薮而田,岂不获得,而明年无兽。"[1]认为"竭泽"、"焚薮"是破坏生物资源的做法,反对滥捕滥杀,主张应按生物生长发育规律行事,既要合理利用,又要保护生物资源。《孟子》中"不违农时,谷不可胜食也;数罟不入洿池,鱼鳖不可胜食也;斧斤以时入山林,材木不可胜用也"[2],《荀子》中"草木荣华滋硕之时,则斧斤不入山林,不夭其生,不绝其长也,鼋鼍鱼鳖鳅鳝孕别之时,罔罟毒药不入泽,不夭其生,不绝其长也"[3],如此等等,都认为人们在利用自然和农业资源时,要坚持"以时禁发"的原则,做到"取予有节"、"宫室有度",保证生物资源的再生能力,维持生态良性循环,满足人们对生物资源永续利用的需要。中国古代在动植物品种保护、保留和选育,保护生物物种的种群基因库,维持生物多样性,促进生态良性循环等方面积累了极为宝贵的经验,这对于解决现代世界普遍存在的资源匮乏、资源耗竭等问题具有重要意义。生物多样性问题极其重要。现代基因克隆技术不仅存在着伦理学的问题,更重要是对生物多样性及其复杂性的影响和破坏,克隆势必造成生物的单一化、公式化和既定化,人类赖以存在的资源环境生态巨系统会渐失根基,引来一个脆弱、无趣、死板、程式化的

---

〔1〕《吕氏春秋·义赏》。

〔2〕《孟子·梁惠王上》。

〔3〕《荀子·王制》。

世界,自然社会看上去有序实质上混乱。这将动摇人类的生存根基,影响人类的持续发展。

（3）采用用地养地相结合的耕作措施,保护耕地,保持地力永续利用,维持农业持续稳定发展。中国几千年农业长盛不衰的一个重要原因就是维持"地力常新"。农业生产丰产丰收的重要保证是维持土壤肥力的持续稳定。中国古代在这方面积累了丰富的经验,如作物轮作、土壤轮耕、合理施肥、利用微生物活动等,都充分地把用地和养地结合起来,既提高了土地利用率,增加了产量,又能维持地力,保证对土地的持续利用。构建作物与土壤的良性生态系统,能使农业生产物能循环趋于高效持续。这对于改善因不良耕作栽培措施以及大量施用化肥农药、机械化耕作等带来的地力渐减等方面有着特别的借鉴意义。

（4）利用生态方法防治病虫害和杂草,施用有机肥,保护生态环境。我国对害虫的生态防治的最早文字记载见于春秋战国。如"其深殖之度,阴土必得,大草不生,又无螟蜮"〔1〕,这里是指利用耕作措施来防治杂草和害虫,并有"得时之稻"、"不虫"、"得时之麦"、"不虫句咀"的看法。西汉《氾胜之书》中也有耕作与害虫生态防治以及杂草生态防治的记载。关于施肥,可追溯到商周时期,明确记载可见于战国时期,如"却走马以粪"〔2〕,"树落则粪本"〔3〕,"积力于田畴,必且粪灌"〔4〕,等等。此后,施用有机肥,如粪肥、堆肥、绿肥等长期一贯被视为"肥田之法"。由此,自然保护思想成为一种传统,且通过制定相应的法律来加以实施。〔5〕由此可见,中国古代害虫的生物防治、有机肥的施用是环保型农业的重要体现,它在当今世界大量施用化肥、农药的情况下具有重要的借鉴意义。目前世界各国正致力于环保型（生态型）农业技术的挖掘整理,1998 年 3 月,日本农林水产省农林水产技术会议事务局企画调查课组织编写了《关于中国古农书中环保型农业技术的调查》〔6〕,主要引用《氾胜之书》《齐民要术》《陈旉农书》《秘传花镜》等古农书和胡道静《中国古代农业博物志考》、郭文韬等《中国传统农业与现代农业》两本著作的日文版,内容涉及病虫害及杂草防治法、农家肥及绿肥施用、作物轮作、间作、混作等耕作栽培技术等方面。由此可以预期,中国传统农业生态思想及其相关原理和技术在世界农业的可持续发展中会大放光彩。

---

〔1〕《吕氏春秋·任地》。
〔2〕《老子》四十六章。
〔3〕《荀子·致士》。
〔4〕《韩非子·解老》。
〔5〕 张建民：《论传统农业时代的自然保护思想》,《中国农史》1999 年第 1 期。
〔6〕 日本农林水产省农林水产技术会议事务局企画调查课"执务参考资料"：《关于中国古农书中环保型农业技术的调查》,1998 年 3 月。

日本中国农业史的研究及其实践指向[*]

　　中国农业史也为日本学者所关注。日本学者在中国农业史研究领域,尤其是古农书整理以及古代农法技术研究等方面具有一定的开创性。他们的研究视角不仅局限于农业史学科,还在中国古农书翻译整理的基础上,致力于农业史研究的现代价值,将农业史研究的相关成果运用于当代农业实践,为现代有机农业、环境保全型农业发展提供借鉴。

　　日本学者关于中国农业史的研究大体也经历了三个阶段,即对中国古农书的引入收藏、翻译和整理,对化石农业的反思与自然农法研究的兴起,以及对中国传统农业技术方法的整理和挖掘,体现了日本对于传统农业技术方法的回归及其行动。

一、引入与研究:中国古农书引入及其研究

　　日本收藏中国古籍可谓他国无以比拟。中国古农书的收藏是其中的一个重要部分。6 世纪初,中国典籍开始大量流入日本。9 世纪后半叶(876—898),藤原佐世编纂日本全国官方收藏汉籍总目《本朝见在书目录》中,按 40 类定为 40 家(其中含农家、土地家等),共 1568 种,16725 卷,此为当时中国文献典籍的一半。江户时代,汉籍传入日本规模远远超过以往任何时代。据记载,1693—1803 年的 110 年间,《商舶载来书目》载有 43 组中国商船在长崎港进行书籍贸易,总计输入日本的汉籍有 4871(4781)种,达到此期中国书籍的 70%～80%。[1]农书方面,在《日本国现在书目》中就已载"农家 2 部 13卷"[2],其中有《齐民要术》十卷。即自 9 世纪开始,中国农书就开始传入日本。明清之际中日贸易及日本学人的访书活动中[3],尤其是明中期以后的

---

　　* 原载《协和的农业——中国传统农业生态思想》,苏州大学出版社,2011 年,第 220—224 页,有改动。

〔1〕 严绍璗:《日本〈本朝见在书目〉考略》,《古籍整理与研究》第一辑,1986 年。又参见严绍璗:《日本中国学史稿》,学苑出版社,2009 年,第 494 页。

〔2〕 王勇、大庭修主编:《中日文化交流史大系》典籍卷,浙江人民出版社,1996 年,第 38 页。当然其中与农家相关的还有"医家方"收藏的本草类书籍。又参见董恺忱、范楚玉主编:《中国科学技术史·农学卷》,科学出版社,2000 年,第 801 页。

〔3〕 日本学人的访书活动,在体现了学术先进性的同时,也折射出政治的需求。参见内藤湖南、长泽规矩也等著,钱婉约、宋炎辑译:《日本学人中国访书记》,中华书局,2006 年,第 27 页。

17 世纪初年开始中国运往日本的商品中，书籍是重要物品之一，其中农业书籍主要包括《救荒本草》《本草纲目》《天工开物》《农政全书》《花镜》《农桑辑要》《二如亭群芳谱》《疗马集》《农圃六书》《广群芳谱》等，同时还进行了有关书籍的翻刻、校录和翻译，如猪饲彦博校录《齐民要术》，中村亮平将清代《蚕桑辑要》译成日文。[1]据不完全统计，有人从美国密执安州大学、波士顿市图书馆、哈佛大学图书馆等收藏的日本图书书目中进行整理，了解日本部分图书馆收藏中国农业古籍的具体情况，日本内阁文库收藏中国农业古籍及与农业相关的中国古籍共 200 种(包括不同版本)，东方文化学院京都研究所共 520 种，东洋文库共 332 种，静嘉堂文库共 480 种，总计 1532 种。[2]可见日本收藏中国农业古籍数量之多。[3]

　　由于中国农书的引入收藏和研读，日本农书受到中国农书的重要影响。1697 年宫崎安贞编写的《农业全书》，是日本史上最具代表性的一部农书。《农业全书》以《农政全书》为基础，结合农事经验，大量引用《农政全书》资料，对后世农书以及地方性农书产生了重要的影响，成为日本后世农书的典范。[4]在一定意义上讲，日本农书存在着《农政全书》—《农业全书》—日本列岛农书的渊源关系[5]，《农政全书》摘录传承前世农书十之八九，因此，可以说中国古农书(王祯《农书》《齐民要术》等)对日本近世农书乃至农业生产技术的提高和普及产生了重要影响。在《农政全书》《齐民要术》等中国古农书的影响下，日本形成了自己的农书，即以《农业全书》为范本的列岛农书体系，如中村喜时的《耕作噺》、左濑与次右卫门的《会津歌农书》、田村吉茂的《农业自得》、建部清庵的《民间备荒录》等。由此，江户时代的日本农书是在借鉴外来、适合本土和各地经验整合的条件下完成的，存在着"本地—外来—传统—本地"的循环，它们不是盲目的照搬，而是在借鉴中国古农书的基础上，结合本地实践和农业生产经验写成的。其中"因地制宜"、"风土考辨"是日本农书之魂。日本农书的特征主要表现为"转"和"产土神"及其水稻的"命之根"[6]，表征了自然之律和土地及水稻文明对于人们生活的无比重要。

　　日本在中国古农书的研究中，用力最勤的是《齐民要术》等著作，在翻译、

〔1〕 董恺忱、范楚玉主编：《中国科学技术史》农学卷，科学出版社，2000 年，第 801—803 页。

〔2〕 王华夫：《日本收藏中国农业古籍概况》，《日本收藏中国农业古籍概况(续)》，《农业考古》1998—2003 年各期。

〔3〕 我国现存的农业古籍目录有 2084 种。张芳、王思明主编：《中国农业古籍目录》，北京图书馆出版社，2003 年，前言第 2 页。

〔4〕 古岛敏雄：《古岛敏雄著作集》第 5 卷《农业全书的农学》，东京大学出版会，1975 年，第 380 页。

〔5〕〔6〕 德永光俊：《东亚日本农书的形成及特征》，《古今农业》2003 年第 3 期。

注释和解读的基础上,重点指向了东西方耕作技术的比较、借鉴,其农业生产实践取向是明显的。《齐民要术》是中国最早最重要的综合性农书,对它的研究在日本形成了所谓的"贾学"。《齐民要术》在唐代传入日本,以手抄本流传,日本第一个刻本由山田罗谷于 1744 年完成,并作了简单校注和日语译文。[1]现代日本学者对《齐民要术》的整理研究更加深入。日本京都大学人文科学研究所技术史部举办《齐民要术》讨论会,由天野元之助、薮内清、大岛利一、篠田统、北村四郎、米田贤次郎等农业史、科技史、食物史、本草学专家参加,在讨论的基础上,形成了一批重要成果。如西山武一、熊代幸雄的《校订译注〈齐民要术〉》、熊代幸雄的《比较农法论》、西山武一的《亚洲农法与农业社会》、天野元之助的《后魏贾思勰〈齐民要术〉研究》及《〈齐民要术〉与旱地农法》、米田贤次郎的《〈齐民要术〉与二年三熟制》、小林清市的《〈齐民要术〉的五谷和五木》等,上述研究除了校订译注等基础性工作外,还涉及亚洲农法、犁耕文化及其农产品加工、烹调、产品利用等诸多方面;更为重要的是将《齐民要术》中记载的耕作技术与日本及西方近代耕作技术进行对比,即围绕熊代幸雄的"旱地农法之东洋与近代命题"展开研究,得出"东亚经验的原理与西方科学的原理极为接近",而"东亚经验的原理却先于西方,早在 6 世纪即已完成"等框架性、基础性结论。[2]这种农业史研究的取向既包含着反思性研究,又具有将其置于当下农业生产实践的应用性研究,其思想融入日本的自然农法实践中,也为日本现代有机农业、环境保全型农业实践提供了重要支撑。

天野元之助在中国农业史研究方面作出了突出贡献。他对《齐民要术》及王祯《农书》《农政全书》等基本史料进行详细校勘,并对中国古代农作物、栽培、农具以及中国农业技术的发展全貌进行了研究,认为中国农业生产力发展主要经过了春秋战国、六朝、唐宋、现代四个时期,其研究成果代表着日本中国农业史研究的最高水平。他完成了《中国古农书考》《后魏贾思勰〈齐民要术〉的研究》《中国农业史研究》等农业史方面的高水平著作,还著有《中国农业经济论》《中国农业诸问题》《现代中国经济史》《明代农业的发展》等农业经济史的优秀著作。现今活跃在中国农业史研究领域的渡部武等人,对中国农史界及中国农业史研究给予了极大关注,在承接前人研究的基础上,对中国农业史进行广泛深入的研究。渡部武深入中国调查、访学,在中

---

[1] 山田罗谷写道:"我从事农业生产三十余年,凡是民家生产上生活上的事业,只要向《齐民要术》求教,依照着去做,经过历年的试行,没有一件不成功的。尤其关于农业生产的切实指导,可以和老农的宝贵经验媲美的,只有这部书。所以要特为译成日文,并加上注释,刊成新书行世。"原载山田罗谷:《〈齐民要术〉序》,日译本,1744 年版。转引自董恺忱、范楚玉主编:《中国科学技术史》农学卷,科学出版社,2000 年,第 243 页。

[2] 董恺忱、范楚玉主编:《中国科学技术史》农学卷,科学出版社,2000 年,第 244 页。

国古农具、耕织图等方面的研究贡献卓著。他翻译了大量中国学者的农业史研究著作，著有《中国的稻作起源》《四川的考古与民俗》《云南少数民族传统生产工具图录》《西南中国传统生产工具图录》《〈四民月令〉——汉代的岁时与农事》等。此外，饭沼二郎的《向近世农书学习》，古岛敏雄的《农书的时代》《日本农业史》《日本农业技术史》，以及筑波常治的《日本的农书》等著作，体现了对中日农业史较为全面深入的研究。米田贤次郎的《中国古代农业技术史研究》、守屋美都雄的《中国古岁时记的研究》则体现了在中国农业科技史等专门领域研究的新进展。田中静一、篠田统、古岛和雄、田中正俊、池田静夫、片山刚、斯波义信等在中国食物史、土地史、文化史、水利史、经济史、社会经济史等与中国农业史密切相关的领域的研究方面作出了重要贡献，这里不再赘述。

日本关于中国农业史研究的一个重要取向，就是将农业史研究纳入现代农业实践中进行，强调古代农业对于现代农业的借鉴价值。[1]他们不仅对古农书进行整理、翻译、注释，还注重对现今中国学者的相关农史著作的翻译出版和研究，如对石声汉的《中国古代农书评介》，游修龄的《中国稻作史》，胡道静的《农书、农史论集》及《中国古代农业博物志考》，郭文韬主编的《中国传统农业与现代农业》以及著作《中国大豆栽培史》《中国传统农业思想研究》等，进行了翻译和研究工作。与此同时，他们还在中国进行实地调查、学术访问，开展广泛的学术交流和合作，西山武一、天野元之助、熊代幸雄、篠田统、西岛定生、饭沼二郎、渡部武等日本著名农史学者，都与中国学术机构和有关学者建立了广泛的学术联系。

二、反思与回归：西洋农学与自然农法

日本深受中国文化的影响，内藤湖南对此作出了中肯的评价，认为中国文化对于日本文化就像养分对于树木种子，也好似盐卤"点豆腐"，或者是先进长辈指导孩子学真知。[2]总体而言，日本文化与中国文化一脉相承，其充其量是中国文化的延展。日本文明开始于农业文明，农业文明起始于中国水稻文明的传入。日本在 2000 年前的弥生时代，甚至是 3000 年前的绳纹时代，最为根本性的变化开始于中国水稻的传入。中国江南地区尤其是吴越地区，有着发达的水稻文明，水稻从中国的江南经海路传入最邻近中国大陆的北九

---

〔1〕 日本现代对于农业史研究十分关注，大力整理出版古农书，《日本农书全集》经历 1977—1983 年（35 卷）和 1993—1999 年（37 卷）分 2 期刊行，共计 72 卷。以中国古农书为基础形成的日本农书，对江户时代日本的农业及其社会经济生活研究都是极其重要的资料。

〔2〕 内藤湖南著，储元熹、卞铁坚译：《日本文化史研究》，商务印书馆，1997 年，第 7 页。

州地区后,然后遍及日本列岛。[1]从那时开始,日本进入了崭新的弥生稻作文化时代。[2]在历史的长河中,日本经历了 2000 多年的传统农业时代,延续着中国农业文明的样态,在农业生产理念及其耕作方式等诸多方面,基本承接着中国的传统。

明治维新开始,由于"入欧"的驱动,日本紧随西方步伐,经济科技等方面全盘西化,在农业方面开始学习西洋农法,大量引入翻译西洋农书、生物技术、化学等相关书籍,在工业化前提下大力发展化石农业。农业上积极推行"劝农政策",移植和引进西方农业技术及耕作方法,聘用外籍技术人员及农科教师,引入"泰西农法"作为样板,大力提倡引进良种,改良农业机械,建立农业学校传授西方农业技术,创建养蚕实验所和农业试验所,成立劝农社,设立内藤新宿试验场,开设农事修学场,成立东京农林学校,加速实现农业现代化。[3]实际上,在农业实践层面日本并没有全盘西化,明治维新时期,也提倡传统的老农技术与"泰西"农法的结合,到明治后期逐步形成了以"老农经验"为基础的"明治农法"。[4]"明治农法"既不是欧美农法和老农技术的简单捏合,也不是传统农法的单纯继承,而是欧美农法和老农技术在经过多次碰撞磨合、检验和交互后,以老农技术为基础,以西方农法为理论指导逐渐形成的结合体。[5]明治维新结束后,日本在工业化的道路上行进。由于工业化及"泰西农法"的影响,化石农业及其现代(化学)耕作法引发了环境污染、食品安全等种种弊病,地力减退和农药公害等问题不断凸显加深。为此,在农业生产技术方面,日本开始寻求既不能危害环境、又能保持和涵养地力的农业耕作方法,即所谓自然合理的"环境保全型农业"。这种反思,使他们目光转向了过去,转向了中国。

追根溯源,还要回到所谓的"老农时代",回到自然农法。冈田茂吉 1935 年提出"自然农法",其思想基点是:土地是物质,物质由土地产生又回归土地。20 世纪 70 年代,福冈正信主张人类需要"与自然共生的农法",他几十年专注自然农法的研究、实验和推广,遵循严谨的科学实验方法,著有《自然农

〔1〕 王勇:《"水稻之路"与弥生文化》,《浙江社会科学》2002 年第 4 期。

〔2〕 参见罗二虎:《中日古代稻作文化——以汉代和弥生时代为中心》《中日古代稻作文化——以汉代和弥生时代为中心(续)》,《农业考古》2001 年第 1、3 期;高岛忠平、郑若葵:《日本稻作农业的起源》,《农业考古》1991 年第 1 期;金健人:《日本稻作民源于中国吴越地区》,《浙江社会科学》2001 年第 5 期。

〔3〕 高雪莲、奉公:《日本农业技术引进的历程及模式探讨》,《农业经济问题》2010 年第 2 期。

〔4〕 胡晓兵、陈凡:《从自然农法看循环农业技术的哲学基础》,《自然辩证法研究》2006 年第 9 期。

〔5〕 船津传次平(老农)在日本对西洋农学的吸收上发挥了积极的作用。他认为西洋农学对他来说仅仅是一种知识,并没有成为技术改良的方法。这种思想也贯彻在酒匂常明的《改良日本米作法》之中,影响了日本的农学。19 世纪日本农学兼收西洋农学和老农经验。参见内田和义:《19世纪日本对西洋农学的吸收——老农船津传次平的场合》,《古今农业》2003 年第 3 期。

法》《一根稻草的革命》等书。在他看来,现代科学农法虽然给人类带来了进步,创造了丰富的物质文明,但是它也存在着严重的缺陷和弊端。他认为,"起源于刀耕火种的农业的发展史、满足人类欲求的农作法的变迁史以及人类文明进步的历史,其本身就是一部对自然破坏的历史。"[1]他阐述了"不耕田、不施肥、不使用农药、不除草"四大自然农法原则[2],将自然农法贯彻于农业生产的具体实践中。在冈田茂吉、福冈正信等学者的影响下,日本先后成立了"自然农法普及会"、"自然农法研究委员会"、"自然农法国际研究开发中心"等研究机构,建立了农业实验场,举办国际会议,加快实施自然农法的研究、培训和示范推广工作。

与此同时,日本农学学者、农业史学者开展了对自然农法的深入研究。1965 年以后,日本农业及其农学研究不断深化和拓展,农法研究也形成一个高峰。[3]在此期间,日本农法研究大致呈现两大流派:一是加用信文的农耕发展阶段论,认为日本农法按照烧荒—三圃式—谷草式一轮作式的阶段发展,此观点代表战后日本农法研究的主流。加用信文的主要著作有《日本农法之性格》(1956)、《日本农法论》(1974)和《农法史序论》(1996)等。另一流派是饭沼二郎的地区类型论(风土论),认为日本是依靠福冈农法——耕地整理法实现了农业革命。他对比了东西方农业后认为,西方农业传统是单一种植的休耕农业,东方农业传统是精耕细作的集约农业。他在《日本农业的困扰与出路》中指出:"1949 年革命成功后的中国,为了推行农业现代化,首先着手的工作之一是整理出版了几十本古农书,其中有的历史可上溯到两千多年之前。我认为只有像这样把过去的传统让它在现代获得重生,才能够实现真正的农业现代化。"他在《恢复传统经营方式重建日本现代农业》中说:"否定传统农业的现代化,将会导致农业的衰退,只有尊重农业传统搞现代化,才会使农业迅速发展。……最早推行'工业式农业'的美国,在走了一段弯路之后,也开始从有机农业中找出路,转向研究传统农业。"[4]他著有《农业革命论》(1956、1967、1987)、《风土与历史》(1970)等著作,对于反思现代农业,回归传统发展有机农业起到了推波助澜的作用。

此外,西山武一在中国农法、亚洲农法与农业社会的关联等方面进行了专门研究,著有《亚细亚的农法与农业社会》(1969)、《中国农法》(1965)等著

〔1〕〔2〕 福冈正信著,樊建明、于荣胜译:《一根稻草的革命》,北京大学出版社,1994 年,序,第 20—25 页。

〔3〕 董恺忱就日本农法范畴、农法争议和总结、生产实践应用、农法研究机构以及业绩等方面进行了总体性归纳。参见董恺忱:《日本农法研究之回顾与展望——兼论其在中国的回应与运用》,载李军、王秀清主编:《历史视角中的"三农"——王毓瑚先生诞辰一百周年纪念文集》,中国农业出版社,2008 年。

〔4〕 引自王永厚:《我国传统农业与农业现代化》,《中国农史》1983 年第 2 期。

作。他在研究中国传统农耕技术的基础上,寻求日本农业的出路,为日本改革化石农业方式奠定了重要基础。熊代幸雄专注于农法研究,他基于中国农法,采用比较的视角,探索现代农业的耕作方法,其《旱地农法之东洋与近代命题》《比较农法论》(1969),以及与小岛丽逸合作的《中国农法之展开》(1977)等著作,奠定了日本农法研究的基础。山田龙雄《亚细亚农法日本态势》(1973)、农法研究会编写的《农法展开之论理》(1975)、农政调究会编写的《农法与农学》(1965)等对农法研究起到了重要作用。此后,农法研究又有新进展,守田志郎的《農法:豊かな農業への接近》(1986)、《农业就是农业》(1987)等著作提出了"风土技术"和"养育技术"的互动平衡思想。德永光俊的《日本农法史研究》(1997)、《日本农法之天道》(2000)等,则从历史和自然地理等角度,对自然农法给予高度认同。德永光俊认为,21 世纪要重新审视农业中的人工技术部分,坚持人与自然的和谐,创造出融合"风土技术"和"培育技术"的新的天然农法,实现"自然农法(主客未分)—人工农法(主客二分)—天然农法(主客合一)"的逐步转变。[1]来米速水在《世界自然农法》中说:"化学农法是工业化的农法,它抑制了生命的本能,浪费了环境,使人类吃的东西变得劣质,使应当是'有机的、生命物质生产的'农业变为'无机物生产的'工业,结果一方面带来生产力的飞跃发展,另方面农村和农业生产环境恶化,以及食品劣质化。"[2]如此等等,日本农法研究主要针对解决西洋农法引入后的种种弊端,试图在西洋现代农法与日本及中国传统农法之间寻求一个平衡点,以拯救化石主导的现代农业。

事实上,日本的自然农法思想与中国古代农耕思想一脉相承。在农业哲理方面,受到"道法自然"思想的影响,尊重自然、与自然亲和等思想,是中国"天人合一"观的精华,农业生产强调"天、地、人、物的协调统一",这正是中国传统农业的精髓。在耕作技术方面,直接依托了中国农耕技术,一些农业技术方法来源于中国古农书,尤其是《齐民要术》以及《农政全书》所包含的农业技术要点都是其自然农法的思想源泉,福冈正信的"四大原则"思想,以及禁用化肥农药、施用有机肥,生物防治、机械防治病虫害,采用轮作复种、机械方法防除杂草,尽量少耕等农业技术思想,几乎都可以在中国古农书中找到"原型"。

现代农业(化石主导)的惯性还在继续,我们需要不断反思,更需要将生态农业理念付诸实践。日本现代有机农业发展可以说是对自然农法思想的直接继承。曾任日本系统农学会第一任会长的岸根卓郎在系统比较中西方

---

〔1〕 德永光俊:《从比较史的角度应该如何看待东亚农业》,参见曾雄生主编:《亚洲农业的过去、现在与未来》,中国农业出版社,2010 年。

〔2〕 来米速水著,黄细喜等译:《世界自然农法》,中国环境科学出版社,1990 年,第 65 页。

文化的基础上，得出"光明来自东方"的结论。在农业技术上，他认为："人类，只有抛弃传统的立足于技术乐观主义的农业工业化思想，确立立足于环境调和主义的工业农业化思想，通过这种意识革命，才有可能同时克服粮食危机和环境危机。"[1]在一定意义上讲，日本自然农法及其现代有机农业实践，就是对中国传统农耕方法的借鉴和复归。

三、挖掘和转向：环境保全型农业技术

近几十年以来，国内学者在农史研究领域取得了重要进展，基于现代化和全球化的背景，农史学科需要在农业现代化中推进现代科学与精耕细作传统的结合，需要在汲取传统农学精华中建立中国特色的现代农学以及保存农业文化。[2]日本学者尤其关注从传统农法中获得启示与借鉴，将中国古农书及农业史研究指向了现代农业生产实践。由此，日本学者深入广泛地与中国农史界进行合作交流，不少学者在中国实地调查、访问，企图在中国传统农业实践、农民经验中寻求克服现代农业种种弊端的方法。他们认为，亚洲农业的基础是中国古代农书，而中国古代农书则贯穿亚洲思想，亚洲人民要在现代实践这一亚洲思想。

日本农林水产省 1992 年在《新的食物、农业、农村政策方向》中首次提出"环境保全型农业"的概念，开启了环境安全型的农业发展道路。与此同时，以防止农业污染、增进农业自然循环机能的"农业环境三法"（即《家畜排泄物法》《肥料管理法》《持续农业法》）开始实施，由此基本构建了农业环境政策的框架，日本农业政策向着农业环境政策迈进。在具体实施方面，采用了"农业环境直接补贴制度"，实施"环境友好农产品"的认证和直接补贴[3]，同时推进环境保全型农业的土壤复壮技术、化肥及化学农药减量技术。[4]日本依赖技术和政策有效推进了环境保全型农业的发展。随着环境保全型农业政策的不断推进，日本除了总结、发掘本土的传统农业技术方法之外，回到中国寻求环境保全型农业技术方法是必然的。由此，日本农林水产省的相关机构及日本农文协（农山渔村文化协会）等在研究挖掘中国传统农业技术方面作出了努力。

日本农文协在中日农业合作交流方面作出了重要贡献，对于中国古农书整理出版及其农业史研究起到了推波助澜的作用。日本农文协是服务日本

〔1〕岸根卓郎著，何鉴译：《环境论——人类最终的选择》，南京大学出版社，1999年，第160页。
〔2〕李根蟠、王小嘉：《中国农业历史研究的回顾与展望》，《古今农业》2003年第3期。
〔3〕杨秀平、孙东升：《日本环境保全型农业的发展》，《世界农业》2006年第9期。
〔4〕焦必方、孙彬彬：《日本环境保全型农业的发展现状及启示》，《中国人口资源与环境》2009年第4期。

农民和农业生产的一个民间组织,热衷于日中农业的交流与合作,早在 10 年前就在中国农科院为中国读者创建了"中日农业科技交流文献陈列室",主办《现代农业》杂志。其中作出突出贡献的是该组织专务理事坂本尚先生,从他1986 年访问中国开始,中日农史研究交流合作进入一个新的阶段。此期间,中日农业出版部门及农业史学界互访频繁,日本翻译出版中国古农书及现代学者的研究著作,并积极主动来中国访问座谈。坂本尚说,"日本的农业由于学习西方的办法搞现代化,出现了不少问题。为了解决这些问题,他们曾提出恢复日本的农业传统并供其同现代农业科技相结合的问题。"[1]他在商谈合作研究与整理中国古农书事宜时曾指出,日本农书以中国古农书为基础,要以东亚共有的古代农书为基础打开现代科学的僵局,这才是亚洲应起的国际作用,日中农业技术交流的世界意义便在于此。他长期致力于中日农业交流与合作,加强了中国学界、出版界同日本农文协的合作,对于中日农业科技发展作出了重要的贡献,在中国古农书的研究整理中起到了积极作用。

日本政府农业机构对中国古农书的现代价值也给予了高度评价。1996年,日本农林水产省次官滨口义旷在谈到中日合作整理研究中国古农书事宜时,特别指出:"在近代科学产生以前,人类曾经历过'中国古代科学'的时代。'中国古农书'便构成了其中的一部分。我认为,在如何克服近代科学发展处于停滞不前的矛盾上,中国古代科学书籍蕴涵着极为现代的科学价值,以中国古农书中所描述的'精耕细作'为代表的农业技术,对大自然不仅进行了分析,而且在总体上强调了对大自然的认识与协调关系。其'农业技术应用方法'还深刻地揭示了 21 世纪农业科技的发展方向。众所周知,在古代,'中国古农书'曾是东亚各国共同使用的教科书。无论是在日本,在韩国,还是在东亚所有国家,'中国古农书'被公认为是东亚各国古代科学萌发的源泉。迈向21 世纪的亚洲并非仅有产业经济,牢牢地把握住亚洲所具有现代意义的'思想、科学、技术'才是最为重要的。围绕'古农书'这一中心,开展'亚洲农法'的研究,对于 21 世纪的世界来说,此举是十分必要的。"[2]

在这种思想引导下,日本农业界形成共识,并进入政府决策引导层面。日本农林水产技术会议事务局企画调查课[3]于 1998 年编印了《中國古農書

[1] 《日本农山渔村文化协会专务理事坂本尚先生访问农业遗产室纪要》,《中国农史》1987 年第 4 期。

[2] 日本农文协专务理事坂本尚 1996 年 5 月 22 日给中国农业科技出版社社长王子聪信中的内容。日本农林水产省次官滨口义旷 1996 年 5 月在坂本尚访问中国,商谈合作研究与整理"中国古农书"事宜时作以上讲话。郭文韬:《试论中国古农书的现代价值》,《中国农史》2000 年第 2 期。

[3] 日本农林水产省下设日本农林水产技术会议事务局,日本农林水产技术会议及其所属事务局,负责农业科技开发、政策、事业的综合协调,管理国家农业科研机构等。

における環境保全型農業技術に關する調査》〔1〕，他们邀请组织一批在农业技术方面造诣颇深的研究人员，而且几乎都是农业实践一线的专家〔2〕，对日文版的中国农书进行精读，基于现代农业生产实践进行农学解读，并选择了环境保护型技术作为重点，指出其与现代农业技术的联系以及将其运用于今后的农业技术开发的可能性，这超越了以往从未有农业技术专家做过此专属人文学者研究领域探索的中国农业史。他们从中国古农书及现代学者研究著作中收集了对现代农业尤其是对于环境保护具有重要作用的条文 100 多例，作为农业技术人员的"执务参考资料"，供在执行农业技术指导任务时参考。

《中國古農書における環境保全型農業技術に關する調査》引用《氾胜之书》《齐民要术》《陈旉农书》《秘传花镜》四本古农书，以及胡道静《中国古代农业博物志考》、郭文韬等《中国传统农业与现代农业》两本研究著作的日文版，该调查在简略归纳农业技术类别的基础上，主要包括"要约"、"现代技术へのつながり"、"将来への期待"、"出典"四部分内容：（一）摘录古农书及其相关著作的原文，概括农业技术要点。（二）指出其与现代农业技术的关联以及将其运用于今后的农业技术开发的可能性。（三）对将来的启示以及应用。（四）该项技术引文的中国古农书及研究著作的具体出处。

该《调查》重点放在环境保护型农业技术上，内容涉及诸多方面，其主要技术要点大体有：轮作复种和间混套作（28 处）、肥料、施肥和土壤培肥类（22处）、土壤耕作与合理轮耕（16 处）、灾害防除和抗灾救荒（13 处）、适地适作与栽培改进（10 处），还涉及使用良种和良种繁育（5 处）、生态农业和桑基鱼塘（4 处）等方面。〔3〕可见，日本基于农业生产的环境安全考虑，重视农业耕作栽培方法、土壤培肥及土地合理利用等方面，试图从中国古代传统农业方法中得到启示，在现代农业的框架下，将改良种植制度、耕作制度、土壤培肥以及灾害防除、选种育种等农业技术措施，视为改造现代农业、发展环境保全型农业之必须。

《调查》虽然基于中国古农书，但实际直接指向现代农业实践。其在"现代技术へのつながり"、"将来への期待"两部分，试图从古农书中得到"与现代技术的关联"、"对于将来的期待"，着重分析某项技术要点对于日本现代农

---

〔1〕 日本农林水产技术会议事务局企画调查课编执务参考资料：《中國古農書における環境保全型農業技術に關する調査》，平成 9 年 3 月（1998 年 3 月）。

〔2〕 他们都是农业及其相关领域的试验场及其研究所、协会的重要研究人员，如芦泽正和、鬼鞍丰、大久保隆弘、小中伸夫、岛山国士、山口昭等人。参见日本农林水产技术会议事务局企画调查课编执务参考资料：《中國古農書における環境保全型農業技術に關する調査》"执笔者一览"，平成 9 年 3 月。

〔3〕 郭文韬：《中国古农书的现代价值》，《中国农史》2000 年第 2 期。

业的应用价值。如在《齐民要术》书目,有"穀(粟)の前作"(资料第 29 页)栏目,其"現代技術へのつながり"方面,认为作物的前后作组合及其顺序的选择,对于土壤的物理、化学、生物特性有着一定的影响,而且即便在短期内,前作对后作作物及其组合有着一定的影响。其"將来への期待"中认为,合理的作物种植搭配、耕作顺序的选择是发展有机农业、减少农药栽培方法的一个重要前提。这种农学家的视角借鉴了现代科学知识,分析农作物的前后茬组合和顺序对于土壤作物系统的影响,并且直接指向了农业生产的环境安全。日本农业正在有机农业、环境保全型农业的道路上行进,许多经验和做法值得我们汲取。

现代农业带来能源、环境、食品安全等一系列问题。相对而言,传统农业问题较少,并更接近人类生活的本真和适当需求。传统农业依赖太阳能,从事着遵循自然的农法,现代农业依赖石油(能量投入),采用异化的生产方式。太阳能用之不竭,石油不可再生。全球性石油危机说到底要服从"熵增定律",这为全世界所认知。对于熵增的自然社会系统,我们是不是需要做些必要的思考和行动呢?中国传统农业精耕细作方法体现了农业生产实践与自然环境的协调统一观,对于现代农业持续发展,尤其是在人口、资源、环境、生态等问题日益严重并危及人类持续生存发展的背景下,具有借鉴意义。

第四部分　农业与文化

循环观与农业文化[*]

循环观念是人们对于自然社会事物循环运动的一个基本认知。循环观是中国传统思维的重要取向，影响了中国古代社会的各个层面，对中华民族的思维方式以及农业文化的构建产生了深远影响。循环思想源于古人对天地自然的深刻领悟和社会生活生产实践活动，作为农耕文化的重要支撑，循环观念引导了具有时候型特征的农业文化。

循环是事物的一种基本运动形式，中国古代的循环演化思想是对这种运动形式的基本正确的反映，具有一定的科学价值。循环是一种普遍规律，任何事物的产生、成长和灭亡，都是循环运动的表现，具体事物的各式样态和形式都只是循环运动中的一个节点。循环演化思想作为中国古代自然观的重要组成部分，广泛渗透到传统文化的各方面，成为农耕文化的重要支撑。

一、循环观及其机理解释

循环观念是人类最早建立的重要观念之一。采集狩猎及原始农业时期，人们就需要了解植物生长、动物出没等规律，这些认知直接为觅取食物乃至生存繁衍提供了支撑。循环观念起源久远。日出落、月晦明，寒来暑往、花开花落，无疑都能唤起循环往复的观念。

在中国古代循环思想中，最为宏大的当是宇宙循环论，其总体认为："宇宙演化存在明确的周期性，每一周期均经历相同的时间长度，而且又都重复相同的生存、发展至毁灭的历程，如此循环往复，无始无终。"[1]撇开纯粹的宇宙论，最能体现循环往复思想的莫过于《周易》了。《周易》以"变"论事，强调"无平不陂，无往不复"的循环运动，其无论是形式（八卦）还是内容，都体现了自然宇宙和社会事物的循环观念。[2]六十四卦体系处于宇宙大循环之中，天地交生万物，万物处于永不停息的运动变化之中，事物变化无始无终，循环

---

　　[*]　原载《中州学刊》2011 年第 6 期。
　[1]　陈美东：《中国古代天文学思想》，中国科学技术出版社，2007 年，第 87—104 页。
　[2]　《周易》从阴阳爻起始，以八卦为基础，构成六十四卦体系。八卦为喻示自然、社会万事万物的基本运动情形，由八卦拓展延伸的六十四卦，每卦以阴阳爻转化及配对来比喻自然社会事物的变化、发展和循环往复。六十四卦以乾、坤两卦开始，以既济、未济两卦结束。"既济"，成也；"未济"，始也。

往复不断。而每一卦又有阴阳爻的转化、变异之小循环,这种小循环被纳入乾坤转化的大循环之中,意指一切事物都在各自的循环运动中变化生息。可见,《周易》的卦、爻以及配以文字的双符号体系,既包含宇宙自然的大循环,又包含宇宙大循环之中的各种具体事物的小循环,揭示了万物循环往复运动的规律性。《易传·系辞下》云:"日往则月来,月往则日来,日月相推而明生焉;寒往则暑来,暑往则寒来,寒暑相推而岁成焉。"《易经》中言"反复其道,七日来复"等,就更加明确地阐明了日月、四时的循环往复。正如《皇极经世书·观物外篇衍义》所言:"夫易,根于乾坤而生于复姤,盖刚交柔而为复,柔交刚而为姤,自兹而无穷矣。"李约瑟评价说:"没有什么能够更好地说明《易经》中所体现的相互联系的思维的辩证性质了。任何事态都不是永远的,每个消失的实体都将再起,而且每种旺盛的力量都包含着它自身毁灭的种子。"[1]任何事物始终处于生与灭的循环往复之中。

循环观念是中国古代哲人阐发自然社会事物的重要依据。老子认为自然万物有生必有死,有灭必有生,它们始终处于往复循环之中。事物由生至死,由盛至衰,由动到静,周而复始。其云:"有物混成,先天地生。寂兮寥兮,独立不改,周行而不殆,可以为天下母。"(《道德经》第二十五章)并言:"万物并作,吾以观复。夫物芸芸,各复归其根。归根曰静,是谓复命。复命曰常,知常曰明。不知常,妄作,凶。"(《道德经》第十六章)事物由动到静,各自回归本根。物种变化也是如此,《庄子·至乐》在阐述从昆虫到人的变化时,以"机"阐述其循环思想。如"种有几[2]……羊奚比乎不笋,久竹生青宁,青宁生程,程生马,马生人,人又反入于机。万物皆出于机,皆入于机",如此循环往复,万物天成。不仅如此,物种之间也存在着循环相食。如《关尹子·三极》载,"蝍蛆食蛇,蛇食蛙,蛙食蝍蛆,互相食也",蛇、蛙、蝍蛆结成食物链关系。由此,万事万物都在无始无终的循环中生息。正如《荀子·王制》所云:"始则终,终则始,与天地同理","始则终,终则始,若环之无端也,舍是而天下以衰矣"。《吕氏春秋》明确提出"圜道",指出"天道圜,地道方",从日夜、四时、天体、植物生长及其云气变化等角度阐述了循环之

[1] 李约瑟:《中国科学技术史》第二卷《科学思想史》,科学出版社、上海古籍出版社,1990年,第357页。

[2] "几"即"机",当为"胚芽"、"胚胎"等生命物质的"种子"。种,如虫卵、草籽,小小一粒能发育成很大的复杂活体,名以"机"是合适的。参见李志超:《机发论——有为的科学观》,《自然科学史研究》1990年第1期。

道。[1]进而指出："一也齐至贵，莫知其原，莫知其端，莫知其始，莫知其终，而万物以为宗。"循环观念在中国古代思想中得到充分体现，并呈现出各种不同的阐述方式。[2]

毋庸置疑，循环往复观念可以在直观和经验层面得到，但对其内在机理的探索在中国古代思想中，气、阴阳、五行学说充当了为循环机理机制解释的角色，阴阳消长变化、五行相生相克，日月推移、万物运转，一切自然社会事情的发生发展都不例外。

在四时季节及其万物生长等方面，《管子·四时》云："阴阳者，天地，之大理也。四时者，阴阳之大经也。刑德者，四时之合也。"这里揭示了阴阳变化为天地运行、四时转移的机理。《管子·乘马》云："春秋冬夏，阴阳之推移也。时之短长，阴阳之利用也。日夜之易，阴阳之化也。然则阴阳正矣，虽不正，有余不可损，不足不可益也。天地，莫之能损益也。"《管子·形势解》说："春者，阳气始上，故万物生。夏者，阳气毕上，故万物长。秋者，阴气始下，故万物收。冬者，阴气毕下，故万物藏。故春夏生长，秋冬收藏，四时之节也。"[3]而在万物生长循环的作用机制方面，则以阴阳的消长作用机制进行说明。如《皇极经世书·观物外篇·先天圆图卦数》云："由下而上谓之升，自上而下谓之降。升者生也，降者消也，故阳生于下，阴生于上，是以万物皆反生。阴生阳，阳生阴，阴复生阳，阳复生阴，是以循环而无穷也。"

关于人体生理及病理过程，《黄帝内经》引用阴阳五行理论，阐述其年、月、日循环过程。《素问·金匮真言论》云："所谓得四时之胜者，春胜长夏，长夏胜冬，冬胜夏，夏胜秋，秋胜春，所谓四时之胜也。"同篇还指出，一日之中的阴阳气也处于消长循环之中："阴中有阴，阳中有阳。平旦至日中，天之阳，阳中之阳也；日中至黄昏，天之阳，阳中之阴也；合夜至鸡鸣，天之阴，阴中之阴也；鸡鸣至平旦，天之阴，阴中之阳也。故人亦应之。"总而言之，如《素问·阴阳应象大论》所言："阴阳者，天地之道也，万物之纲纪，变化之父母，生杀之本始，神明之府也。"其在讨论东、南、中、西、北与身体脏腑的对应关联时，指出五方所属及其循环相胜关系，即"辛胜酸，咸胜苦，酸胜甘，苦胜辛，甘胜咸"。

---

[1] 《吕氏春秋·季春纪·圜道》言："日夜一周，圜道也。月躔二十八宿，轸与角属，圜道也。精行四时，一上一下各与遇，圜道也。物动则萌，萌而生，生而长，长而大，大而成，成乃衰，衰乃杀，杀乃藏，圜道也。云气西行，云云然，冬夏不辍；水泉东流，日夜不休。上不竭，下不满，小为大，重为轻，圜道也。"

[2] 参见江林昌：《楚辞与上古历史文化研究：中国古代太阳循环文化揭秘》，齐鲁书社，1998年；李衍柱：《圜道思维：东方智慧的花朵——论文艺学研究方法的中国特色》，《青年思想家》精华本，1999年第2期；胡化凯：《中国古代循环演化思想探讨》，《大自然探索》1999年第4期；等等。

[3] 《管子·五行》采"五时"，每"时"72天，依照干支相间即甲、丙、戊、庚、壬和五行配属，阐述万物在年周期中的依存转化和轮流循环。

关于时间节律与身体,《素问·六节藏象论》云:"五日谓之候,三候谓之气,六气谓之时,四时谓之岁,而各从其主治焉。五运相袭,而皆治之,终朞之日,周而复始,时立气布,如环无端,候亦同法。"

魏伯阳在《周易参同契》中形成了一套完整的炼丹理论体系,他将卦实体化,列出了卦与太阴循环和周日循环的联系[1],并运用阴阳学说进行阐述。《周易参同契·日月悬象》曰:"易者象也。悬象著明,莫大乎日月,穷神以知化,阳往则阴来,辐辏而轮转,出入更卷舒。……天地媾其精,日月相撢持,阳雄播玄施,阴雌化黄包。混沌相交接,权舆树根基。"《周易参同契·晦朔合符》又云:"晦朔之间,合符行中。混沌鸿蒙,牝牡相从。……阳气造端,初九潜龙。阳以三立,阴从八通。……阳数已讫,讫则复起。推情合性,转而相与。"同样,在运用干支循环纪年中,《史记·律书》从数理和阴阳机制等方面阐述其自然循环之理。其开篇云:"王者制事立法,物度轨则,壹禀于六律,六律为万事根本焉。"阴阳各有六律合为十二律。由此,《史记·律书》将干支与天运物象、阴阳变化、万物生长等进行了关联。[2]

张载明确指出循环事物之"机"在于阴阳消长变化。《张子正蒙·参两篇》云:"凡圜转之物,动必有机;既谓之机,则动非自外也。"[3]又认为:"阴阳之精互藏其宅,则各得其所安,故日月之形,万古不变。若阴阳之气,则循环迭至,聚散相荡,升降相求,絪缊相揉,盖相兼相制,欲一之而不能。"[4]并明确指出动植物生长发育就是阴阳气聚散的结果。《张子正蒙·动物篇》言:"动物本诸天,以呼吸为聚散之渐;植物本诸地,以阴阳升降为聚散之渐。"[5]罗钦顺以气为本原,云:"理果何物也哉?盖通天地,亘古今,无非一气而已。气本一也,而一动一静,一往一来,一阖一辟,一升一降,循环无已。积微而著,由著复微,为四时之温凉寒暑,为万物之生长收藏,为斯民之日用彝伦,为人事之成败得失。千条万绪,纷纭胶轕而卒不可乱,有莫知其所以然而然,是即所谓理也。初非别有一物,依于气而立,附于气以行也。"[6]强调万事万物的运动变化都因气的循环变化而起。

〔1〕 李约瑟:《中国科学技术史》第二卷《科学思想史》,科学出版社、上海古籍出版社,1990年,第358页。

〔2〕 《史记·律书》云:"子者,滋也;滋者,言万物滋于下也。其于十母为壬癸。壬之为言任也,言阳气任养万物于下也。癸之为言揆也,言万物可揆度,故曰癸。东至牵牛。牵牛者,言阳气牵引万物出之也。牛者,冒也,言地虽冻,能冒而生也。牛者,耕植种万物也。东至于建星。建星者,建诸生也。十二月也,律中大吕。大吕者,其于十二子为丑。"

〔3〕〔4〕〔5〕 王夫之:《张子正蒙》,中华书局,1975年,第33、37、83页。

〔6〕 罗钦顺著,阎韬点校:《困知记》,中华书局,1990年,第4—5页。

二、循环观与农耕文化

在农业历史中,人们依靠土地、自然能(太阳能)和生态智慧从事生产活动,在土地、农作物与太阳能的循环中生产生活。长期的农耕实践为循环思想提供了思想源泉,而循环思想也渗透到农耕实践及社会生活之中。循环思想与农耕实践的互动,形成了独特的农业文化。

农耕实践奠定了农业文化的基础。农耕实践依赖于土地和作物,人们在有限的土地上,依赖时间节律、气候及其自然生态演替规律,进行着周而复始的循环耕作。更为重要的是,农耕生产中的轮作复种制度引导了农事活动和社会生活,这种循环往复的操作影响了人们的社会生活及其思想文化。从刀耕火种的原始农业开始,先民采取年年易地、多年循环的撂荒耕作和连耕、连撂的轮荒耕作形式。原始农业后期,出现了以"菑、新、畬"和"田莱制"、"易田制"[1]为代表的短期和定期的轮荒耕作形式。春秋战国时期,黄河流域逐渐从轮荒耕作走向了土地连种,并在此基础上,创始了轮作复种制,开启了作物轮作和土壤轮耕的循环耕作方式,由此逐渐形成了轮作复种制度。这期间,经历了各种不同的形态。早期采用垄作与平作循环,土壤翻耕和免耕相结合以及水旱轮作等方式,实行耕作中的多种循环。[2]在农业生产不断发展的基础上,耕作栽培制度不断拓展,以汉代禾麦豆轮作为基础,确立了豆类作物和谷类作物、绿肥作物和谷类作物合理轮作的基本格局。豆谷轮作、谷肥轮作在轮作制度史上具有重要意义,豆类作物与其他作物的轮流种植有利于提高土壤肥力,绿肥、豆类与谷类的轮作体现了利用作物施行用养地的结合和循环,所以《齐民要术》称之为"美田之法"[3]。作物轮作必须配合土壤轮耕,两者有机配合,在动态中把握种植与耕作的关系,实现作物轮作和土壤轮耕的双循环。随着轮作复种制度的发展,在施行作物轮作的同时,配合施行翻耕—免耕—翻耕的循环的土壤轮耕。在一年二熟、一年三熟制施行的同时,土壤耕作采取相应的水旱轮耕方式。随着作物轮作复种和间作套种制的发展,土壤耕作也相应地采用了翻耕和免耕或耪耕相结合的方式。[4]由此可以说,以轮作复种为中心的耕作栽培制度的建立和完善,成就了精耕细作的农业方法,支撑了传统社会的绵延发展,广泛深入地影响了传统社会文化的各个方面。

---

〔1〕 学界对于"菑、新、畬"及"田莱制"、"易田制"的解释不同,当指不同田块耕作和休耕的轮回。

〔2〕 西周至春秋战国采用垄作方法。如《诗经》中"南东其亩"、"南亩"以及《吕氏春秋》中"上田弃亩,下田弃圳"等当指垄作。汉以后,垄作与平作仍然混合和轮换。战国两汉时期有麦、禾等作物轮作方式。如《淮南子·地形训》云:"禾春生秋死,菽夏生冬死,麦秋生夏死,荠冬生中夏死。"

〔3〕 如《齐民要术·耕田》载"凡美田之法,绿豆为上,小豆、胡麻次之"等。

〔4〕 郭文韬:《中国耕作制度史研究》,河海大学出版社,1994年,第69—88页。

　　农耕方式支撑着农业经济,铸就了农业文化。中国文化是在自然的农业经济土壤中孕育滋生和发展起来的,她是典型的农业文化。以种植业为主的农业经济结构以及精耕细作的农业方法是传统社会绵延发展的重要基础。自然的农业经济必须依赖自然地理气候等各种条件,在各种环境条件制约下开展有限的物质生产。人们既需要勤奋劳作,又必须安于天命,总是围绕田块、吃饭、睡觉转圈子,农业生产周而复始,人生老病死循环往复,生活封闭、单调、形式化,没有新意与刺激,久而久之培养了中国人乐天知命的性格,基本满足于“日求三餐,夜求一宿”的生存境遇。

　　种庄稼的历史培植了中国的社会结构。农业文化离不开“土”和“谷”,本质上属于乡土文化、五谷文化。人们从生到死,长期守着一块土地,日出而作,日落而息,人们与土地周而复始,循环往复。美国农学家富兰克林·金考察了中国、日本、韩国的农业和农民,他认为“中国人像是整个生态平衡里的一环。这个循环就是人和‘土’的循环。人从土里出生,食物取之于土,泻物还之于土,一生结束,又回到土地。一代又一代,周而复始。靠着这个自然循环,人类在这块土地上生活了五千年。人成为这个循环的一部分。他们的农业不是和土地对立的农业,而是和谐的农业”[1]。与此相适应,在以伦理为本位的氛围里,家庭生活是中国人第一位的生活,人们围绕祖宗、父母、兄弟、子孙及亲戚朋友而生活,每个人都是宗法伦理关系中一个节点,人们的活动空间相对狭小,人际交往限于宗族亲情之间,塑造了人们“中庸”的性格取向,以及重“和”、重“仁”的品格。反映到现实生活中,即在各种网络交织中循环往复,趋向“知足常乐”、平安和宁静的生活。从政治社会的角度来看,小农经济思想利于社会的稳定,也是专制社会政治得以稳固的基础。自然的农业经济以及由此引导的思想文化世代相传,循环不断,经久不衰。

　　农耕实践始终围绕时节、气候等自然因素周而复始。农业生产的过程是种子—植株—种子的演化过程,其包括播种、萌芽、生根、长叶、开花、结实等具体环节,人们为应对这一周而复始的过程,需要在生产生活上做好适应性的安排,从而强化了循环往复的观念和无所作为的命运感。人们在农耕实践中,要做到天、地、人、物的协调统一,农事活动及其社会生活要与天时、地利、农作物生长规律相一致,生产实践、社会生活的小循环被置于天地自然的大循环之中。所谓天时,反映到农业实践中,是气、热、水、光等因素的最佳组合;地利是地形地貌特征、土壤理化形状、土壤肥力等因子的组合。天、地处在周而复始的循环运动之中,天地的因素因时空不同而不断变化,农耕实践要与此适应。

---

〔1〕 费孝通:《学术自述与反思——费孝通学术文集》,生活·读书·新知三联书店,1996年,第37页。

与此同时,农业文化思想观念也影响着人们的实际生产生活。物态文化与非物态文化有着相互的影响和作用。[1]循环观念不仅引导了人们的思想观念,还影响了人们的生产实践和社会生活。如前文所述,气、阴阳、五行思想不仅充当了循环本质的解释,其本身亦蕴涵着循环演化思想。天地自然、社会人事都在气、阴阳、五行的作用下,处于普遍联系和循环往复的运动之中。气、阴阳、五行思想作为中国古代重要思维方式,一方面,在物质本原、结构及其运动变化等方面给予了重要阐释;另一方面,进入社会文化中,影响了人们的思维方式和社会生活。传统哲学天、地、人"三才论"及其"天人合一"思想与农业实践密切关联,这种具有生存论的哲学观念思想,进而拓展衍化为美学的、文学的、艺术的以及旁及社会生活各个方面的普遍观念,从而广泛地影响和构建了农业社会文化。

三、循环观与"时候"文化

循环观主要趋向两个方面,其一,基于时间循环。日月年岁循环万世不移,日日月月、年年岁岁循环往复。其二,基于生产生活的循环往复。人类早期文明中的循环观念,由于对于农业畜牧业的高度依赖,除了直接的感知和简单的概念以外,它一定与人们生产生活密切关联。[2]农业文明尤其是中国农耕文明的最大特征,就是围绕土地和作物,日出而作,日落而息,年年岁岁,循环往复。

"时候"是先民认识自然的一个重要开端,时间在生产生活方面的重要特征是循环往复,时间季节循环对于人们现实生产生活具有重要意义。时间的辨认不是出于哲学的考虑抑或好奇的结果,计时不仅是生产实践的需要,也是一种文化上的需要。[3]"时候"对于中国农业文明意义独特。自古以来,从帝王到百姓、从生产到生活的各个领域都蕴涵着特有的时间观。《白虎通·号》曰:"古之人民,皆食禽兽肉,至于神农,人民众多,禽兽不足,于是神农因天之时,分地之利,制耒耜,教民农作。"《尚书·尧典》的"食哉唯时",《诗·小雅·鱼丽》"物其有矣,唯其时矣",《书·益稷》"敕天之命,惟时惟几",《易·丰·彖》"天地盈虚,与时消息"等,对"时"的把握可以说

〔1〕 裴安平:《农业 文化 社会——史前考古文集》,科学出版社,2006年,第6—8页。

〔2〕 公元前8世纪至公元前7世纪的古希腊时期,赫西俄德创作了《工作与时日》,该书围绕农耕、家畜及航海,把每个月的时间和天象、气候、物候与农事活动联系在一起,并叙述了每个月中的日子与生活的关联。参见赫西俄德著,张竹明、蒋平译:《工作与时日·神谱》,商务印书馆,1996年,第12—21页。公元前1世纪,意大利学者瓦罗著《论农业》,记载了当时意大利的农业经济生活。其将一年分为四季八个分季,其中将季节月份、天象、气候、物候与农事活动进行关联。参见瓦罗:《论农业》,商务印书馆,1981年,第28—36页。

〔3〕 费孝通:《江村经济——中国农民的生活》,商务印书馆,2002年,第131页。

是圣王之道、国之本、治之理、民之用，"时"在治国安邦中具有统领作用。又如《管子·霸言》言"君人者有道，霸王者有时"，《管子·四时》云"不知四时，乃失国之基。不知五谷之故，国家乃路"。"时"观念是中国古代思维及其实践的重要取向。不仅如此，还强调了四时节律及其意义，认为按照四时规律及其所赋予的意义行事，就会自然收获和成功，可以实现天时地宜人和，达到五谷实、草木多、六畜旺、国富强及内外兼治的目标。正如《管子·禁藏》言："四时事备，而民功百倍矣。故春仁，夏忠，秋急，冬闭，顺天之时，约地之宜，忠人之和。故风雨时，五谷实，草木美多，六畜蕃息，国富兵强，民材而令行，内无烦扰之政，外无强敌之患也。夫动静顺然后和也，不失其时然后富，不失其法然后治。"

与此同时，"天时"延展到自然社会事物的生成化变机理和态势之中，置"时"于道、德、法体系的建构之中，形成了独特的时候文化。国家社会要保证社会法制规范的实施，就需要以道德、天时来参鉴。如《管子·版法》言："法天合德，象法无亲，参于日月，佐于四时。"《管子·版法解》又言："版法者，法天地之位，象四时之行，以治天下。"圣王以效法"天地之位"、"四时之文武"，以建经纪、以行法令，以治事理。《管子·形势解》云："春夏生长，秋冬收藏，四时之节也。赏赐刑罚，主之节也。四时未尝不生杀也，主未尝不赏罚也。"时与道、德、法相互关联、相互依存、融为一体。《管子·四时》云："道生天地，德出贤人。道生德，德生正，正生事。是以圣王治天下，穷则反，终则始。德始于春，长于夏；刑始于秋，流于冬。刑德不失，四时如一。刑德离乡，时乃逆行。"时、道、德与法相融通。又谓："阴阳者，天地之大理也；四时者，阴阳之大经也。刑德者，四时之合也。刑德合于时则生福，诡则生祸。"不仅如此，还把天时与人心（德、人之道）、法令并列为"为国之本"。《管子·禁藏》曰："夫为国之本，得天之时而为经，得人之心而为纪。法令为维纲，吏为网罟，什伍以为行列，赏诛为文武。"把天时融入道、德、法体系，"时"的自然秩序性质、政治性倾向渐渐过渡转变成道、德、法融通的社会秩序和社会规范的性质。从圣人到百姓，从政治、社会生产到群众生活乃至用兵，都要务时和把握时机，"时"在社会文化中具有普适性意义。

在中国农业古代文明中，最能体现"时候"文化特征的当是"月令"图式。月令图式以时系事，以四时为总纲、十二月为细目，以月记述天文历法、自然物候、地理时空。月令是帝王统治及百姓安排生产生活的一种时间模式。正如蔡邕在《月令篇名》中所言："因天时，制人事，天子发号施令，祀神受职，每月异礼，故谓之月令。所以顺阴阳，奉四时，效气物，行王政也。"四时节律是自然规律的体现，圣王需要掌握它，百姓生产生活必须依赖它。如："日月之行，一岁十二会，圣王因其会而分之，以为大数焉。观斗所建，命其四时。"〔1〕王者通过月令授受民事，即"王者南面而坐，视四星之中者，而知民之缓急，急则不赋力役，故敬授民时，是观时候授民事也"〔2〕。

月令内容所涉领域十分广泛，可以概括为两个层面：一是自然层面，包括气候、物候等表征的时间节律的记述；二是人事层面，上至天子起居饮食服饰、百官政治，下至万民庶务，涉及政治、经济、文化、法律、军事、宗教、民政等各个层面，社会生产生活的内容一应俱全。月令从治政角度规定着人们的时间生活，在帝王明堂制度中，流动的自然时间转化为国家和社会人事活动的时间指南与时间规范。〔3〕月令系统延展而成的时程性、节律性的社会生活，以及由此拓展的社会文化要素，影响到民族性格、社会意识和生存理念，维系着中华文明的绵延。

在月令思想影响下，形成农家"月令派"，其显著标志是月令体农书。〔4〕月令体农书是中国古代农书的重要组成部分〔5〕，其基本取向是以"农时"为核心，以岁时季节安排农事活动，人们处在特定的自然环境中，其自然地理、四季节律、气候物候循环变化都关系到农业生产实践，农业生产、农民生活都围绕四时节律循环往复。月令在一定意义上反映了中国传统农业生产和农家生活的特质。

农业的要素就是宇宙自然的要素。对于农业生产来说，其系统的复杂性决定了农耕对时间要求的模糊性，而精确时间的确定又有利于农业生产的开展和把握，准确时间的确定依赖于历法的推进。西周至春秋战国时期，由于农业发展及其历法推进〔6〕，形成了以二十四节气为标志的成熟的"时候"体系，奠定了传统农业的"农时"基础。〔7〕传统农业以"农时"为核心，为历代农学家所关注。〔8〕"时"体现了各种环境因素及其资源的集合，蕴涵着天地自然社会事物的节律、契机及其运行机制。"时"是万事万物生、成、化、变的一个绝好标志，反映到农业上就是"农时"，四时、八节、二十四节气、七十二候等充

〔1〕〔2〕　李学勤主编，郑玄注、孔颖达疏：《十三经注疏·礼记正义》卷第十四月令第六，北京大学出版社，1999年，第442、444页。

〔3〕　萧放：《〈月令〉记述与王官之时》，《宝鸡文理学院学报》2001年第4期。

〔4〕　董恺忱：《试论月令体裁的中国农书》，《中国农业大学学报》1982年第1期。

〔5〕　如东汉《四民月令》、六朝《荆楚岁时记》、唐《四时纂要》、宋《岁时广记》、元《农桑衣食撮要》、明《便民图纂》及《沈氏农书》、清《农圃便览》等，都是以时系事，大同小异。

〔6〕　江晓原从日月五星与农业的关系、二十四节气之推求以及"观象授时"角度，质疑了"历法为农业服务"。参见江晓原：《天学真原》，辽宁教育出版社，1991年，第140—151页。

〔7〕　曾雄生认为，二十四节气之太阳历对于农业虽然极其重要，但不符合人们的阴历习惯，实际中常依阴历。农家月令体农书由此而产生。参见曾雄生：《〈数书九章〉与农学》，《自然科学史研究》1996年第3期。

〔8〕　"农时"的重要性，不仅为农学家、天文家重视，亦为数学家重视。参见曾雄生：《〈数书九章〉与农学》，《自然科学史研究》1996年第3期。

分表明了农业生产实践的"时间节点"。传统农业以"物候"、"时候"为基础，形成了以"农时"为核心的精耕细作的农业传统。古代人们对于时间的实际驾驭可能不仅仅依赖朔望月和二十四节气，也不仅仅依照老《黄历》，而可能是来自特定物候、谚语流传、历书传播、老农经验的多向整合。[1]"时候"体现了几千年经验农学的特征，引领传统农业走向了精耕细作。

农业改变了人类。"人类学家的一个最普遍的习惯就是向过去寻求答案，如果不是寻求那些高贵的野蛮人的生活的话，那至少是寻求生活节奏简单，每一时刻都充满特异性的农业社区。"[2]农业文明留给我们诸多启发，或许有诸多可资借鉴之处。

---

[1] 江晓原指出，北魏历谱"每月仅列三日，于节气则极详备，另有社、腊、始耕、月会等注"。参见江晓原：《历书起源考》，《中国文化》1992年第1期。

[2] 欧内斯特·舒斯基著，李维生等译：《农业与文化——传统农业体系与现代农业体系的生态学介绍》，山东大学出版社，1991年，第273页。

《管子》中的"德"及其现代价值[*]

　　"德"观念的起源当与先民采集狩猎生活相关，起始涵义是近"自然天命"之意，合行走、观望之行为；其后引入内省的"心"，不断延伸拓展，产生"以天为宗，以德为本"的观念，把"德"融入"帝"、"天"体系中，强化了对人事的关注。[1]诸子各派从神德、天命、天德、地德、仁、义、礼、爱等不同角度阐述"德"，有的重观念意识、伦理道德，有的重礼仪秩序、社会规范，有的偏天子之德，有的重民德，纷纷拓展。《管子》之"德"，立足天德、帝德、上德及其社会制度等"形而上"层面，贯穿到社会经济生产及其百姓生活等"形而下"层面，形成贯穿上下的统一体系，具有经世致用、普遍教化的功能，对于中国社会文化产生了重要的影响。

一、"德"通"道"，通天地自然秩序

　　《管子》企图阐明"德"从何来，"德"是什么，由此借"道"阐发"德"，认为"德"通"道"，切合天地自然秩序，"道"和"德"一起构成"形而上"观念的核心。《管子》中明确提出"道生德"。"道"是什么？诸子百家各取所需，频繁使用"道"，产生天道、地道、君道、人道，以及仁道、礼道、阴阳之道、兵道、霸道，甚至于畜道、舟车之道、衣裳之道等，不一而足。老子将"道"视为最高哲学范畴，"道"高于天，上于帝。"道"是天地自然、社会事物的法则、秩序节律及机制。凡天下事都有道，万有唯道所生、所成、所主，道在万有之中。[2]

　　《管子》以"道"为最高范畴阐发事理，指出"道生天地"，"道"为"万物之要"，认为万事万物的生、成、化、变等都源于"道"，"万物以生，万物以成"及"序其成"就是"道"。万事万物重要的是得"道"，得道者自然顺达，否则就不稳定、不平安。在此基础上，《管子》提出"德"由"道"所生，"德"包涵在"道"之中，"德"与"天地"、"万物"、"万有"、"一"等概念同属一个层面，与自然社会秩序相通连。

　　不仅如此，《管子》在论"道"的同时，把"德"、"道"打通、并列，甚至连用，

　　* 原载《道德与文明》2007 年第 4 期。

〔1〕 郭沫若：《青铜时代》，人民出版社，1954 年，第 20—22 页。

〔2〕 官哲兵：《唯道论的创立》，《哲学研究》2004 第 7 期。

视"道"、"德"同为"形而上"的最高范畴,其性质虽异,却互为依存,不可分离。《管子·心术上》说:"以无为之谓道,舍之之谓德。故道之与德无间,故言之者不别也","德者,道之舍,物得以生生,知得以职道之精","虚无无形谓之道,化育万物谓之德",道和德在起始和终极上都是无穷尽的。"道"是"始乎无端"、"道不可量","德"乃"卒乎无穷"、"德不可数","道"、"德""两者备施"就会"动静有功"。只有不断地畜养"道"和"德",民众就能和合,就能够团结和好、协调谐和。正如《管子·幼官》言:"畜之以道,养之以德。畜之以道则民和;养之以德则民合。和合故能习,习故能偕,偕习以悉,莫之能伤也。"这里明确指出,"道"与"德"的蓄养是民众和合协调的前提,民众和合,社会和谐。

"德"出于"心",在于"心",《管子》在论"道"时也用到"心"。《管子·枢言》说:"道之在天者,日也。其在人者,心也。"认为"道"对天而言在于"日",对人来说在于"心",以"心"进一步把"道"和"德"打通,使"道"与"德"融为一体。《管子·轻重己》进而言之:"清神生心,心生规,规生矩,矩生方,方生正,正生历,历生四时,四时生万物。圣人因而理之,道遍矣。"虽然这里形成的"生"序及因果链条未必符合逻辑,但"心"的作用地位却得到了重要体现,即心思正直,规矩方正,历经四时,万物生存。

既然"道"生"德","道""德"通连,"德"意味着自然社会秩序,那么"德"是如何体现的呢?《管子》抓住了"天以时使"、"时者得天"这个关键进行了回答。"时"是一种自然的延续,它蕴涵着天地自然及其社会事物的节律、契机、机制,是各种因素、各种条件及其资源的集合点,"时"是一切事物生、成、化、变的一个绝好标志。"德"意味着切合天地自然社会秩序的最好表征应当是时间节律,这大概是"时德"概念的由来。《管子·宙合》谓:"成功之术,必有巨获,必周于德,审于时。时德之遇,事之会也,若合符然。故曰:是唯时德之节。""时"与道、德及其天地自然秩序等范畴概念相融合,正如《管子·版法》说:"法天合德,象法无亲,参于日月,佐于四时。"由此拓展,"时"具有普遍性意义。《管子·四时》甚至认为"唯圣人知四时。不知四时,乃失国之基","为国之本,得天之时而为经,得人之心而为纪","国准者,视时而立仪",把了解把握四时视为治理国家的一个根本基础和原则。对圣王而言,"圣人能辅时,不能违时";对百姓来说,"凡有地牧民者,务在四时,守在仓廪"。在物质生产中,"不务天时则财不生,不务地利则仓廪不盈"及"以时禁发",在事物实际操作中,"精时者,日少而功多"及"四时事备,而民功百倍矣",用兵则"时至而举兵",如此等等,从圣人到百姓,从社会生产到群众生活甚至用兵都要"务时"。"务时"就是遵循天地自然节律,也就是《管子·五行》所说"人与天调,然后天地之美生"。"时"、"德"、"道"的融合,天、地、人、物系统得到统一,也即《管子·枢言》所说:"天以时使,地以材使,人以德使,鬼神以祥使,禽兽以力使。所谓德者,先之之谓也。"对于人类社会来说,"德"在于人,如何顺天、因地、用力全都在于人的观念和行动，"德"在天、地、人、物的协调统一（天人合一）中具有基础性和统领性意义。

此外，《管子》阐释"德"还有其独到之处，就是把水性、玉石等自然物与"德"联系起来。《管子·水地》中提出水是万物及其生命的本原[1]，即"水者何也？万物之本原也，诸生之宗室也，美恶贤不肖愚俊之所产也"。并指出人、玉为水所生，水集于玉而出九德，玉之"九德"为仁、知、义、行、洁、勇、精、容、辞，以玉石"九德"比拟人"德"，并把"水"拓展至圣人之德，延伸为治国安邦之理，如"是以圣人之化世也，其解在水。故水一则人心正，水清则民心易。一则欲不污，民心易则行无邪。是以圣人之治于世也，不人告也，不户说也，其枢在水"，足见其深刻独到。自然万物因水而生、因水而成，人生于水，理当应之，圣人则更该如此。

二、德行天下，国治民安

国家民族长治久安，需要政治安定、人民生活稳定，这主要依靠"德行"的普遍实施。《管子》中的"德"不仅停留在"形而上"层面，"德"还被延伸拓展至"治国安民"、"经世致用"中。上帝之"德"、天"德"与制度之"德"及社会人际关系之"德"交融并存。[2]首先是圣王之"德"，认为德行主要在于上德、主德，主张"德"始自君王，教化百姓，"道德定于上，则百姓化于下矣"。因此，国家的治理首先就在于主德、上德，德的涵养、实施及其推行主要也是依赖君王。《管子·君臣上》言："主身者，正德之本也。官治者，耳目之制也。身立而民化，德正而官治。治官化民，其要在上。"那么，要使"民比之神明之德"，统治者本身如何立德、正德就是关键，也只有君王本身以身教、无私、少欲、中正、谦和、治心等立德，方可"德"布天下，国治民安。君王"欲民之怀乐己者，必服道德而勿厌也，而民怀乐之"（《管子·形势解》）。对民众要采取"爱之，生之，养之，成之"（《管子·正》）及"爱之，利之，益之，安之"（《管子·枢言》）的态度和政策，要以爱心、真诚感化百姓，产生天下共鸣，"爱民""举人"无私，天下信服，可得民心，得百姓拥护爱戴，即"莅民如父母，则民亲爱之……莅民如仇雠，则民疏之"（《管子·形势解》）。同时，君主得民可以建立威信，成就事业。如："人主，天下之有威者也。得民则威立，失民则威废。"（《管子·形势解》）显然，"善与民为一体"就能得民心，得民心可得天下，得天下方可治天下。归结到《管子·牧民》中的一句话："政之所兴，在顺民心；政之所废，在逆民心。"

其次，"德"是治理国家及成就一切事业的前提，正如《管子·四时》所言：

---

〔1〕 李志超：《国学薪火》，中国科学技术大学出版社，2002 年，第 253—260 页。
〔2〕 晁福林：《先秦时期"德"观念的起源及其发展》，《中国社会科学》2005 年第 4 期。

"道生德,德生正,正生事。""德"沿着"君王—臣相—百官—百姓"传达,君王有德,臣、官、百姓应"德"而动,各司其职,事业成,天下治。《管子·君臣上》说:"道也者,上之所以导民也。是故道德出于君,制令传于相,事业程于官。百姓之力也,胥令而动者也。"治国安邦最后的落脚点是广大民众百姓,"凡治国之道,必先富民"。在农业为主导的古代社会,农业能使人民富裕,农业富足则民富,则国库充实,国家就能得到治理。《管子·治国》说:"粟也者,民之所归也;粟也者,财之所归也;粟也者,地之所归也。粟多,则天下之物尽至矣。……粟者,王之本事也,人主之大务,有人之涂,治国之道也。"发展农业生产和增产粮食就是君主治国的基本原则,也是"民本""德本"思想的真正体现。

国事家事天下事事事必治,治事必须先治人,治人必先"德"治。《管子·五辅》指出治人就需要有制度和规范的约束。"五辅"即五经,五经布,天下就可大治。"五辅"指德、义、礼、法、权等五方面的具体措施和规定,它们之间是相互关联的有机统一整体。"德"列"五辅"之首,德不可不为,不可不兴,德兴是治国安民的重要任务;只有兴德,才可行义、谨礼、务力、度权,德在"五辅"中具有基础和核心地位。具体而言,德有"六兴",即"厚其生","输之以财","遗之以利","宽其政","匡其急","振其穷",涉及广大百姓民众具体的日常生产生活,只有基本生产顺利实施,基本生活有保障,老百姓才可听从国家安排,则"政可善为"。《管子·牧民》在谈论维系国家统治及国家存亡的根本问题时指出:"国有四维,一维绝则倾,二维绝则危,三维绝则覆,四维绝则灭。""四维"为礼、义、廉、耻,毫无疑问,四维的基础和核心是"德",要求天下百姓"修小礼,行小义,饰小廉,谨小耻,禁微邪"(《管子·权修》),这是"厉民之道",是"治之本"。

为此,道德由上而下贯穿整个国家社会,君、臣、百姓安分守己,各就其位,各守其职,即"正君臣上下之义,饰父子兄弟夫妻之义,饰男女之别,别疏数之差,使君德臣忠,父慈子孝,兄爱弟敬,礼义章明,如此则近者亲之,远者归之"(《管子·版法解》),从而建构完整的社会道德伦理体系,在国家社会事务中发挥统领作用。也正因为如此,《管子》阐发法理,强调法治,也是坚守道、德、法思想的统一,认为"法者,法天地之位,象四时之行,以治天下"。并且坚持"道生法"、"先德后刑",强调法建立在道、德、礼的基础上,即《管子·枢言》所言:"法出于礼,礼出于治,治,礼道也。"德治心,法治行,法的作用在于约束人们的行为,使其符合天道和道德要求。国家社会治理要德、刑相辅,内、外兼治,法以德为基础为本,因"德"而起,为"德"而终。

三、"德"之现代价值

在一定意义上讲,人类社会是教育的结果,德是教育的灵魂。现代社会,人们普遍追求功利，追求感官刺激、欲望冲动和快乐享受，精神观念道德渐趋虚幻颓废。个人、团体、民族国家出于功利性、现实性的要求，在各种利益的驱动下，为维护自身不顾及其余（包括自然环境），人类中心主义、自我中心主义越演越烈，由此带来资源环境生态、伦理道德、种族歧视甚至战争恐怖等一系列问题。造成这种困境的一个重要原因就是人类背离了自然理性，远离了自然秩序、正义和道德，无视自然的启示。[1]尽管如此，我们不能坐以待毙，必须觉醒，以"德"主导、统领全人类的"教化"，实现人类的安宁、和谐和持续。人类的最终选择也必须是：以人与自然、人与人的和谐统一为最高理性架构，遵循自然秩序，在仁德、均衡、谐和的基础上，实现人与环境、人与社会、人与人乃至国家区域之间、经济与社会、科学与人文、技术与生活等一切方面的和谐发展。[2]

《管子》之"德"通"道"，通连天地自然秩序，"德"是存在于天体运行、生物进化、生存繁衍等自然秩序中的一种自然约束力、生态约束力、群体约束力。"德"之源泉从天而来，从自然秩序、生态机制中来。人类社会道德起始于自然人的各种关系（环境、血缘、地缘等），由此凝结成一定的社会关系和规范，从而泛化为社会道德的"仁"和"善"。但它又超越具体的历史环境，而在整个历史情境中起作用，无疑是一种来自于自然、复归于自然的自然道德或者是自然天地道德的延伸或拓展，所有"天理""公德""仁义"等无不源于此。孔子、苏格拉底、柏拉图等都把对美德、仁善的追求作为人类社会的主要终极目标。卢梭认为人在自然秩序中的天职是取得人品。捷克教育家夸美纽斯主张人应该效仿自然，教育要服从遵循自然的秩序。[3]德国教育家赫尔巴特从伦理学出发提出他的道德观。福禄培尔的"永恒的统一"以及第斯多惠的"自然所指示的道路"等都包含了自然"德"的因素。[4]如此等等，对自然的"德"的理解、参鉴及其效仿应当是人类社会"德"的基础和底线。因此，《管子》中道、德通连的思想从根本上指引了人类德行的方向。

毋庸置疑，社会的发展首先是人的发展，人的发展最重要的在于品德的修炼。现代社会及其教育的最大困惑是人类自身的塑造和发展，这其中的要害问题就是"德"的教育和培养。由于受到经济物质主流观念的影响，人的本质、教育的本质不断异化，德育显得乏力和脆弱，由此引导的"德"的教育实践要么模式化、僵化和教条，要么不疼不痒、不着边际，这在很大程度上束缚了

---

〔1〕 卢梭：《爱弥尔——论教育》，李平沤译，商务印书馆，1978年，第397页。

〔2〕 岸根卓郎著，何鉴译：《环境论——人类最终的选择》，南京大学出版社，1999年，第1—6页（前言）。

〔3〕 夸美纽斯著，傅任敢译：《大教学论》，人民教育出版社，1984年，第78—80页。

〔4〕 戴本博：《外国教育史》，人民教育出版社，1990年，第262—306页。

人本身,导致受教育者的逃避、反叛及无奈,使得整个德育趋于低效、无序、无能,这种教育背景下的人类社会走向将不言自明。为此,我们必须在正视现实的基础上,重新审视人类理性,审视人的价值、生命的价值、教育的价值,反思人类经济社会发展的方式,在人与自然、人与人、人与自身之间寻求整合和融和,珍视自然的启示和人类的协和,以自然秩序及人类社会普遍的"仁德"为统领、为核心,本着自然秩序、仁爱原则,建立实施"德"的教育体系。它没有时空界限,没有人群界限,没有文化界限,是终极的自然人、社会人、国际人教育。只有当这种德育大行于世、普遍进入人心之时,人类才在真正意义上步入文明。

就中国文化本身而言,"德"无疑是中国传统文化中的底层观念之一。《管子》强调主德、上德,对于当今中国社会文化及其和谐社会的建构具有重要借鉴意义。一切社会事物都以"上"、以"大人物"为标杆、为旗帜,"上梁不正下梁歪"。首先是"上德",即政党、政府组织及所谓的"父母官",再到各部门各单位的"长官"及各行各业的标兵、"英雄",从大人物、领导、带头人、能人开始,就需要具有社会普遍认同的"德",这些人的做法对于普通民众具有极大的引导和示范功能。即所谓"通之以道,畜之以惠,亲之以仁,养之以义,报之以德,结之以信,接之以礼,和之以乐,期之以事"(《管子·幼官》)。"德"的普遍施行对于广大民众具有特别的"和合"意义,国家社会组织"众志成城"、"万众一心"、"同心同德"等就需要"上德"及社会普遍的"德"的基本支撑,否则,仅仅依靠法律、依靠社会制度的完善,很多社会问题是不能解决的。此外,我们对于文化需要持有扬弃观和时代观,把继承和创新结合起来,不断发展文化。中国社会由于其独特的文化背景,抑或是"德"的延伸,人际关系"德"的泛化,营造了一个注重"关系"的社会,其影响不可低估,在一定意义上"关系"超越了"德",进入社会的各个层面,由此也带来了一系列的问题,必须引起高度重视。随着国际化的演进,我们必须健全创新体制,认真审视"德"、"法"、"关系"问题,通过深化改革、加快发展进一步理顺协调,使得中国文化大放异彩。

具体而言,"德"理念的大力倡导及普遍实施,配合相关制度的完善,对于我国"三农"问题、贫富差距问题、弱势群体问题,以及社会经济发展中的重大突出问题的解决具有十分重要的现实意义,这无疑也是构建社会主义和谐社会的题中之义。在国际社会中,人类共同的"德"观念的形成及其施行,对于解决国际争端,解决国际政治、军事、商业、科技文化竞争等诸多方面的问题亦具有积极意义。众所周知,当今世界问题很多,战争、种族、贫困、环境、资源等一系列问题困扰着人类社会的进步和发展,对此,世界各国各地区在立足自身发展的基础上,必须珍视自然,珍视人类共有的地球,珍视人类共同体,以普遍的、人类共同的"德"统领一切活动,加强国际间对话、沟通、协调和合作,共同营造一个和谐发展的国际社会。

吴文化的特质及其现代价值[*]

吴文化孕育于古代吴越之地,在独特的内陆湖泊环境中,形成了人与自然协调的文化内核,呈现了趋水内敛、多元杂并、包容创新的文化特质。长期以来,吴文化为区域经济社会发展提供了重要支撑。在我国文化大繁荣大发展的背景下,挖掘弘扬吴文化的精神内核,将其与江南文化、海派文化进行关联和整合,对于长三角区域的文化发展和创新具有现实意义。

吴文化植根于特定的自然地理环境、多元自然农业经济结构以及政治宗法等背景中,依托丰富的水资源与肥沃的土地资源,在资源环境与适应性劳作之间取得平衡,表现出典型的农业文化特征,体现了人与自然协调的文化内核。在历史进程中,吴文化对于区域经济社会发展发挥了重要的作用。在我国文化大繁荣大发展中,以吴文化为基础、为核心的江南文化以及海派文化,一定能发挥更重要的作用。随着全球化及各国各地区文化交流的不断加深,吴文化在与其它区域文化的碰撞融合中,也不断彰显其鲜活的生命力。

一、吴文化是人与自然双向适应的产物

人是自然的产物。人与自然的关系体现了人类文化的根源和本质。"文化是植根于由人的生存发展需要所决定的人与自然界之间双向适应的关系,植根于人为了满足生存发展需要所必须的实现人与自然之间双向适应的能力,并表现为指向自然而对象性地发挥这种能力的多种活动及其结果,即为了实现人与自然界之间的双向适应而对自然(包括人自身的自然)进行加工改造。"[1]人类所处的初始自然环境的差异会带来文化发生、文化内核乃至整个文化及其社会制度的差异。吴文化植根于特定的自然地理环境中,体现了吴人劳作与自然环境的双向适应。吴文化的产生、传承和发展,既是吴地自然地理环境的造化,又是人们适应自然改造自然的产物。

吴地是较早有人类居住和较早从事渔猎及农业的区域之一。1万年前以捕捞为主的"三山文化"以及六七千年前马家浜、罗家角、草鞋山等文化遗址,表明该区域具有久远的文明。吴文化由吴越文化而来,吴、越当指太湖地区

---

* 原载《学术界》2012 年第 2 期。

[1] 夏甄陶:《自然与文化》,《中国社会科学》1999 年第 5 期。

及浙江沿海的两个古国。传说越国是夏禹的后代少康为帝时,将其庶子封于此而建立。吴国于商朝末年建成,自号勾吴。春秋末战国初,吴越相继称霸,不断强大,农业生产亦取得发展。其后随着吴越的消亡,吴地农业一度萧条。如是"楚越之地,地广人稀,饭稻羹鱼,或火耕而水耨……无积聚而多贫。是故江淮以南,无冻饿之人,亦无千金之家"[1],表明吴地先民依赖土地资源过着较为原始的农业生活,处于基本维持生存蕃衍的状况。

吴地区域农业开发从三国后,尤以晋和六朝时开始兴盛。东汉末年,黄河流域汉民族南流,永嘉之乱晋室南迁,中原士族和难民大批流入江南。其后,东晋及南朝时,民众向南迁移,带来了北方先进的生产技术和生产工具。由于统治阶级要在江南立足,大规模开发江南,吴地经济社会得到迅速发展,"天下无事,时和年丰,百姓乐业,谷帛殷阜,几乎家给人足矣"[2]。唐宋以后,我国财赋的重点、全国经济的重心转移到了江南,而吴地成为"重中之重"。如唐宪宗在元和十四年(819)赦书中所说:"天宝以后……军国费用,取之江淮","当今赋出于天下,江南居十九"[3]。白居易说:"况当今国用,多出江南。江南诸州,苏最为大。兵数不少,税额至多;土虽沃而尚劳,人徒庶而未富。"[4]同时由于水稻、蚕桑、茶叶等物产的兴盛,唐宋之际的苏州及太湖地区已成为整个东南漕粮和货物的转运及集散中心,明清时更成为南北贸易的集散地,区域商业贸易空前发展。总言之,2000多年以来,吴地人在特定的自然环境中,对自然进行了适应性的改造,从地势卑湿、水涝频仍的情形中走了出来,水害转变为水利,取得人类实践与自然环境的双向适应。由此形成了特色鲜明的吴文化,为区域经济社会发展提供了重要支撑。

吴地具备适宜人居的自然地理气候条件,具有丰富的自然资源和物产禀赋,这为人们生产生活提供了必备资源和良好的生存环境。吴地所处的湖泊水产资源和水稻资源为人们早期渔猎生活提供了便利。历史上的吴地,在依赖、利用自然资源的基础上,作物、水产各业都得到发展。吴地渔猎的历史至少可以追溯到1万年(三山岛遗址)以前,种植水稻的历史至少有7000年(桐乡罗家角遗址中的栽培水稻遗存)。吴地历史上水稻产量较高,稻品繁多,仅明清时期见诸记载的就有数百种[5];在水产资源方面,被称为"江东鱼国",其中鱼类品种上百种,还有种类繁多的介贝类、水禽(野鸭)类及其水生植物。[6]正是:"江南水乡,采捕为业,鱼鳖之利,黎元所资。"[7]《新唐书》中记

---

〔1〕 司马迁:《史记·货殖列传》卷一二九,中华书局1959年版。

〔2〕 房玄龄等:《晋书·食货志》卷一四,中华书局1974年版。

〔3〕 韩愈:《送陆歙州诗序》,全唐文卷五五五,中华书局1985年版。

〔4〕 《白居易集》卷68《苏州刺史谢上表》,中华书局1979年,第1434页。

〔5〕〔6〕 杨晓东:《灿烂的吴地鱼稻文化》,当代中国出版社,1993年,第217—225、17—42页。

〔7〕 李乂:《谏道使江南以官物充直赎生疏》;董诰等:《全唐文》二六六卷,中华书局,1982年。

载苏州吴郡之土贡物产有丝葛、丝绵、八蚕丝、绯绫、布、白角簟、草席、鞋、大小香秔、柑、橘、藕、鲻皮、鲍、鲙、鸭胞、肚鱼、鱼子、白石脂、蛇粟。[1]由此可见，吴人依托水、土、谷、鱼等自然、物产资源，形成了水稻、水产、蚕桑为主的多元并存的自然农业经济结构，为吴地人的生存发展提供了较为优越的条件。

在生产落后的情形下，吴地多业并举、多元经济成分相当的农业经济格局，确实为人们的生产生活提供了多重保障。但另一方面，它对人们的生产生活提出了更高的要求。人们必须更好地把握自然律，关注四季更替、气候变迁，遵循自然节律从事各业的种养收获，需要勤奋劳作、综合协调，不可懒惰懈怠。吴地人们被置身于一种自然环境是天意，容不得持有非分的想法和过分的举措，其生产实践活动必须在其自身所处的环境中进行。只有遵守自然律，与自然节律相协调，才能获得生存繁衍机会，除此之外别无它途。吴地人适应自然环境，依赖粮食谷物和湖泊水产，在土壤与谷物、湖泊与水产之间适当劳作，生存蕃衍游刃有余。人们的生产生活依照自然节律，始终围绕田块和湖泊转圈子，周而复始，循环往复，由此造就了知命自足、勤奋乐天、协调务实的文化性格。吴地人在适应自然的前提下，通过稍加抵抗和规避的适应性劳作，形成了独特的生存智慧，绵延着寻常平静、悠然自得的生活，由此形成与此相适应的思想文化观念。

吴地人适应性的劳作及其社会生活实践，产生了与之相适应的政治宗法伦理制度。吴文化是中国文化的一部分，其宗法伦理制度也被置于国家宗法伦理的框架中。家庭生活是中国人第一重的社会生活，亲戚邻里朋友等关系是中国人第二重的社会生活。[2]与此相同，吴地社会也具有极强的家族观念，父母、兄弟以及朋友等伦理观念被发挥到极致，如"父母之仇不与戴天覆地，兄弟之仇不与同域接壤，朋友之仇不与邻乡共里"[3]，由此形成了一定的家族意识、族群意识乃至集体意识和国家意识。一般而言，吴地社会生活以家庭生活为中心，传统农耕及渔业基本以家庭为经济单位，往往只需家庭成员及其亲友的几个人协作。在分工协作或面对灾害等情况时，即使超越了家庭范围，也是以"交情"为主导，也只是家庭关系的扩展和延伸。与此同时，由于种种背景，尤其是吴地水利及其水利工程建设所带来的社会组织化观念，吴地人在"家"与"集体"、"家"与"国"之间取得了很好的平衡，小以家以亲情为本，大以集体以国为重，既秉持家庭伦理本位，又具有良好的集体主义和国家主义精神，将儒家"修、齐、治、平"的价值理想融会贯通，体现了吴文化的人文精神及其早熟圆融。

〔1〕 欧阳修、宋祁：《新唐书》卷第四十五（志第三十一·地理五），中华书局，1975年，第645页。

〔2〕 梁漱溟：《中国文化要义》，学林出版社，1996年，第12—13页。

〔3〕 赵烨：《吴越春秋》卷三，江苏古籍出版社，1986年。

基于自然地理环境和资源禀赋与吴地人们的生产生活实践的互动,吴文化就可能有不同的内涵,以至于有各种不同的表达,有称之为"农业文化"、"水文化"以及"渔文化"、"稻文化"、"玉文化",有称之为"船文化"、"桥文化",又由于后来各业各方面的发展及其取向,亦有所谓"状元文化"、"园林文化"、"市井文化",或者"吴语文化"、"吴歌文化"、"戏曲文化",甚至有人进行梳理综合,认为吴文化是"水文化+鱼文化+稻文化+蚕桑文化+船文化"[1]。如此等等,或基于不同的视角和侧面及取向,或基于不同时代所反映的某种特征。不论从什么角度、以什么形态来区分界定吴文化,总离不开吴地所处的特定环境与人们生产生活实践的互动与适应。

二、吴文化具有多元混成和包容创新的特质

吴文化的内涵是什么? 特质何在? 吴文化与其他区域文化究竟有什么不同? 要回答这些问题,需要回到文化的发生及原点,回到吴文化生存的"基因"。基于此,在整个历史情境中理解和探讨吴文化,最为基础原发的因素就是吴地人生存的自然环境以及藉此所展开的活动。吴文化起源于内陆湖泊文明中,特定的水环境对于吴地文明有着重要影响。从广泛意义讲,水在人类生存选择及其蕃衍发展中起着决定性的作用,很多古老文明都与江河流域有关。中国人具有低地趋向性情结,是低地逐水而居之民。[2]吴地人顺应了这种选择,水在吴文化的起源及发展中产生了重要作用。仅此还不能说明吴文化的特质,还需要考察其水环境的特殊性,以及与之相关的自然地理气候环境的整合;需要基于历时性和共时性的考察,探究吴地人们与这种环境展开了怎样的社会实践活动和认知,水环境(水涝灾害)是否主导了这种活动的发生和展开。

追根溯源,究其文化的基因,吴文化来自于内陆湖泊的资源环境与人们劳作生活的双向适应。从自然资源禀赋及其多样性来看,吴文化产生于湖泊水产和土谷文明之中,湖泊文明与农业文明交杂并成,相得益彰。吴地区域地势平坦,境内有太湖以及渭湖、阳澄湖、淀山湖、洮湖、澄湖、昆承湖、元荡、独墅湖、漕湖、金鸡湖、长漾、北麻漾等大小湖泊300多个,有长江及京杭大运河贯穿,各类自然人工河道2万多条。湖泊湖荡星罗棋布,河港纵横交错,河网湖荡系统完整,水系发达。吴地水资源环境呈现了不同于一般江海河湖的特殊性,其大小湖泊交织,点、群结合,网状分布,丰富的水源与肥沃的土地交融并存,水、土、谷、鱼交互并成,相得益彰,浑然一体。人们在生产生活实践

〔1〕 周向群主编:《吴文化与苏州现代化论坛:苏州现代化进程中的吴文化研究》,江苏古籍出版社,2002年,第5页。
〔2〕 斯波义信:《宋代江南经济史研究》,江苏人民出版社,2001年,第9页。

中亦种亦水、水土并举。内陆湖泊是吴文化产生的环境母体，土谷和湖泊水产的相交融合营造了吴地文明。

文化是"人化"，包括外部自然的"人化"和人自身自然的"人化"。[1]特殊的水土环境不但影响了人们的生产生活方式，还影响着人们的思想观念及其社会心理，涵养了人们的生存理念以及道德秉性。吴地人在遵循自然律的前提下，以土地和湖泊为生，在土地与湖泊提供的自然资源的生态演替中获得生存机会。谷物生产、渔业水产随着自然气候季节的变化而变化，人们的生产生活亦要与之相适应，在多业、多种经济并存和互补中，温饱生存自然有余。由此逐渐形成一种生态意味浓厚的生存意识及忧患意识。吴地人周期性节奏感强，适合于定居和等待型生活。他们不祈求大成就、大作为，勤奋乐天、寻常平静、悠然自得，涵养了不冒险、机灵、保守、小富即安的性格趋向，文化趋向于包容、稳定、丰腴和内向，逐渐形成阴柔平和、淳朴平实、兼容并蓄的精神内涵。他们具有较强的世代安居以及恋乡情结，体现了其精神家园意识和高度的文化认同感。吴地人置身于特定的生存环境中，认为这是上天所赐，一切都是天意，不可逃脱无以回避，老天是有"眼"的。人们将自身融于天地自然之中，在自然环境与劳作之间寻求平衡，信奉"天时、地利、人和"，注重内省，讲求协调。这种生存理念引导了吴文化的基本价值取向，形成了多元混成和内敛包容的文化特质，铸就了"人与自然协调统一"的文化精神。在全球化、现代化发展中，"人与自然的和谐统一"成为人类生存和持续发展的根基和主调。基于此，吴文化特质及其人文精神对于全球化发展中诸多问题的解决在思想上是完全切合的。人类必须从自身发展的历史中反省，从战胜自然转向顾及自然，最终实现"人与自然的和谐统一"。在此意义讲，吴文化表征着人类生存发展的一种文化方向。

吴文化特质的形成与水环境密切相关，水害环境对其也产生了重要影响。吴地历史上水涝灾害频仍，大灾不断。据资料统计，长江中下游流域（包括太湖流域）从汉高祖三年至清光绪十九年的 2078 年中，有涝年 285 个，旱年 179 个。宋至光绪十九年的 934 年中，共有涝年 220 个，旱年 158 个。[2]明清时期太湖流域水灾更加频繁，平均3—4 年发生一次。从 1368 年至 1911 年，共发生水灾 152 次，旱灾 96 次。[3]其中有的年份水涝灾害极其严重，以至于出现"僵尸满野"、"饿殍满路、积尸盈河"、"浮尸积骸，塞途蔽川，死者居半"乃至"人相食"的残酷局面。如光绪《苏州府志》载："七月，太湖溢，自吴江至平

〔1〕 夏甄陶：《自然与文化》，《中国社会科学》1999 年第 5 期。
〔2〕 张秉伦、方兆本：《淮河和长江中下游旱涝灾害年表与旱涝规律研究》，安徽教育出版社，1998 年，第 251 页。具体"年表"见第 283—495 页。
〔3〕 张芳：《明清农田水利研究》，中国农业科技出版社，1998 年，第 89 页。

望民居尽坏,死者万余人。"(宋元丰四年)乾隆《吴江县志》载:"五月,太湖水大溢,漂民庐舍,害田稼,圮城郭、堤防,溺死者无算。"(宋嘉定十六年)民国《吴县志》载:"七月朔,大雨,太湖水挟飓风涌入城中,路学庙堂崩,县治公署民居多卷入半空,死者十八九。"(元大德五年)如此等等,水涝灾害对于人们生命财产以及生产生活造成了极大损失,因而治理水害始终是吴地历史上最重要的事业之一。

　　自然环境、人类活动与文化构成了人类社会永恒的三角关系。人们在遭受灾害的情形下,生活一定逼窄艰辛,其选择有二,一是迁徙,二是留守。吴地人们选择留守,不仅需要具有面对灾害的魄力和勇气,还必须具备基本的条件,即人们通过自救可以再次获得生存繁衍的机会。这一方面需要积极应对,防杜于前,挽救于后,做好防御和抵抗灾害的各种准备,尽力实现自救和恢复,保护和维持自己的家园和应有的生活。由此,在灾害环境中,人们的实际生存能力与心理承受能力得到锤炼,人们的思维、意志、情感等都得到全面磨练,养成了面对自然灾害的无畏精神,人们从灾害的创伤中走来,更加深刻地了解和把握灾害规律,理解自然,感悟人生,可谓"多难兴邦"。另一方面,频繁的灾害使得人们产生"知天命"和"无为而治"的思想理念,人们所处的环境是既定的,不能也无须回避,既自然而然又适当劳作,自得其所。久而久之,寻求天地自然环境(包括灾害环境)与人们劳作的平衡,便是吴地人生存理念的根基。随着历史的发展,吴地在政治、军事、交通运输、农业生产等各种社会经济因素的驱动下,逐渐实现了水害向水利的转变。素有"水乡泽国"之称的吴地,自然水网拓展到水运,在陆路交通不发达的情况下,人工运河促进了交通运输,水运四通八达,从而带动物资流通和商业的大发展,也促进了市镇的繁荣。在多元自然经济发展的基础上,吴地农业经济及其工商业和市镇等都得到迅速发展。

　　此外,吴地早期有"尚武"的取向。吴越地处水乡,建有一支强大的水师,并有精良的兵器,吴戈、越剑名扬列国,并被公认为是最好的兵器。所谓"越王勾践,有宝剑五,闻于天下","当此之时,作铁兵,威服三军,天下闻之,莫敢不服。此亦铁兵之神,大王有圣德"[1]。尚武取向带来了较为发达的冶炼、兵器制造和造船等技术,促进了各类手工业的迅速发展。六朝以后,吴文化区域除铸造冶炼、造船等工业门类的发展外,漆器、竹器、陶瓷、酿造、染织、印刷等各种加工制造业也取得了显著发展。与此同时,农业多元经济也发展起来,尤其是棉织、丝织业等产业的兴盛,衍生出诸如染坊、踹坊、酒作、蜡烛和

---

〔1〕　袁康:《越绝书》"越绝外传记宝剑"。

锡箔坊等手工业,其从业人数在明代超过了农业从业人数[1],形成了农业以及手工业、商业等多业并举发展的格局,导致商业贸易的繁荣和市镇的迅速发展。随着市镇、商业、手工业等迅速发展,吴地商贸中心地位渐显。在这个意义上讲,吴文化生长在以水主导的多元经济的母体里,经历时代的不断延伸和拓展,呈现出趋水内敛、多元杂并、包容创新的文化特质。

与此同时,吴文化的发生发展与其他区域文化有着密切的关联。历史上的吴文化与其他区域文化有过多次碰撞和融合,从商朝的泰伯、仲雍奔吴,到春秋的伍子胥、孙武等人的引领,北方中原文化开始融入该区域,吴地在经济、政治、军事和文化等方面体现了综合实力。其后,晋代北方民众的南迁,隋代京杭大运河的通航等,都大大促进了北方文化的融入,隋唐时期吴地经济地位凸显。至南宋时,北方人士大量南迁,又一次带来了北方文化,促进了文化融合,为吴文化区域的发展奠定了重要基础,吴地成为东南地区的经济文化中心。此外,晚清上海的开埠,吴文化呈现一派新气象,"海派文化"迅速崛起,营造了海纳百川、中西合璧的城市文化,铸就了上海的腾飞。近代以后,由于受到西方科技文化的影响,吴文化区域的近代工业以及近代文化、科技教育也发展起来,成为我国最早走向世界经济循环的区域之一。

多样性是人类生存发展的本质。没有多样性,便没有人类文化的多样性,也没有社会发展的多样性。人类文明史告诉我们:"各种文明既相互区别、相互冲突,又相互联系、相互依赖和相互融合,它们共生共补,相互促进。"[2]吴文化就是在与其他区域文化不断碰撞融合中发展起来,她兼容四方,汲取了荆楚文化、齐鲁文化、秦晋文化以及徽文化、越文化等各种区域文化的精神营养,开新创造,始终保持着"和而不同"的鲜活生命力。

三、吴文化发展与长三角区域文化建设

从历史上看,吴文化区域自唐宋开始就一直是经济社会较为发达的地区,这离不开吴文化的支撑。近现代以来,吴文化在与外来文化的碰撞交流中,既表现出开放、包容的文化胸襟,又保持自身独特个性,在传统和现代的融合上大放异彩,不断创造出新的辉煌,表现出了旺盛的生命力。吴文化在其历史进程中,逐步营造了一个人口集中、繁荣富庶的地区。

从本质上讲,文化没有好坏优劣之分,但文化具有传承性和时代性。文化的合理性和先进性应以文化主体的生存境遇为基准,文化对主体的意义就是文化的意义。文化先进性的体现就是生产力的提高和人们利益的满足,文

〔1〕 中国农业科学院、南京农业大学中国农业遗产研究室太湖地区农业史研究课题组:《太湖地区农业史稿》,农业出版社,1990年,第15—17页。

〔2〕 陈顺武:《论世界的多样性》,《中国社会科学》2004年第1期。

化是社会进步的标尺。由此而言,吴文化的历史积淀为区域的现代经济社会进步奠定了重要基础。比如上海,历史上地处吴地,上海文化与吴文化同根同源。"在开埠以前,上海人没有什么明显的特征。他们或种棉,或种稻,或捕鱼,或经商,文化上受苏州影响较大。"[1]上海的开埠,迎来了一个空前的发展机遇,其"海派文化"的崛起,既传承了吴文化以精神内核,又吸纳了外来文化尤其是西洋文化的要素,赋予了吴文化以新内涵,在文化传承及其交流互动中,海纳百川、兼容并蓄,以博大的胸襟和能动的创新,不断实现自我超越,充分展现其文化的引领、统摄与辐射功能,其覆盖面之广、影响力之大有目共睹。

至现代,该区域在国家乃至世界经济社会发展中具有重要地位。20世纪80年代,"苏南模式"和"温州模式"的成功,开启了乡镇工业突起、小城镇发展以及民营企业兴盛的发展之路,引领带动了区域经济的快速发展,在全国经济社会发展中起到重要的示范带动作用。90年代以来,吴文化区域的广大地区与时俱进,积极主动融入全球经济一体化进程之中,又创造了外向型经济发展新格局,其经济社会发展处于全国领先地位,如此等等。上海的崛起及"苏南模式"、"温州模式"的成功,都与该区域历史文化的传承及其创新有着密切的关联,充分体现了吴文化的软实力。

吴文化区域具有深厚的文化底蕴,文化资源丰富,文化氛围浓郁,文化发展有着坚实的物质基础和良好的社会条件。吴文化作为中国文化的重要组成部分,通过挖掘、复兴和弘扬,对于区域经济社会发展,对于树立民族文化自觉和文化自信乃至国家文化安全,都有着极其重要的意义。吴文化区域需要充分发挥自身的特色和优势,以更高的标准、更有力的措施,谋划和推动文化的创新发展,不断提高文化影响力,努力在我国文化大繁荣大发展中发挥示范带头作用。一个没有健康和具有活力的文化支撑的经济社会是不能持久发展的,抑或是注定要没落的。吴文化涉及富庶的广大江南区域,在经济繁荣步入现代化同时,人们的价值系统、生活方式乃至经济发展方式正在发生根本性转变,这迫切需要文化的繁荣和创新,需要健康文化作为强硬的后盾支撑。

尚需指出,不同的水环境在区域文化发生发展中有着不同的作用,江河、湖泊、海洋等水环境的文化意义指向也有所不同。吴文化的"内陆"趋水内敛的特性,往往外化为秩序、顺从、保守、不闯荡、不作为、安分守己。而同属于古代吴越文化区域的泉州(古闽越)、温州(古瓯越)、潮州(古南越)等地,属于沿海区域,兼备海洋文化的特征,表现出"海疆文化"的一些特性,其文化具备

---

[1] 熊月之:《上海通史》第1卷,上海人民出版社,1999年,第71页。

开放性、流动性和包容性等特征，甚至带有悍勇和开拓的成分。他们向外拓展寻找生存空间和发展机会，形成开放流动的"帮派"和"网络"，其秉持"以利和义，不以义抑利"的观念，闯荡世界，发展自身。岭南文化本源也是渔猎文明和稻作文明，在其发展过程中不断汲取和融合中原文化和海外文化，尤其是海洋文化的融入，使其具备了习于流动、创新和冒险的精神，文化性格趋向于开放、兼容、创新、重商等，彰显出与内陆文化不同的南越文化特征。海洋文化中流动性和开放性的注入，为沿海区域的发展提供了重要的路径选择。内陆文化、山地文化以及草原游牧文化等，各有其自然的发展路径，都可能呈现出不一样的辉煌。由此可见，不同区域的历史沉淀及其社会发展变迁，无不显示其文化的巨大软实力。或许可以说，多元文化的并存互协、对称互补形成的必要张力，正是不同区域乃至不同国家的生存发展和自我超越之道。

国家将长三角定位于"亚太地区重要的国际门户、全球重要的现代服务业和先进制造业中心、具有较强竞争力的世界城市群"，这其中无疑也包括了长三角文化的世界竞争力。而长三角城市群一体化及同城化建设，不仅仅是交通出行、产业贸易、要素市场、通勤就业、人口居住乃至制度、机制体制等的一体化的建设，还需要文化认同、价值共识及其共有的精神文化家园。长三角地区具有强大的经济支撑，可以形成文化强势，需要深入发掘人文精神，提升文化品位，以克服商业文化、快餐文化、庸俗文化及草根文化带来的弊端，在高雅文化和流俗文化中取得平衡，继往开来，构建"文化长三角"，以文化整合来促进区域一体化机制的形成，实现整体竞争力的全面提升，推进长三角深度一体化，再创区域经济社会建设的新辉煌，发挥长三角区域在国家乃至世界经济社会发展中的引领作用。

在历史的演进中，长三角区域文化有着吴文化、江南文化以及海派文化的历史脉络及其交互渗透的特质，我们需要以发展的观点对待吴文化，需要将吴文化置于江南文化和海派文化的现实之中，融入长三角区域的发展框架中，弘扬其文化精神，发挥文化的整合力和统摄力，营造强大的长三角"文化场"，建立区域文化的高度认同感，逐步实现"经济长三角"向"文化长三角"的转变，发挥其辐射带动和示范效应，促进经济、社会和文化的同步发展。吴文化发展不仅要坚持对传统文化的传承，更要实施文化的创新，将历史和现实结合起来，既要考虑区域城市的渊源，又要考虑其当代现实，既要考虑各城市的特色，又要避免城市区域的行政分割。文化的复兴不是回归传统，而是在传统的基础上实现当代转换和重建。以吴文化为基础核心的江南文化的整合及其创新重建的重任，历史性地落在了长三角诸城市的肩膀上，这也是长三角城市群建设的题中之义。长三角区域要以文化工程建设为依托，加强历史名城建设，大力发展文化产业，以文化产业促进文化事业的全面发展，加强公共文化服务体系建设，尤其注重企业文化、企业家文化建设，使文化成为企业发展和经济社会建设的内核要素。

自古以来,吴文化具有融合吸收异质文化的特点,她既能吸纳、消解外来文化,又能保持自身独特个性。从文化交流来讲,她也最易搭起中西方文化交流的桥梁,与世界各国文化的交流和碰撞以及相互间的吸纳最易展开。在新的时代背景下,长三角文化的创新发展必须基于全球化国际化的视野,需要采取"引进来"、"推出去"国际文化发展战略,在传播自身文化和吸收外来文化的互动中发展,在传统与现代之间取得协调和平衡。关于"引进来",就是移植、嫁接、摄入各国各地区的优秀文化资源,以积极主动的态势去碰撞去反思去融合,为区域社会经济发展和文化建设服务。同时,进行文化外推,整合各种文化资源,以各种方式各种渠道将区域文化的优秀传统、文化的合理内核推向世界各国各地区,与世界及区域其他文化去碰撞去交流去融合,即"推出去"。通过"引进来"、"推出去",以接纳、包容、开放的态势,建构顺应时代发展的新文化,这正是现代化、全球化发展中的必然选择。

随着世界多极化、经济全球化的深入,世界各种思想文化,历史的和现实的,外来的和本土的,进步的和落后的,积极的和颓废的,相互激荡,有吸纳又有排斥,有融合又有斗争,有渗透又有抵御。长三角文化在与世界其他区域文化的交流中,应牢牢把握和弘扬自身的优秀文化传统,切忌简单的效仿和复制。"中国可以通过了解西方世界所做的错事,避免现代化带来的破坏性影响。这样的话,中国实际上是'后现代化'了。"[1]我们可以规避发展中不应当发生的诸多问题,汲取西方及其他区域发展中的经验教训,反思经济发展与社会文化的内在关联及其策略选择,避免顾此失彼。只有这样,长三角区域文化才能在弘扬优秀传统的基础上,不断彰显其独特的文化魅力,以更大的气魄实现新的突破,在实现"至德兴邦"与中华文明的伟大复兴中,奏响时代的新乐章。

---

〔1〕 大卫·雷·格里芬著,马季方译:《后现代科学——科学魅力的再现》,中央编译出版社,1998年,序言第16页。

"场域"中的海洋文化建设[*]

——基于舟山海洋文化建设的思考

海洋是自然地质的产物,海洋文明在人类史上具有不可替代的基础性意义。当今世界,能源资源环境等种种问题不断凸显,海洋文明将扮演更加重要的角色。海洋是一个普遍关联的生态系统,海洋文明及其海洋文化建设基于"场域"的视角,应在自然与文化、开发与保护等方面取得平衡,以利于人类永续发展。舟山海洋文化建设需要树立"文化场"理念,全面整合海洋自然资源和人文资源,发挥场效应,增强海洋文化的吸引力和辐射力,不断深化拓展海洋文化功能,在国家海洋战略及其文化战略中发挥应有作用。

海洋文化建设需要从纵横展开,纵向的即是以历史的眼光并向着未来,横向的就是以世界的发展为坐标,说到底就是将其纳入历史的现实的"场域"中进行。不同的时空存在着不同的文化,不同的文化处在不同的"场域"中,任何孤立的、片面的,抑或时段的、区域的海洋文化建设的视角都需要加以检讨。对于时空的抑或文化的判定,我们不能仅仅限于其特定的甚至是狭小的范围,而要以"场域"的视角进行省思考察,如此才能得其要领及其本质。

一、"场域"与生态文化及其海洋文化

关于"场"的思想,老子的"道"从一个侧面触摸了宇宙万物的"场",所谓"道之为物,惟恍惟惚","无状之状,无物之象,是谓惚恍"[1]。普朗克基于量子假说想象了宇宙能量场,那是一个普遍的网。如:"万物因力而得以兴起与存在……我们必得假设在力的背后,存在有意识、有智慧的心智。这心智就是万物的母体。——量子理论之父马克斯·普朗克以这些文字,描述了结合一切创造物的宇宙能量场,那就是'无量之网'。"[2]"场"作为物理学概念,是

[*] 原载《浙江学刊》2012年第2期。

[1] 《道德经》第二十一章云:"道之为物,惟恍惟惚。惚兮恍兮,其中有象;恍兮惚兮,其中有物;窈兮冥兮,其中有精,其精甚真,其中有信,自今及古,其名不去,以阅众甫。"《道德经》第十四章云:"视而不见,名曰夷;听之不闻,名曰希;搏之不得,名曰微。此三者不可致诘,故混而为一。其上不皦,其下不昧,绳绳兮不可名,复归于无物。是谓无状之状,无物之象,是谓惚恍。"

[2] 桂格·布莱登著,达娃译:《无量之网》,台北橡实文化出版,大雁文化发行,2010年,第3页。

指物质存在的一种基本形式,比如引力场、磁场等。一切场中都包含实物,一切实物中都包含场,场具有具体的、隐约的、混沌的、恍惚的等多种存在形式,场是一切空间中物质、能量、信息的总汇。

宇宙系统是一个巨大的场,存在着各类星体及其各种宇宙环境的关联。地球系统、生命系统、人类系统都是特定的场。人类物种从产生到终结的时空中,都与自然万物相互关联,任何的宇宙自然系统都对人类产生影响,人类世界在自然系统的整体关联中存在。地球生命系统是一个关联的网络,处于相互平衡之中。康芒纳持有"关于一个地球上的生命之网的看法",他指出:"地球的生态系统是一个相互联系的整体,在这个整体内,是没有东西可以取得或失掉的,它不受一切改进的措施的支配,任何一种由于人类的力量而从中抽取的东西,都一定要被放回原处。"〔1〕黙迪认为任何实体自身与其环境都是一体的,他引用怀特海的话指出:"当一个实体在它的界限,即在其中才能发现自己的更大整体整合起来时,它才是它自身;反之,也只有在它的所有界面都能与它的环境,即在其中发现自己的同一整体相适应的时候,它才是其自身。"〔2〕罗尔斯顿运用"场景"阐述有机论思想,指出作为主体的"我"是被置于自然场域中的:"作为一个评价的代理人,我是置身于这个无所不在的自然场域中。作为主体,我并不能把那些被评价的客体纳入'我的场域'之中;相反,我发现,我自己也置身于那个我要对之进行评价的公共场域中。"〔3〕布迪厄基于社会学的考察,使用"场域"(field)阐述社会组织关系。他认为"根据场域概念进行思考就是从关系的角度进行思考",指出,"从分析的角度来看,一个场域可以被定义为在各种位置之间存在的客观关系的一个网络,或一个构型"〔4〕。如此等等,宇宙场—地球场—人类场—社会场,为我们提供了考察问题的"场域"视角:地球人类系统可以区分为若干不同的场,陆地和海洋,城市和荒野,乃至国家区域、政治经济、民族宗教、社会文化等,这些场都处于交互关联之中,并且尽可能直指被其包容的更为巨大的场——星球和宇宙自然。

人类社会因起源、环境、生活等不同,而具有不同的"文化场",它影响决定了人们的价值系统、社会生活样态以及经济发展方式,并且在自然演进中相互影响,在相互关联中被不断构建和分野。人类早期基本属于自洽的原生

---

〔1〕 巴里·康芒纳著,侯文蕙译:《封闭的循环——自然、人和技术》,吉林人民出版社,1997年,第36页。

〔2〕 W.H.黙迪:《一种现代的人类中心主义》,《哲学译丛》1999年第2期。

〔3〕 霍尔姆斯·罗尔斯顿著,杨通进译,许广明校:《环境伦理学——大自然的价值以及人对大自然的义务》,中国社会科学出版社,2000年,第276页。

〔4〕 皮埃尔·布迪厄、华康德著,李猛、李康译:《实践与反思——反思社会学导引》,中央编译出版社,1998年,第133—134页。

态系统，人类与自然基本处于谐和亲近的关联之中。随着人类活动对于自然系统干扰的不断加深，尤其是工业文明、城市文明的迅速发展，使处于原生态的自然环境系统受到干扰，资源、环境、生态等问题不断显现，人类生存发展岌岌可危。正如卡逊所言：“人类已经失去了预见和自制的能力，它将随着毁灭地球而完结。”[1]在对历史的反思和未来的忧虑中，一种普遍关联的生态观念开始兴起，进而形成生态文化的理念。生态文化本质上属于人与自然的“场域”，人类系统处在“人—社会—自然”的复合生态系统[2]之中，我们要以整体系统普遍关联的观念检讨人类的所有活动。人类在对抗环境、形成文化的过程中，“包含着某种辩证的真理：正题是自然，反题是文化，合题是生存于自然中的文化；这两者构成了一个家园，一个住所”[3]。人类既要仰望星空[4]，又要敬畏生命；既要维护好草原山川，又不可无视每一片沼泽和荒野，这一切本属于人类系统的“住所”，关乎人类自身的生存发展。生态文化是指以人与自然和谐发展为取向的价值观念、情感态度及心理意识，它以人与自然实现本质统一的价值观为核心[5]，从而形成以人与自然和谐为基础的行为方式及其社会机制。面对生态环境危机，在人与自然的关系上需要摒弃“人与自然二元对立”的观念，而代之以“人与自然的协调统一”、“物我共生”的思想。人类社会的发展不可逆转，人类对于自然生态环境的永恒依赖不可动摇。

海洋本身是包括地质场、水生场、物质场等的自然场域。海洋文化是自然海洋的“人化”，是人类与海洋的种种关联，它是历史的也是现实的海洋“文化场”。海洋文化是人类缘于海洋而生成的精神的、行为的、社会的和物质的文明化生活内涵，其本质就是人类与海洋的互动关系及其产物。[6]从人文地理角度讲，“海洋空间是人类以自然海洋为基点的一种行为模式、生产方式、交往方式所达到的生活空间、物质分配的空间、文化创造的空间”[7]。我们可以采取不同的视角触摸海洋文化的特征，诸如涉海性、辐射性、交流性、商业性、开放性、拓展性、生命的本然性和壮美性以及社会组织的行业性和政治

---

〔1〕 蕾切尔·卡逊著，吕瑞兰、李长生译：《寂静的春天》，吉林人民出版社，1997年，扉页。

〔2〕 余谋昌：《生态哲学》，陕西人民教育出版社，2000年，第47页。

〔3〕 霍尔姆斯·罗尔斯顿著，杨通进译，许文明校：《环境伦理学——大自然的价值以及人对大自然的义务》，中国社会科学出版社，2000年，第451页。

〔4〕 从这个意义上讲，人类对于地球以外星体的干扰更需要谨慎，最好不要轻易去开发利用。

〔5〕 马克思恩格斯的生态文化思想以人与自然实现本质统一的价值观为核心，并在人的劳动实践、社会制度、生活消费层面上展开，从而构成具有内在逻辑关联性的理论整体。参见宋周尧：《论马克思恩格斯生态文化思想的基本内涵》，《岭南学刊》2006年第3期。

〔6〕 曲金良：《海洋文化与社会》，中国海洋大学出版社，2003年，第26页。

〔7〕 杨国桢：《关于中国海洋史研究的理论思考》，《海洋文化学刊》(台湾)，第七期，2009年12月。

形态的民主性等[1],而其最大的本质特征在于它的流动性和包容性,这是海洋系统区别于其它生态系统而独具的重要特征。海洋文化独具海洋生态文化特征,最能体现生态意识及生态价值。智者乐水,仁者乐山。中国有着悠久的文化历史,名山胜水等自然人文景观,都形成了一个个自然的历史的也是现实的文化场。

海洋文化场的作用及其价值可能是我们难以估计的,其效果发挥及其价值实现基于诸多因素的关联和互动。正如:"我们可以把场域设想为一个空间,在这个空间里,场域的效果得以发挥,并且,由于这种效果的存在,对任何与这个空间有所关联的对象,都不能仅凭所研究对象的内在性质予以解释。场域的界限位于场域效果停止作用的地方。……在经验研究的工作中,场域的构建并不是通过一种强加行为来实现的。"[2]海洋"文化场"理念,要求我们将海洋文化纳入"场域"中省思,树立宏大的海洋文化意识,倡导海洋生态文化理念,这对于海洋文化建设的纵横展开,对于整理发掘和弘扬海洋文化,强化全民族海洋文化意识具有重要意义,也为国家海洋战略研究提供文化支持。

二、海洋"文化场"营造及其资源整合

依据"场域"思想,舟山海洋文化建设一方面需要从历史走向现实指向未来,另一方面需要将自身纳入国家以及全球海洋文化建设的战略背景中进行,由此形成整体系统的群岛文化格局。舟山海洋文化建设需要以开放、包容的宏大姿态,将不同文化类型在空间场中整合为一体,形成浓郁的海洋气息和生态文化氛围,彰显海洋文化开放、包容、博大、兼容并蓄的气派和特质,营造形态各异、相互关联的海洋文化区,体现海洋文化的魂魄,展示海洋文化的精神和灵魂,满足人们多元化、多向度的文化需求,构筑具有强大辐射功能的舟山群岛海洋文化场。以此展开旅游休闲攻略,与上海、杭州、宁波等城市文明进行互补和链接,辐射渗透至长三角、泛长三角地区乃至全国,并逐步沟通国际区域。

舟山群岛除了具有海洋文化的共性以外,其群岛诸岛形成了独具特色的兼具海洋和陆地的海洋文化场,而内陆文化和海洋文化的依存和互动,正是当代海洋文化的发展之路。舟山由群岛集合而成,除了三大岛屿之外,有大小岛屿 1300 多个,在营造主岛大岛文化的基础上,不断勾连小岛诸岛,形成一个有机联系、相互支撑的海岛文化系统。舟山群岛通过跨海大桥的连接,形

[1] 曲金良:《海洋文化与社会》,中国海洋大学出版社,2003 年,第 27—33 页。
[2] 皮埃尔·布迪厄、华康德著,李猛、李康译:《实践与反思——反思社会学导引》,中央编译出版社,1998 年,第 138 页。

成自然人文的耦合和共振，发挥更为巨大的海洋文化场效应。我们需要立足于海洋自然景观和海洋人文景观，基于自然的、历史的、人文的、民俗的、宗教的、民生的等多个维度，建设营造诸类海洋"文化场"。

自然景观文化场：基于海洋的生命起源意义、原生性特征及其包容和浩瀚，人需要与海洋进行对话和沟通，通过对自然的追思、生命意义的反思，反观生命直指心灵的律动，回归本真，这对于生命体认、人类过程乃至个体人生过程的认同，都无疑有着重要意义。海洋自然景观体验，可以发挥"天地与我共生，万物与我为一"的哲思和审美价值。舟山群岛具有多样化的海洋生态单元，大小岛屿无数，纵横延伸，近岸海水水体（长江入海各条河口以及杭州湾海湾）、大小海峡、潮汐沼泽，以及各种各类海洋生物，形成点、线、面、体的自然生态景观系统，各种景观交互重叠和耦合，构筑了特别的海洋文化场，彰显出蓝色和绿色的生态文化本质，使得自然生态景观在检讨人类行为及个体人生中发挥应有作用。"无论从微观还是宏观角度看，生态系统的美丽、完整和稳定都是判断人的行为是否正确的重要因素。……把自然仅仅当作玩物是对自然的亵渎，就像把人当成玩物是对人的亵渎一样。"[1]

审美文化场：审美的需求是人类最基本也是最高的需求。"通过美，我们升入了一个较高的价值领域；审美体验是某种由人带入这个世界的东西。正如在人类产生以前，地球上不存在具有世界观和伦理学的存在物一样，其他存在物也没有美的感受。人点燃了美的火炬，正如他点燃了道德的火炬一样。"[2]应将传统旅游文化的吃喝玩乐的简单诉求向感受自然人文、认知和体验乃至审美的方向转变引导。海岛审美文化是难得的文化资源，其审美取向呈现出冒险精神、倔强的幸福追求、浓烈的美感形式、刚毅的精神内蕴，随着社会经济的发展和人们生活的改善，海洋审美文化也悄然变化，领悟自然之美、感动生命的律动、追寻自然的哲思将成为新的要求，人们从即兴感发到自觉意识，从群体意愿抒发到理性意识表达，从直白粗放到追求壮美，审美意识在发生种种变化。我们需要从审美的视角，更好地保存文化的多样性，做好海洋审美文化资源的挖掘整理和研究，发挥海洋文化独特的审美价值。

民俗文化场：民俗文化是最底层、最本真也是最具活力的文化形态，是人们生活的"根"，是"元"文化的重要载体。民族的就是世界的，多元是自然的本质，也是人类文化的本质。越是异质的东西越具价值，越发吸引人们去探索、领略和思考。舟山海岛民俗文化的开发，要注意选择符合当地实际、体现民俗文化特色的形式，既要选择原生自然式，又要选择原生现代融合式；要尊重民间社会海洋文化的传统文化及历史传承，以及区域社会对海洋文化的价

---

[1][2] 霍尔姆斯·罗尔斯顿著，杨通进译：《环境伦理学——大自然的价值以及人对大自然的义务》，中国社会科学出版社，2000年，第307、137页。

值认同和情感认同；要充分整理涉海、涉鱼、涉渔的舟山民间艺术、风俗人情，以各种方式展现给世人。民俗旅游是一种高层次的体验式文化旅游，由于它满足了人们求新、求异、求乐、求知的心理需求，将长盛不衰。

宗教文化场：宗教可能是人类解决问题的一种可选途径。人类有必要秉持"科学的大脑，和谐的发展，宗教的胸怀"，以超越的心态，打通生活世界、神圣世界、宗教世界，抵达短暂人生的理想彼岸。普陀山〔1〕是四大佛教名山中惟一依海岛构建的佛教圣地，应以普陀山佛教文化为基础，挖掘整理研究佛教文化，梳理协调物质文化、制度文化等不同层面、不同形态的指向，拓展观音文化在精神心灵层面的作用，注重审美、信仰、净化心灵功能的塑造，体现其海岛文化的深刻内涵，发挥宗教文化的互动、协调、吸引、辐射等文化"场效应"影响。舟山的佛教、道教、基督教等三大宗教以及众多的航海保护神，如观音菩萨、羊府大帝、泗洲大圣、妈祖等宗教文化资源，需要进一步挖掘整理，不断形成舟山独特的宗教景观，这种多元文化的共存可能是人类未来文化的趋向。

渔业文化场：在保护海洋水环境的基础上，保障各类鱼种繁衍生存，营造丰富多彩的渔场文化。舟山由于独特的海域环境，饵料丰富，为不同习性的水产品的栖息、繁殖和生长提供了良好条件。舟山素有"东海鱼仓"和"祖国渔都"之美称，这是舟山独特的经济社会样态，也是渔业经济发展的珍贵资源，同时也为海产品美食体验、垂钓生活乃至渔猎生活体验等提供了重要平台。

心灵平衡场：水在中国古代具有特别的意义〔2〕，水的喻意在自然本原、生命本原以及社会伦理等方面都有重要体现。〔3〕要以现有"钓岛"、"摄影岛"、"佛岛"、"侠岛"等为依托，不断挖掘拓展，通过营造生命体验区、航海体验、观海体验、原始劳作体验等，引导人们了悟现实社会的功利和浮躁，理解生命的宽容和博大，借由自然景观场以及佛教场，进入其心灵世界、精神世界〔4〕，净

〔1〕 普陀山有着悠久的佛教文化传统。如说："普陀山自唐代开辟为佛教圣地以来，历代均有兴建，元朝时尤盛，寺院目所记述普陀山寺院胜迹达十余处。"参见政协舟山市委员会文史资料委员会、政协舟山市委员会文史编辑部编：《舟山文史资料》（一），浙江人民出版社，1990年，第16页。

〔2〕 《道德经》第八章："上善若水。水善利万物而不争，处众人之所恶，故几于道。居善地，心善渊，与善仁，言善信，政善治，事善能，动善时。夫唯不争，故无尤。"

〔3〕 《管子·水地》云："水者何也？万物之本原也，诸生之宗室也，美恶贤不肖愚俊之所产也。"又云："故水一则人心正，水清则民心易。一则欲不污，民心易则行无邪。是以圣人之治于世也，不人告也，不户说也，其枢在水。"

〔4〕 佛教中具有生态平衡意识，"强调心灵的净化与精神的改造"，"主张众生平等，就是对一切生命价值的体认"，"从心态平衡到生态平衡，用美好的心灵生发高尚的行动，提升生活品位，完美生命价值，创造理想的生存状态"。参见刘元春：《共生共荣——佛教生态观》，宗教文化出版社，2002年，引言，第9—10页。

化心灵，不断融通生活、神圣、宗教的世界，兼容现实生活的世界和意义的世界。

文化承载场：加强对海洋文化资源的保护和开发利用，通过与文博业、旅游业、演艺业、影视业、休闲娱乐业的结合，强力推进海洋文化的著作、剧本、影视、动漫等创作工程，形成海洋文化产业的系列作品，建设具有舟山特色的文化名牌。重点建设好具有代表性的海洋文化艺术中心、民俗馆、博物馆、海洋生物馆、大剧院、文化创意大楼等标志性海洋文化设施，培育一批海洋文化名镇、名村、名园和海洋文化生态区，扶植一批具有渔村民俗特色的民间展览馆、陈列馆，发掘一批具有海岛特色的民间艺术及民俗表演项目，以基础性文化设施的建设，承载海洋文化的精神和灵魂。

各类文化场既分又合，形成舟山"文化场"的独特性和整体性。文化是作为象征意义的载体而具有实质内涵的存在，具有互动及协调效应、吸引及辐射效应等特征。"文化场"形成巨大的场效应，还可以成为人们海洋文化旅游的精神载体，可以带动、辐射、刺激人们的旅游需要，化解消减文化、道德、经济、生态等各种潜在危机，使得舟山之旅真正成为体验之旅、心灵之旅、生命之旅。

三、海洋文化建设及其未来

海洋文化在人类历史进程中具有重要意义。在一定意义上讲，西方文明史几乎就是一部海洋文明史。"没有地中海，'世界历史'便无从设想了：那就好像罗马或者雅典没有了全市生活会集的'市场'一样。"[1]近代西方航海和地理大发现，伴随了资本主义生产方式及其资本扩展，促进了近代科学产生和发展，导致工业革命乃至世界产业格局的基本形成。海洋文明是近代世界格局形成的助推器，推动了人类文明的进程。

西方开启现代化历程，与其海洋文化传统、海洋扩张政策有密切关系。郑和航海没有发现新大陆，常常引起国人的遗憾，并非中国的航海能力逊于西方，实乃不同的海洋政策和航海取向使然。[2]黑格尔对中国海洋文明进行了基本判定："大海邀请人类从事征服，从事掠夺，但是同时也鼓励人类追求利润，从事商业。……这种超越土地限制、渡过大海的活动，是亚细亚洲各国所没有的，就算他们有更多壮丽的政治建筑，就算他们自己也是以海为界——像中国便是一个例子。在他们看来，海只是陆地的中断，陆地的天限；他们和海不发生积极的关系。"[3]他持有西方中心主义，淡化文明的多元化

---

〔1〕〔3〕 黑格尔著，王造时译：《历史哲学》，上海书店出版社，2001年，第90、93页。
〔2〕 罗荣渠：《15世纪中西航海发展取向对比与思考》，郑和下西洋600周年纪念活动筹备领导小组：《郑和下西洋研究文选》，海洋出版社，2005年。

起源及其自然取向,说:"占有这些耕地的人民既然闭关自守,并没有分享海洋所赋予的文明,既然他们的航海——不管这种航海发展到怎样的程度——没有影响于他们的文化,所以他们和世界历史其他部分的关系,完全只由于其他民族把它们找寻和研究出来。"[1]但这至少可以说明中国海洋文明与西方发展逻辑相悖。事实上,中国有着悠久灿烂的海洋文化,呈现出鲜明的农业性特征,其基本内涵是"以海为田"[2],"如果把西方的海洋文化称为海洋商业文化,那么中国的海洋文化便可称为海洋农业文化。两者均是海洋文化的基本类型"[3]。时至今日,我们必须基于全球化背景,在世界坐标中实施海洋战略,融入世界,引领世界,我们有这个能力并且时机已经成熟。

21世纪是海洋的世纪,在资源环境以及能源压力下,人类能源格局可能的走向一定是海洋能和太阳能的利用。我国在"十二五"期间提出的海洋经济战略规划具有重大意义,中国海洋文化建设在维护海权的基础上逐步推进和延展。在政治、经济、社会文化兼收并蓄的情况下,应突出特定海洋区域建设,从区位、历史和资源禀赋等角度,对海南、广东、福建、浙江、天津、山东、江苏等涉海区域从长计议,牢固树立海洋文化的自觉,做好海洋开发和保护。"中国走向海洋,需要对中国海洋历史文化传统的自觉,了解它的源头、发展过程及其利弊,才能正确把握今后的发展趋向,进而取得适应新的历史挑战的自主地位。没有海洋历史文化传统的自觉,便没有当代海洋发展的行动自觉。"[4]强化海洋意识,强化国家战略、海洋军事战略、能源战略以及文化战略,亦是舟山海洋文化建设的长远诉求。

首先,针对舟山具备的海洋文化的共性和个性特征,对海洋文化建设进行前瞻性的规划,尤其注重今后50年、100年甚至更长时间的长远规划。检讨世界以及中国海洋文化开发建设的得失,将海洋开发纳入国家及国际视野中,形成舟山—浙江—国家—世界的发展思路,注重历史继承性、差异性和创新性、前导性的有机结合,形成海洋文化名城、渔都港城、海天佛国、海洋休闲胜地以及海岛花园的多元发展格局。注重实施国际战略,开展文化交流和传播。"在前近代时期,舟山群岛作为中华帝国对外接触、交流的前哨,于文化的传播与吸纳两个方面均有建树。"[5]舟山应在历史和现实中寻求发

〔1〕 黑格尔著,王造时译:《历史哲学》,上海书店出版社,2001年,第104页。
〔2〕 宋正海:《东方蓝色文化——中国海洋文化传统》,广东教育出版社,1995年,第212—217页。
〔3〕 宋正海、郭廷彬、叶龙飞、刘义杰:《试论中国古代海洋文化及其农业性》,《自然科学史研究》1991年第4期。
〔4〕 杨国枢:《中国海洋史与海洋文化研究》,载曲金良:《中国海洋文化研究》(4—5合卷),海洋出版社,2005年,第6页。
〔5〕 包伟民:《舟山群岛:中外文化交流的聚焦点——"岛屿与异文化的接触"研究案例试论》,《浙江学刊》2010年第6期。

展机遇。

其次，利用区位优势，凸显发展特色。舟山群岛处在东部沿海的中间，深水海岸线绵延四通，北到山东，南到福建、广东，西为长江入海口和杭州湾，东向直接进入大洋，这是舟山海洋经济文化发展的巨大优势。近来，国务院批准设立舟山群岛新区。这是国务院批准的我国首个以海洋经济为主题的国家战略层面的功能区，将舟山群岛新区作为海洋经济发展的先导区、海洋经合开发试验区和长江三角洲地区经济发展的重要增长极，这对于推进实施国家区域发展总体战略、海洋发展战略具有重大战略意义。舟山群岛的最大特点在于其大小岛屿量多且分散，数以千计的自然小岛既是舟山海洋经济文化建设以及海洋文化旅游开发的难题，也是区别于其他区域的重要特色，这也正是舟山群岛海洋文化建设的优势和出路。舟山应借力于发达区域的区位优势，针对城市自然文化旅游的强烈诉求，施行"夜舟山"、"度假岛"等文化旅游战略，形成"点点渔火、舟山唱晚、幽蓝之海、梦之海、心灵之海"的旅游攻势。

再次，以海洋文化建设为引擎，强力推进以海洋为主题的特色文化产业建设。文化产业已成为未来世界经济发展的新引擎、新增长点，也是发达国家增长最快的支柱产业。我们需要跟踪、超越国际文化产业发展的路子，结合舟山实际，把文化产业提升到战略高度，使之成为转变经济发展方式、提升经济社会发展水平的重要抓手。要以海洋旅游产业、海洋知识产业和海洋信息产业为重点，以海洋创意产业、海洋教育产业、海洋数字产业作为协同支撑，打造核心产业层，构筑文化产业集群，通过不断带动、辐射外围层的产业发展，构成一个特色明显、关联互动的海洋文化产业发展格局。

海洋能源产业的发展为海洋文化建设带来重大机遇。经济竞争说到底是文化的竞争，国际及区域的文化竞争力就是核心竞争力。舟山应以海洋文化建设促进旅游业发展，以旅游业提升文化产业，转变经济发展方式，提升经济社会发展水平。中共十七届六中全会研究深化文化体制改革、推动社会主义文化大发展大繁荣，将强力推进舟山海洋文化建设和发展。舟山的海洋文化开发要树立大文化观念，牢牢把握文化就是经济的战略理念。战略的关键是选择，选择的核心是放弃。在当前乃至以后，什么是我们必须选择的，什么是我们必须放弃的，是战略部署的第一步。需要前瞻性地结合海洋文化旅游、文化产业、海洋新能源开发，在世界海洋文化中定位，在国家区域的比较中定位。在海洋文化建设发展中，还要注意防范开发与保护中的悖论问题，坚持人类与海洋共存共荣的理念，做到开发和保护并重，在合理开发的同时，强化环境意识，营造海洋资源保护的社会氛围，使环保理念深深植根于政府、企业乃至个人行为之中，维护海洋生态环境。

中国传统社会农业经济与农业文化的构建*

　　中国文化植根于农业经济的土壤中,受到特定的自然环境、政治宗法伦理、农业生产方式等背景的深刻影响,表现出明显的农业文化特征。传统社会农业经济背景为文化的构建提供了前提条件,农业经济的长期稳固与社会思想文化相得益彰,中国传统社会在这两者的互动中延续和发展。中国传统社会生产主要是农业的生产,传统经济的主要成分是农业经济,其主要特点是自然的小农经济运作方式,社会生产生活实践的各个层面都依赖农业。在寻求社会经济及其关联要素对文化的影响乃至经济与文化的互动关系时,重视这些背景为我们提供的线索,就可能抓到问题的要领。当然,对一个多元的复杂的环境背景进行探讨,无疑是极其困难的,我们只有从全部背景中选择可能决定事物方向的主要方面及脉络来把握问题,再进行多向整合,得到环境背景与思想文化乃至现实的联系才会成为可能。

一、自然地理环境为农耕提供了有利条件,决定了农业经济的主导地位,奠定了农业文化的自然物质基础

　　人类社会有史以来就存在着自然(或环境)、人类(或民族)活动、文化(或制度)这样一个不可分的三角关系。起初,环境决定着人类或民族的生存发展,人类主要是适应自然环境;后来,人类的适应性和智能化活动对环境产生重要作用,由此生出文化和制度,也由此引来社会变迁。就世界范围而言,耕种和畜牧业决定着人类早期的农业文明,只是因为自然环境条件的差异,各地区才走了不同的路。总体上来看,在环境条件适合的情形下,与畜牧业相比,耕作农业对于人的生活来说会更便当。农耕能便利地获取食物,有较多的生存机会,对人口的承载力和支持力高,温热的气候条件、水源丰富、土地肥沃有利于人们进入农耕为主的定居生活,人类几乎所有的古老文明都发生在南方温热带地区。中国地理环境的多样性和优越性,为农业经济(尤其是耕作农业)的发展提供了有利条件,也因此造就了农业文明,为农业文化的生根发芽和成长奠定了基础。而以古希腊为代表的欧洲等国也因其自然环境的特点趋向畜牧文化与海洋文化为主的交杂混成的异型农业文化,这应是整

　　* 原载《农业考古》2003 年第 3 期。

个西方文化的一个重要源头。

中国自然地理环境为农耕提供了有利条件。其总体特征主要表现为：第一，南北纬跨度大，热量资源沿纬度分布呈地带性差异；第二，季风气候，东南部水源丰沛，形成温暖湿润气候，其突出特点是雨、热同期，全年降水量的80％以上集中在作物的活跃生长期内；第三，地形起伏多山，热量、水分资源以及植被和土壤类型随海拔呈带状更替。其中，气候是自然地理环境的重要组成部分，而自然地理环境又反过来影响气候。支配中国气候的三大因素，即强盛的东亚季风气候、大跨度的经纬差和悬殊多变的地形，它们的综合作用，形成了东部季风区、西北干旱区和青藏高原区三大区域，其中季风区占全国总面积的47.6％，人口占全国总人口的95％，华夏文明起源发展于该区。季风区〔1〕的气候特征是雨热同季，四季分明，南方水多，北方水少。其土壤特点是南方酸性粘重，北方碱性松细，土壤有机质含量较高。该区光、热资源丰富，黄河、长江流域夏季时间长，温度高，作物生长活跃期较长，黄土高原为4—6个月，下游平原则长达7个月，与长江流域相当。〔2〕丰富的光、热、水资源给黄河、长江流域的农业生产带来便利，这就是种植业（水稻）发达并占农业主导地位的主要原因。因此，以种植业为主的农业生产占据了传统经济的主导地位。

自然地理环境这个人类生存的初始条件的不同，会带来物质生产及生产方式的不同，也终究会导致整个文明的差异。古希腊是西方文明的摇篮，其最显著的气候特征是海洋性和纬度地带性，表现为面积广大的温带海洋性气候和典型的地中海气候，夏季温度偏低，冬季温暖湿润，雨天多，降水均匀，空气湿度大，有效积温较低，土壤粘重，酸性较强，肥力低。除南部利于耕作和种植谷物外，其它地区，尤其是西欧，要么水土不适，要么光热不足。但西欧的气候却有利于牧草的生长，这使得畜牧业得到长足发展，占据了农业经济的主导地位。以畜牧业为主导的社会导致游牧生活，游牧是人的生活与为了寻找水和草而移动的家畜群的运动相一致的一种土地利用方式，由人和家畜群的共同关系所构成。游牧一般是以村落为根据地进行有规律的季节性迁移，也有的比较自由，规律性不强，人们对于自然表现出主观积极的能动态度。这与以耕作为主的农业社会相比，人口密度明显要小，社会组织关系也相当不稳定，人们不过分地依赖自然条件，也没有固定的思维模式。古希腊由于其四周有半岛，大陆环绕，海岸线绵延曲折，对航海十分有利，航海导致商业贸易的发达，生活新奇富有刺激；对自然的依赖性在海洋民族心理上不

---

〔1〕 一般认为新疆、柴达木盆地中西部、藏北高原西部、贺兰山—阴山之北的内蒙古地区属大陆性气候区，其他地区都是季风区。中国农业文明主要发祥地黄河、长江流域属于该区。

〔2〕 林之光等：《中国的气候》，陕西人民出版社，1985年，第423—424页。

断减弱,从而冲击了原始农业和畜牧业时期具备的思维倾向[1],使原本直观、整体的思维取向不断减弱以至渐失根基,结果是强调人的主动性,突出人对自然的征服。

就农耕而言,种子作物和营养繁殖作物栽培以及种麦型农耕与种稻型农耕也会有很大差异,其支撑的社会和文化也有显著的不同。种麦型农耕由于受到各种因素的制约,会出现耕地和休闲、放牧交替进行的混合农业,这使得人们有比较充裕的时间从事其他行业,自由想象和思维的空间也大一些;水田农耕以水稻耕作为中心,就会产生社会性、宗教性的有力、统一的"种稻文化",其对水利的较高要求促进了村落共同体的统一。另外,在农忙季节常需换工协作,这样就形成了多种共同劳动的惯例。从这种背景来看,中国的"种稻文化"更倾向于整体配合协作。在一定的意义上,"种稻文化"强化了农业生产运作及其思维的固定化。

农耕文明的物质基础是农作物的生长,它是由"种子—植株—种子"构成的一个循环往复的过程,这个过程具体包括播种、萌芽、生根、长叶、开花、结实等多个环节,人们对这一周而复始过程的认识和关注以及社会生产生活上的循环运作,自然会产生对自然的依赖,形成整体系统循环、取中的思维模式,这无疑又强化了人们对于农业经济的依赖。再讲,粮食谷物(早期主要是小米和水稻)的生产必须遵守一定的季节(气候),所以人们又必须关注自然物候、四季更替、气候变化、生活节律以及日月星辰的位置移动,要把农作物生长与季节对应起来,实行调控,才可获得好收成。由于农业生产、农业自然经济对自然的依赖性很强,农业生产的运作就必须同天地自然条件密切联系在一起,因此人们的生存依赖于自然,并把自己看作生命自然的一部分。从氏族时代起,人们就必须为社会性生存目标和应付环境的挑战而齐心协力,做到人与自然相适应,从而巩固人、社会、自然一体化的观念。[2]这样一种整体的生态化观念,反过来使人们牢牢维系在农业生产上,从事着周而复始的小农生产和以传统农业经济为主导的社会生活。以农耕为主的社会经济导致了农业文明,农业文化由此生根发芽。农业文化具有典型生态意味。

二、以小农生产为主体的农业经济方式长期稳固,造就了成熟而典型的生态型农业文化

农业经济是中国传统经济的主干,它的最显著的特点是"靠天"。农业生产对天地自然的依赖性,越是往前,表现越强。适宜的光热、雨量以及土壤环境是农业耕作的必备条件。对自然及土地的依赖,容不得人们有过分的举措

---

[1] 笔者认为,原始农业时期,人类思维趋同于整体、直观。
[2] 林德宏、张相轮:《东方的智慧》,江苏科学技术出版社,1993年,第78—82页。

和非分的想法，人们活动空间相对狭小，交流、交往较多地限于宗族亲情之间，重"和"重"仁"的人际关系，培养了人们的"中庸"性格。也由于对自然的依赖，一旦遇上自然灾害(水旱灾、虫灾等)，农业生产就会遭受致命打击，久而久之就培养了中国人乐天知命的性格，即"日求三餐，夜求一宿"。反映到现实生活中，则多取"知足常乐"、平安宁静的生活。从政治社会的角度来看，小农经济思想利于社会的稳定，也是专制社会政治得以稳固的基础。在各种条件约束下，农民既勤奋耕作，又安于天命，总是在不可抵抗的自然环境中，围绕田块、吃饭、睡觉转圈子，农业生产周而复始，人生老病死，循环往复，没有新意与刺激，生活封闭、单调、形式化。小农经济的主要经营者是农户家庭，按照效益最大化原则，其经营的唯一动机是如何在有限的土地上获得较好的收成，以达足食饱暖。农业在自然环境中进行，在生产中首先要处理好动植物与外界环境即光热气水土肥的关系，做到天地人物的协调统一也就是动植物与外界环境的协调统一是农业生产的保证。小农经济生产方式要求崇尚经验，培养了人们爱好和平、礼仪为重、互帮互助的性格。这和欧洲人"好斗"性格以及"战争是万物之父"的观念截然不同。一个是寻求和平、安宁，一个是寻求征服、扩张。这种民族性格、心理和观念的不同会带来文化的差异，导致各走各的道。

　　传统农业经济可以说是一种自然经济，它必然受到自然生态系统演替规律的启迪。农业生产、农民生活要与自然环境相适应相协调，农民尽可能少地干扰农业生态系统(农田、旱地、草原)，使其近似于或顺应于自然生态系统的自然生态演替，这样，农业生态系统就具有自然生态系统的自我保持和修复功能，这种生态智慧本质上就是人与自然的协调统一。当然，这也是由人口密度低、小农经济的自给自足以及实用性的最大追求原则所决定；还是基于农业初期这样的一个事实：早期的火耕农业和草原牧场的利用这两种农业系统，在人口稀少的情况下运转良好，在各种生态环境下几乎都可以通过较少的劳动投入来获取食物。在农业的大部分历史中，农民依靠土地、自然能(太阳能)和生态智慧进行着生产，这是一种良好的生态适应体系，对于先民来说，依赖自然、顺应自然就是他们的自然法则和文化智慧。

　　但随着耕作的深入和人口的增长，良好的生态适应体系就要在一定程度上被打破，人们必须在同样多的土地上生产更多的粮食，农业生态系统不稳定的因素就多了起来。对于耕作农业来说，产量低、病虫害、水旱灾害等问题就更加突出，人们就必须增加劳动投入，采取措施，以求得生存。对此，中国先民采取"杂五粮，以备灾害"的作物轮作间作套种等种植措施，并注重以耕作的方法和生物的方法(自然的)以及积肥进行养地，采取农业的生态的方法防治病虫害；兴修水利，提高复种指数，以艰辛的劳动投入、自然合理的生态观进行精耕细作，与自然灾害抗争，获得相对稳定的收获，满足需求。也就是说,人们在面临生存危机的情况下,仍然知道违背自然的做法或掠夺性生产是走不通的,而以与自然相协调统一的生态观来实行自救,自然合理的生态观是小农经济能够自我维持和相对稳定的重要前提,小农经济与自然生态观念有着必然的联系。

农耕要求人们的生产实践活动要与天地自然相协调、相一致,这是"天律",不可违背。农业走向天地人物协调统一的生态化道路[1],久而久之,就必然贯穿于人们思想观念和实际行动之中。从一定意义上来讲,整个中国古代社会可以用"农业生态化的泛化"来解读。在思维层面上,其总体架构是"天人合一"、天地人"三才论"、天地人整体系统思维,其思维观念取向是气、阴阳、五行、圜道、中庸等,总体上趋于混沌模糊、实用、直观、系统和整体;在社会生活生产实践层面上,人们依存于自然,注重务实,重视传统和经验;心理上趋向于自足、乐天、均和、知命。因此,不论从农耕文明自身,还是从由它引导的观念、思维、文化来说,都反过来规定着中国农业经济的主导地位。农业经济的长期稳定是以小农生产方式为主的农业自然经济结构与其培植的社会文化相互作用的结果。中国古代社会在农业经济和由它引导的农业文化相互作用下绵延发展。

几千年来,汉民族赖以生存的经济基础主要是简单的农业生产方式——小农经济。小农经济的长期稳固,农民种庄稼的历史培植了中国的社会结构,中国文化或许可称为"乡土文化"或"五谷文化",总之离不开"土"和"谷"。美国农业科学家金(F. H. King)曾到中国、朝鲜、日本调查农业,著有《四千年农夫》。他以土地为基础阐述中国文化,认为中国人像是整个生态平衡里的一环,这个循环就是人和"土"的循环,人从土里出生,食物取之于土,泻物还之于土,一生结束,又回到土地。一代又一代,周而复始,人是这个循环的一部分,不与土地相对立,而是协和的农业。[2]五谷文化的特点是世代安居,人以土地为生,土地不能移动,人们跟着定居,聚集在一处,过着自给自足的生活,即"生于斯,长于斯,终老于斯"。这无疑会强化"家"的观念及其运作。在农业生产中,季节气候、农作物生长、农事活动(耕作栽培)周而复始,人与土地循环往复,如此等等,都是一种典型的生态化模式,它是中国社会各种情况广泛博弈的结果,乡土文化、五谷文化等是这种生态化均衡机制下的必然产物,因此可以说中国文化是一种"生态型文化",或可称为具有生态意味的文化。

---

〔1〕 胡火金:《天地人整体思维与传统农业》,《自然辩证法通讯》1999 年第 4 期。
〔2〕 费孝通:《学术自述和反思——费孝通学术文集》,生活·读书·新知三联书店,1996 年,第 37 页。

三、农业经济培植了特定的宗法伦理制度，两者相得益彰，为农业文化的生成发展奠定了社会基础

在氏族部落（团伙）时期，社会秩序的维持有赖于人们的相互协调，而不是依靠权威或制度化的规定，协调性、互酬性和平等主义在小规模的社会中（部落）也可以极其自然地发挥社会化、政治性的机能，原始思维及思想文化在本质上趋同。进入农耕阶段，由于生产力和人口支持力的显著提高，产生了固定的村落，并相继发展了以瓦器、陶器和机织为主的多种技术，在社会内部出现了不直接参加生产的商人、贵族、战士和其他人员（如占星家、祭司等），人类社会文化出现了明显的进化，但其思维根基、思想文化主要源于农业生产实践活动。农耕要依赖、顺应天地自然，人们必须直接面对和思考人与自然的关系，由此构成社会文化及宗法伦理的基础。

新石器时代，最古老的一些农业文明区已形成原始部落社会，此期为巫术和祭司统治的阶段，以崇拜太阳为主要文化特征。[1]对太阳的崇拜可能表达了人对自然（太阳）的强烈依赖，农业生产及社会生活离不开"天"，这体现了原始的天人关系。新石器时期晚期，中国已有农业文明的痕迹，其中仰韶文化区遗址数量最多，表现的文化程度也最高，发展较速，成为重要的一支文化。而黄河流域文化与长江流域以南文化在新石器晚期已有接触，由于农耕文明的发达和驱使，黄河、长江流域就成为后来的主要农业文明区。如仰韶文化区的西安半坡发现有成堆的小米，河姆渡文化区发现有人工栽培的水稻等，表明了先民对干旱和水、热等自然环境的适应性。农业文明的产生就是人对自然的适应及人与自然的协调。受自然环境严格约束的社会经济状况，无疑会导致与之相适应的政治宗法观念制度的产生。

夏朝世袭制代替了氏族"禅让制"，财产私有制破坏了公社制度。商朝进一步发展，等级、阶层进一步区分[2]，国家也随之产生。国家虽由国王统治，却更像由"巫史"政治。巫史从不同侧面代替鬼神发言，指导国家政治和国王行动，国王事无大小，都得请鬼神指导，也就是必须得到巫史指导才能行动。《尚书·洪范》中讲国王遇疑难之事要与巫史商量大体可信。《礼记·表记》也载："殷人尊神，率民以事神，先鬼而后礼。"商王遇事必卜，表示自己的行动是符合天命神意的，崇拜鬼神，祭祀祖先，沟通权威与天意，这是天人沟通的政治体现，实际上也是商人对自然现象不可抗拒的一种敬畏心理，企图不违背自然行事。如此，把人置于天地自然的大系统中，把农业生产实践纳入天命神意之中。在科学文化方面，占星术最发达，历法水平高，历法在当时具有

〔1〕 林德宏、张相轮：《东方的智慧》，江苏科学技术出版社，1993 年，第 78—82 页。
〔2〕 商葬有俯葬、仰葬（赔葬）之分，人由此分出等级来。

明显的政治功能。当然,历法的进步同时也推动了农业生产的发展,农业生产实践及人们的行动要符合天命神意应该是政治伦理的最初表现。

周施仁政,行分封制,农业经济运作以土地为枢纽,天子是最高的土地所有者,有权向任何人取得贡赋,土地的授予和接受之间靠贡赋和服役来联结,形成庶民—诸侯—王子的贡赋及王子—诸侯—庶民的土地授予的权利和义务关系。农业劳动者成了小私有经济生活的主体,小农经济因此产生。[1]农夫一家人世代附着在这土地上,离开土地不能生活。这种格局无疑会强化民、臣、君之间以及子、妻、父(夫)之间的关系,其结果便是"家族式"制度和伦理本位的建构。统治阶级,尤其是天子,持有代天保民思想,"惟命不于常","天视自我民视,天听自我民听"等,认为要永命必须保民,要把民心看做天心所出,民心是政治好坏的镜子,民为天所生,保民即敬天,皇天上帝是丞民的宗王,上天选择敬天有德的国君做天子,天子不称职,皇天上帝就要改选他人。周代敬天保民思想,实际上是商代"巫史政治"的翻版或是它的深化和延伸。春秋战国时期是个大动荡、大变革、大发展的时代,形成了政治上七国剧战和学术上百家争鸣的格局。儒家是尊礼(周礼)、德治仁政的"仁学思想",承认"天命",天是最高主宰,天被当做有意志能赏罚的人格神,要敬畏天命,安于命运,人要顺应天,做到"天人合一"。反映到农业生产实践中,就是天地人物的协调统一,这实际上是对周礼的继承和发挥。道家以"道"为最高哲学范畴,道是自然法则,是万物本原,先于天地存在。它强调对立双方存在于同一体之中,关怀自然,讲"无为",道体现了对自然的崇尚,强调人和自然和谐,即"天地与我并生,万物与我为一",指出了人类的(自然的)生存智慧。法家强调统一专制,否认道法价值,比较极端,受帝王欢迎,也为秦统一提供了理论依据。儒家重视现世,关心社会,儒家文化占据了中国文化的主导地位,它继承了周礼那一套,其尊天、敬礼、伦理政治以及"修身、齐家、治国、平天下"的道理对后世影响很大。中国历来以农立国,历代王朝都重视农业,中国农学乃至技术以及农书的刊行等,都曾领先于世。农业经济发展早,比重大,人口多,这种传统经济造就了农业文化的早熟。民以食为天,农业稳定、农民安居则国家稳定、社会安定,重农重民思想以及与此相应的思想文化便成了农业文化的传统。

以小农经济为主导的农业经济状况要求有相应的社会组织结构,中国古代社会组织的主要特点在于其血缘宗法制度。血缘结合是人类历史上最古老最自然的结合方式,中国的社会组织关系是以血缘关系为基础,在父子、夫妇、君臣之间的宗法原则指导下建立起来的。从整个历史来看,像是一种"家

---

〔1〕 授土授民后,土地臣民名义是王土王臣的一部分。事实上,受土受民的人有权利割让或交换土地,等于私有了,公田仅为装饰,随即废除。

邦式"的建构，抑或是"家长式"的国家社会组织，其制度或许可称为"家国制"或"家国主义"。具体来讲，社会组织关系就是"五伦"，五伦即君臣、父子、夫妇、兄弟、朋友，其中"君臣"拟父子，"朋友"拟兄弟，从广义上来讲都属于血缘关系，是一种广义的"家"。国家、社会行为很大程度上是一个"家"的运作。中国家族制度在其全部文化中所处地位之重要及其根深蒂固，是世界闻名的，中国老话说"国之本在家"，"积家而成国"，认为家为组织单位。中国的社会组织，轻个人重家族，先家族而后国家。正如卢作孚所说："家庭生活是中国人第一重的社会生活，亲戚邻里朋友等关系是中国人第二重的社会生活。这两重社会生活，集中了中国人的要求，范围了中国人的活动，规定了其社会的道德条件和政治上的法律制度。"[1]究其原因无疑与农业自然经济有关，农业民族的经济单位只需简单的一个家庭，其社会生活就是家庭生活，纵然有时超越了家庭范围，也只是家庭关系的扩大或延伸。农耕经济有利于生产力的稳定，人口支持力显著提高，村落比较固定，各种工艺技术也会应运而生，社会分工的产生也会迟早到来，有分工就有协作，传统的"家"就得到巩固和延伸。以家为本位的生产方法会导致以家为本位的生产制度和社会制度，其结果是一切社会组织都以家为中心，人与人的关系由五伦联系着，确定着。中国的五伦就是中国的社会组织，离了五伦别无组织。把个人编入这种层系组织中，使其居于一定地位，而负起那个地位的责任。中国实是伦理本位的社会，它脱胎于宗法，其基础是道德礼教礼常，可称为"孝的文化"，孝即伦理。这种伦理关系形成一个网络，每个人只是一个网结，这可比拟为"生态关系"，与"天人合一"、"三才论"等思想是切合的。它从特定的自然、社会经济、宗法伦理制度而来，它一经形成，就影响制约着人们的思想文化和社会生活生产实践，政治上的伦理化或者是生态化政治，农业的生态趋向，小农经济的持续稳定等都与此相关。总而言之，中国古代社会组织结构是一种"泛生态化"的建制，社会经济与政治宗法伦理制度互相促进是传统农业经济乃至农业文化得以维持稳固和长盛不衰的重要条件。

　　中国传统社会经济营造了生态化的农业文化，它是自然环境条件、政治宗法伦理制度、社会经济状况综合作用的结果。中国传统社会在社会经济和思想文化的互动中绵延发展，几千年没有改变。我们不能割断传统与现实的联系，要重视国情，以历史与现实相结合的观点看待和研究中国社会经济及其思想文化，在经济全球化、世界各国文化空前冲撞融合趋同的视野下，构建中国社会经济思想文化体系，寻求区域、国家乃至国际整合的社会经济发展之路。

---

〔1〕 卢作孚：《中国的建设问题与人的训练》。参见梁漱溟：《中国文化要义》，学林出版社，1996 年，第 12—13 页。

农业与文化——中国文化中的力[*]

　　人类与自然同源同体。人类产生后,被置于一种自然生态环境之中,在漫长的历史进程中,依赖天然的动植物资源,遵循自然节律,以简单、直接的方式获得生存繁衍机会。人类摆脱蛮荒进入文明时代,是通过农业的进步和发展完成的。人类的文明史深藏着农业的底蕴,农业是人类赖以生存和发展的根基。

　　人类发展史表明,人类的整个过程莫过于——人类自身(身体器官)的维持拓展和精神的内向省求。此过程伴随着人类对自然的依赖和适应,以及人与自然双向适应的人类智能化实践,由此形成社会文化。文化的起源和发展都离不开一定的时间和空间,不同环境、不同时代、不同的人类活动营造了不同的文化。文化萌发于人类早期所处的自然地理环境以及采集狩猎过程的整合,离合于农耕和游牧文明的生存样态,并在商业交换、信息交流中行进发展。

　　中国文化产生于特定的自然社会土壤中,农耕文明的稳固绵延以及由其引导的思想观念,决定了中华民族的生存方式,营造了独特的农耕文化。西方以游牧文明为主,加上航海导致了商业文明的发展。随着人类适应性的加强和智能化活动的加剧,文明背景的差异导致了民族区域的不同选择,由此形成思想文化及社会制度的分野,不同文明沿着不同的思想路线发展演化,中国趋于"天人合一",西方走向"天人二分"。

　　传统中国以农立国,传统中国亦可称之为农业中国。农业与社会文化互为影响。传统文化亦即农业文化。传统的中国人只问两件事:我是谁? 今天是什么日子? 由这两个问题延伸拓展,形成中国传统文化的两条主线。一是由"我是谁"的追问出发,产生了对于祖先的尊崇和下辈的倾注,进而产生宗法伦理关系,在牢牢把握"我是谁"之中,获得与"我的(身体化)"一切关联,人与人的关系在宗法伦理中得以建立,由此形成宗法礼制,规定和维系着传统中国的社会秩序。一是从"日子"出发,尤其是对与农耕休戚相关的特定时节的把握,这也是认知理解天地自然秩序的钥匙,更是农耕生活节律的关键。农业生产实践活动在遵循和适应自然节律的前提下,在一定的时空限定下展

---

　　* 原载《协和的农业:中国传统农业生态思想》,苏州大学出版社,2011年。

开，以获取基本的物质生活资料，这是农业民族得以维系的物质根基。在传统中国社会里，这两条线既各有所系，又并行不悖、相互融通。宗法伦理（社会秩序）与时间节律（自然秩序）的相互影响和有机结合，支撑了传统中国社会的绵延发展。

农业生产在自然中展开，农业的要素就是宇宙的要素。农业劳作一方面必须依赖自然，一方面又要尽其人力。人们需要围绕时节以及自然地理、气候环境的变化，进行周而复始的生产实践，由此形成了与其相应的社会生活，循环往复，万世不移。在尽人力方面，不仅需要人们的辛勤劳作，还需要讲究一定的技术方法。中国传统农业技术方法基本是属于老农式的，也即所谓的经验型农业。人们总处在协调农作物与天地自然的关系之中，不断总结积累经验，开展适应性劳作。在此过程中，人们懂得，天地自然地理、气候环境等有一定的规律（如四时节律、寒来暑往、阴阳五行机制），不可抗拒，只有遵循它、适应它，与其协调一致，才可能获取农业收成。在这种意义上讲，经验型主导的传统农业生产体系，亦包涵了自然的哲理化成分，因此传统农业可以说是经验型和哲理化的整合，传统思维哲理文化亦影响了传统农业。农作物生长与人类生存以及万物生育是一个道理，都是天地"生化"的结果，即"天地之大德曰生"、"赞天地之化育"、"万物一体，一视同仁"，可谓"穷天地，亘万古而不顾"，中国人在天地万物的认知方面，具备了作为自然的人的对世界的"穷理尽性"，由此形成了特有的宇宙观和人生理念。作为自然的人伴随着人类的始终，人类自然的本性为整个人类所共有，人类本性的各种要素依然需要植根于造化宇宙万物的"终极的存在"。由此可以认为，中国人的天地自然观及其人生信念具有人类的普适性意义。这种在中国农业文明中产生的思想智慧，对于现代（后现代）理性，以及那些远离人、远离人的本真的行径，以及企图以高科技和经济发展解决一切问题的预期，都具有重要的启示。

在适应自然、"人与自然和谐统一"思想引导下，"天人合一"思想自然产生，"究天人之际"成为中国传统思维的永恒主题，天地人"三才论"便是这种思维拓展及其追寻的自然结果。"天人合一"作为地道纯朴的简单道理，为自然系统与人类社会系统之间架起"亲和"的桥梁，直指人类终极，实在不可颠覆。"天人合一"思想可以说是中国文化的重要特质和主要线索，正所谓"合却天、地、人、物，才见造化神明之大全"。中国传统哲学思维中的诸多思想观念及其概念范畴，如道、易、太极、元气、阴阳、五行以及圜道、中庸等，都被置于"天人合一"思想的框架之中，诠释和丰富了"天人合一"的思想内容。

传统中国的农业经济基础与思想文化及社会组织相互影响。古代社会组织结构与以农业为主导的经济状况相适应，其主要特点在于其社会组织关系的血缘关系纽带，这种"类生态"式的人与人之间的关系以及社会组织秩序，在父子、夫妇、君臣之间，按照宗法原则，建立起一个严密完整的结构体系,以"超自我"的方式规定和约束着传统中国人的生存方式及其人格取向。农业生产和农业社会生活的稳定性,促使人们关注"尊祖"、"人伦"和"纲常",讲究"君义臣忠"、"父慈子孝",如此构建或者识别中国人的"良知系统",并维持社会结构的稳定和平衡,一切的社会样态都被稳定制止于"乱"之前。从整个历史来看,像是一种"家邦"式的建构,抑或是"家长式"的国家社会组织,其制度或许可称为"家国制"或"家国主义"。说到底,传统中国社会趋向一种"生态适应性"的生产生活,家庭、家族和社会关系相对稳定,其自成体系的具有良好适应性的社会组织生活,形成了"伦理型"的社会文化。

在这种宗法伦理制度及其自然法则的引导下,传统中国社会中的个人变得弱小,人们的思想和行为受到制约,而人际"关系"显得十分强大,每个人都被特定的网络所牵引所规定,人们生活需要超越内在的自我,在固定的框架和模式里无所欲求,社会历久不变,文化停滞不进,文化内缺乏宗教或者淡化、远离宗教,即便有之,却整合于统一的社会,由此造成了几乎没有宗教的社会。传统的中国人在社会组织关系中崇尚协调,乐天知命,围绕"家人"和"田地"转圈子,似乎也并不太关注所谓"神"和所谓的基于神的"信仰",几乎处于无信仰的人生,代之以对宗法伦理和天地自然的珍视,而这种珍视应当是人的本性之所在。

中国古代文化独具特征,历史上的古老文化,如埃及、印度、希腊等,或夭折,或已转易,或失其独立,惟中国能以其自创之文化绵延其独立之民族生命,岿然独成。并且非从他受,即便有外来文化(如佛教文化)的进入,也将其吸收改造使之本土化。相比较而言,日本文化、美国文化等多从他受,在别的文化基础上发展起来。中国文化自成体系,与其他文化差异较大,文化内部具有高度的妥当性和调和性,具有同化他人之力,对于外来文化能包容吸收,并不为其动摇变更,文化长期不复改变,其时间绵延之长和空间之大,以及放射性和影响力之强,世界上任何文化无以相比。如此种种,显示了中国文化的早熟和圆融。

传统中国没有黄金成为"咒语"的经济力量,没有专注科技发展的知识力量,亦缺乏战争推动及豪夺强取的侵略意识,古老强大的中国依然在原本的文化中绵延发展。中国文化究竟是什么? 如何形成? 什么力量维系着她,不被中断,不被其他文化所同化替代? 何以支撑维持几千年文明的绵延发展? 又为何虽遭受列强侵略而又不至于使之得逞? 今天又为何重新屹立于世界之林? 对这些问题的思考,使得我们更为自觉地基于民族思想文化精神方面来认识和了解中国文明。

梁漱溟指出:中国文化具有广土众民,偌大民族之同化融合,历史悠久为世界各国莫能相比等三大特征。由此认为,其必有一伟大力量蕴寓于其中,但此伟大力量何在，竟指不出。[1]他寻求分析了中国文化中的各种力量，比如知识、经济、军事和政治等等，都不得其解。由此发出深深感叹："恰相反地，若就知识、经济、军事、政治，一一数来，不独非其所长，且勿宁都是他的短处。必须在这以外去想。但除此四者以外，还有什么称得起是强大力量呢？实又寻想不出。一面明明白白有无比之伟大力量，一面又的的确确指不出其力量竟在哪里，岂非怪事！一面的的确确指不出其力量来，一面又明明白白见其力量伟大无比，真是怪哉！怪哉！"[2]

对此，我们暂且不论其中提出的问题本身及其阐述是否存在问题。就总体而言，无疑是梁先生对中国文化的一种解读，更为重要的是，他对中国文化进行的追问和反思耐人寻味。中华民族历史悠久，融合一统，其中必然存在着一种伟大的力量，这力量究竟是什么？该问题确实很复杂很尖锐，虽然问题的话语及方式有近现代西方尤其是近代科学机械论(牛顿、笛卡儿等人所导引的社会泛力论)之嫌，却为我们提供了理解和思考中国文化的一个新的视角和维度。

"力"本来是一个实在性的概念。"力"字的起源很早，并且可能与农业耕作有关。"力"在甲骨文中作"力"，像是原始农具"耒"之形，意思大概因为用"耒"耕作要用力，所以引申为气力的力。由此看来，"力"应当是指人的内在体力。[3]现在人们所说的"力"，应当是指物理学意义上的"力"，见之于近代伽利略、牛顿力学体系中，抑或因此形成的机械主义的泛力论。当然应当承认，梁先生并非以体力的"力"，亦不是以近现代物理学意义上的"力"来阐述问题的。我们是否可以认为，他指的应当是几千年传统中国社会发展主要的支撑，或者说是社会绵延发展的整合力呢？

文化是"人化"，是"自然的人化"，包括外部自然的"人化"和人自身自然的"人化"。[4]文化包括一切制度、习俗、道德规范、大众心理、意识形态、行为方式，说到底，文化是指人类活动的一切成果及其内向省求和外在追逐的体系化建构。从总体上来讲，文化是人与自然、人与人、人与自身的多向互动和适应，因而文化具有不同的特征和方向。从本质上讲，文化没有好坏优劣之分，无所谓先进落后和强弱，文化的合理性和先进性应以文化主体的生存境遇为基准，文化对主体的意义就是文化的意义。由此可见，文化无所谓"力"，文化本身不能产生"力"。文化具有传承性和时代性，文化的先进落后及强弱只是个时代性问题，这实际上是适应性和引导性的问题，说到底是人们生存方式和价值观念的取向问题，是作为人的生命样态和归结的问题。

---

〔1〕〔2〕 梁漱溟：《中国文化要义》，学林出版社，1987年，第6、7页。

〔3〕 许慎：《说文解字》解："力，筋也。像人筋之形"。英文"power"亦有体力之意。

〔4〕 夏甄陶：《自然与文化》，《中国社会科学》1999年第5期。

若此，要寻得中国文化的"力"，还是要回到人，回到生命。文化中最内核的东西当然是人的生命，文化中的"力"也应当只能是生命中所蕴涵的力量。文化是人类生命的内在逻辑及其生命形式的外化和拓展，是人类维持生存繁衍及其延续拓展的表现形式及群体行为的整合。由此可见，文化中如果存在"力"，其核心一定是生命"力"，是生命涌动的、洋溢的、营造的实在。可以说，在宇宙自然价值底下只存在着生命的价值，这样说来，文化中蕴涵着的"力"，只能是文化中的某种生命表现形式，抑或是某种生命的"力"蕴涵在文化之中。

文化中的"力"，可以汇合为人类社会绵延发展的驱动力。中国传统文化中存在的伟大的力量就是"生态力"。生态力也就是平衡力、协调力、和平力、安足力、整合力。它一方面喻示了自然的力量，这是没有穷尽的力量，是人与自然、人与人共生协调的力量；另一方面又可以说，实在又谈不上具体是什么力量，在传统中国的绵延发展中，它具有不可替代的生命的恒久力。"生态力"与"天人合一"思想相耦合、相适应。"天人合一"及其天地人"三才论"，其整体系统思维方式为中国文化中的生态力提供了哲理基础，传统思维哲理文化中的气、阴阳、五行思想以及中庸、循环观念等等，都可以为"生态力"以及与此相关的和气、平衡的精神风格作出深层次的诠释。此外，中国传统文化中的"孝"、"家"观念，当是人类作为族群存在的最为根底的要素，也是生命中必须面对的要核，其关键也是最简单、最直接的群体的关联，这也体现了中国人生存的生态智慧。家文化、孝文化及其泛化，对于伦理道德、社会秩序乃至人类共同体的和平发展等具有不可忽视的意义。

农业生产实践处在自然生态环境之中，农耕与动植物生态群落及自然环境紧密关联。农耕需要按照自然生态的演替规律，依照特定的农业生态系统的运行规律而进行，否则就不可能获得农业收成。这种人与自然协调的思想观念渗透至文化中，势必导致"类生态"的文化取向。生态的本质是关联，其社会意义在于，每个人生下来就已经被种种关系网络规定在一定的"点"上，这种类似于自然生态的关系，无法动摇、不能改变。汤因比列举了东亚的八方面的重要遗产，并认为其可以成为全世界统一的地理和文化上的主轴，其中包括中国经验、世界精神，并谈到东亚人、中国人所持有的对宇宙的神秘感，人的目的不是狂妄地支配自己以外的自然，而是有一种必须与自然保持协调而生存的信念。[1]也正如托尔斯泰所言："只要中国人继续过以前所过的和平的、勤劳的、农耕的生活，遵循自己的三大宗教教义……他们现在所遭受的一切灾难便会自行消失，任何力量都不能战胜他们。"[2]很显然，这是他

〔1〕 池田大作、汤因比著，荀春生、朱继征、陈国梁译：《展望21世纪：汤因比与池田大作对话录》，国际文化出版公司，1999年第二版，第277页。
〔2〕 吴泽霖：《托尔斯泰与中国的古典思想文化》，北京师范大学出版社，2000年，第117页。

基于思想精神方面对于中华民族的赞扬，也包涵着他对遭受侵略处于苦难中的中国的深刻同情。但无论如何，中国人这种人与自然、人与人协调的思想观念却直抵人类文化的终极。

事物总有两面性。生态力洋溢着和平的、平衡的力量，所彰显的是安、足、静、定，其反面是富、强、动、进，这正反两方面的比较和斗争，又不仅仅是文化本身所能调和与克服的。生态力趋向于深层关联、相互制衡、广泛联系，其普遍联系的观念深入人心，一切依赖关系、依赖联系，最终导向混沌的、无方向的、无始无终的纠缠之中。由此可以说，生态力的泛化所导引的文化基因成就了无"力"的文化。一切可以称之为"力"的要素都在关系、联系、牵制中抵消，剩下的只是生态化意味浓厚的生存意识。这其中包括了"圆滑"，圆（及其运动）并滑是自然的造化，有其内在的合理性和自身的规则，"圆滑"的东西到哪是哪，最容易生存又最不易损伤，这可能是中国文化长久延续的重要因素，也是其本身（相比较而言）问题之所在。

生态力驱使人们在普遍关联中获得平衡，任何人任何事都处在相互制约之中，每个人都处在群体之中，处在"关系"之中。在诸多事物样态中不见某种格外的凸显，社会及大众几乎处于没有方向性的混沌之中，不会在某个方面实现突破而取得长足发展，没有哪个方面显示出力量和强悍，自得其乐，安居乐业，每个个体人格都被安身、安心的"身体化"取向所限定，不可逾越，因而在一定程度上也消磨、泯灭了个人的情感和意志，以及想象力和创造力的光辉。的确，在"枪打出头鸟"、"不为天下先"的社会环境中，确实很难作为。在这种思想文化的深刻影响下，中国在知识、军事、科技以及法制等力量方面显得较为文弱，趋于消极无为、崇尚和平。科技方面的发展亦趋于整体系统的思维方式，文化内缺乏分析、结构的思维方法，在行为方式上存在"欠严谨"、"马虎"、"随意"、"拖沓"等的做法，其探究事物内在关联性及其组织结构、功能细节等方面的科学精神不够发达。中国文化不见四分五裂，不见冲锋陷阵，不见某种方面的突出和冒进，其根源可能也在于此。

由此看来，基于硬性的生存法则（或许可以比拟为"丛林法则"），中国不仅需要强化民族生存意识，还需要基于时代、基于全球化的世界格局，加强生存发展的危机意识，在复兴中国经济社会建设大业的同时，复兴中华文化之大业，这亦是为全人类做贡献的重要举措之一。

西方文明同样起源于农牧业，由于其自身的生存经验和"内不足"，走向了向外寻求的流动和进取的游牧及商业文明。[1]因其特定自然地理环境的支持，海洋在其文明的形成中发挥了重要作用。黑格尔说："大海邀请人类从

---

〔1〕 钱穆：《中国文化史导论》（修订本），商务印书馆，1994年，弁言，第2页。

事征服,从事掠夺,但是同时也鼓励人类追求利润,从事商业。……这种超越土地限制、渡过大海的活动,是亚细亚洲各国所没有的,就算他们有更多壮丽的政治建筑,就算他们自己也是以海为界——像中国便是一个例子。在他们看来,海只是陆地的中断,陆地的天限;他们和海不发生积极的关系。"[1]海洋在农业及游牧文化与商业文化中充当了重要的环境介质。在一定意义上讲,西方文明史几乎就是一部海洋文明史。"没有地中海,'世界历史'便无从设想了:那就好像罗马或者雅典没有了全市生活会集的'市场'一样。"[2]近代西方航海和地理大发现,伴随资本主义生产方式及其资本扩展,促进了近代科学产生和发展,导致工业革命乃至世界产业格局的基本形成。海洋文明是近代世界格局形成的助推器,推动了人类文明的进程。不一样的地理环境带来了不同的文化取向,海洋文化催生了商业文明,进一步强化了经济财富、战争军事以及科技文化动力对于社会发展的全面推动,在此基础上,"征服"成为西方世界发展的代名词。

西方文化所支撑的西方世界,在近代(产业革命)以后,一举成为世界经济的中心,在强势之下,极力打造文化强势,甚至于文化扩张、文化掠夺、文化侵略,尤其是在近现代科学技术的导引下,一路强势,一路领先,营造了西方中心主义。并依照所谓的人战胜自然、人战胜人的逻辑,展开人与自然、人与人二元分立的社会实践活动。他们不断寻求向外扩张,整个注意力都集中于"扩张"、"权力"和"征服",因不足而向外,向外而富,富而不足,继续向外,恶性循环。在向自然进军、向别人进攻的号角下,黄金成为"咒语",知识就是力量,掠夺豪取,惟我是用。这种"游戏规则"至今还幽灵式地存在。文化在很大层面上决定区域国家的整体思维方式和行动方略,西方文化在人战胜自然、人战胜人的理念下不断拓展、膨胀、延伸,进而表现出更加肆无忌惮的疯狂的掠夺性和进攻性。他们对中国的侵略,从文化上讲就是"文明人遭受野蛮人的攻击"。历史上这种掠夺性侵略事件在民族之间、国家之间,以及宗教与科学之间、团伙与个人之间、一部分人与另一部分人之间频频发生,人类在和平与战争之间、无辜与侵害之间、正义与邪恶之间厮杀,由此写下了人类不可调和的历史。

中西方主要的不同,反映在思维方式方面,即中国综合,西方分析。中国文化"天人合一",合二为一,西方是一分为二。中国是"依正不二",趋于综合、包容、合二为一的思维模式,而西方思想的基础和出发点则是分析的、排他的、一分为二思维模式。也许我们应当说,人类的行为取决于自然法则,人类的过程肯定也不是人类为了指导自己而做出的,但却至少有一个自然的规

---

〔1〕〔2〕 黑格尔著,王造时译:《历史哲学》,上海书店出版社,2001年,第93、90页。

划，人类没能理解它却实现了它。[1]人类具有反思能力，其惟一理性来自于自然，所谓的社会理性、经济理性、国家理性等等都应当被自然理性所统摄。

自然环境生态是人类的最终选择。农业文明中，人与自然的关系主要趋于"亲和"、"共生"。工业文明以来，总体上趋向于对自然资源的掠夺及物质财富无休止的追求、科技万能及迅猛发展、精神观念的虚幻及颓废，形成了人类支配自然、与自然对抗的观念，在利用和征服自然的过程中，也破坏了自然，产生了人与自然(也包括人与人、人与自身)的分属和对立，这种对抗必然带来环境破坏、资源匮乏、生态失衡等一系列问题，不断危及人类生存发展的自然根基。现代社会试图通过经济与科技的发展解决人类社会的一切问题，去实现人类"乌托邦"的愿望是永远办不到的。正值现代化浪潮席卷全球之际，可持续发展的理念被提出和接受，这种内省及其行动上的预期无疑又是对"协和"的人与自然关系的回归。

我们需要反思人类的过程，反思技术带来的种种恶果，反思人类在自以为是的理性基础上建构起来的理性。人类基于团伙利益自然而然地建立起自己的理性，并认为可以依赖它，由此改造自然、创造自然。这种创造、追求以及人类对于它的依赖性的加强，又使人几乎在本质上背离了自然，而这种背离强化提升了人类对感官的放纵和欲念的追逐，甚至于践踏人性，人类的一切痛苦由此而起，因而这种理性是脆弱的。人类对于自然环境有着永恒的依赖。一方面，地球资源、环境构成的生态巨系统是人类生存繁衍发展的物质基础；另一方面，人按照"人的方式"改造自然、影响自然，受到人类活动影响的自然及其人类自身营造的文化制度又反过来影响、制约人类自身。这种困境都是因为背离了自然理性，远离了自然秩序、正义和道德，忽视了自然的启示。[2]因此，寻求人与自然、人与人关系的协调平衡，是解决人类一切问题的关键。

那么人类希望何在？在文明冲突、价值思想文化多元的背景下，不同的国家、不同的政治体制能够相容、和平相处，不同的价值观念、思想体系共生协调，各类共同体、联合体应运而生，以前的空想已成为今天的现实。人类充满着机会，也充满着危险。人类文化的未来一定是趋向多元化的大同，是交而不合、对称互补、和而不同。中国文化崇尚"天人合一"，蕴涵着人与自然协调的生态、协和的力量，在与世界文化参照、吸收和互补中发展，其独特魅力

---

[1] 柯林伍德著，尹锐、方红、任晓晋译：《历史的观念》，光明日报出版社，2007年，第77页。

[2] "我发现大自然是那样的和谐，那样的匀称，而人类则是那样的混乱，那样的没有秩序！万物是这样的彼此配合、步调一致，而人类则纷纷扰扰、无有宁时！所有的动物都很快乐，只有它们的君主是那样的悲惨！"参见卢梭著，李平沤译：《爱弥尔——论教育》，商务印书馆，1978年，第397页。

和巨大张力,一定能为人类文明做出重要贡献。在另一层意义上讲,基于中华民族的生存意识,在现代世界格局中尤其是全球化浪潮中,我们确实需要也能够在西方和其他文化中寻求借鉴和交流。由此看来,"现在和未来都特别需要思想与文化上的夷夏之辨、夷夏之防和良性的夷夏之交"[1]。

我们需要理性地对待中西方文化。中国文化及东方文化中的合理因素早已经受到世界的关注。斯宾格勒在《西方的没落》一书中将西欧资本主义的危机看作是西方文化的没落,主张建立一种新文化,使得西方文化和东方文化相融合。汤因比在《历史研究》中,基于人类史的立场,对各种文明的产生、发展和衰亡的过程进行了梳理,广泛考察历史长河中各个文明在时间和空间中的碰撞、接触和融合,反对西方一元论,并指出:"恐怕可以说正是中国肩负着不止给半个世界,而且给整个世界带来政治统一与和平的命运。"[2]亨廷顿在《文明之冲突》中认为东方文明正在崛起,也为西方文明而担忧。但与此同时,我们又切忌将东西方文化绝对化,更不能从中心主义走向偏执的妖魔化,不能从一端走向另一端。如雅斯贝斯所言:"我们一定不能先验地把对立的欧亚当作实体,于是欧亚就成为一个可怕的幽灵。只有当它们充当某些在历史上是具体的、在思想上是清楚的东西的缩影时,只有不把它们当作对整体的知觉时,它们才经常是一种决定性的神话语言,才是一种代表真理的密码。不过欧亚是与西方历史整体同在的密码。"[3]在当今世界格局中,我们必须摒弃"文明冲突"论,树立"文明共存"的理念,全人类如果发展形成单一社会,就可能实现世界的统一;但这种统一不是一个取代另一个,而是各国各地区的平等协商,以尊重、包容、借鉴的态度,对待和处理国际间政治、军事、经济、文化等一切领域的争端,真正做到"协和万邦",维持人类共同的福祉。

---

[1] 张祥龙:《思想避难:全球化中的中国古代哲理》,北京大学出版社,2007年,序言第5页。

[2] 池田大作、汤因比著,荀春生、朱继征、陈国梁译:《展望21世纪:汤因比与池田大作对话录》,国际文化出版公司,1999年第2版,第279页。

[3] 卡尔·雅斯贝斯著,魏楚雄、俞新天译:《历史的起源与目标》,华夏出版社,1989年,第83页。

后　记

　　围绕一个主题收集论文形成集子不是一件容易的事情，尤其是对于才疏学浅的作者本人来说更是难上加难。好在本人此前的大部分学习思考都基本是围绕一个主题进行的，没有多少选择，反而又是好事。

　　该书收集了本人十多年来关于中国传统农业及其农业文化的一些学习浅见，虽然思考的视角多样，涉及农业文化的领域较多，但基本可以归结为一个主题——古代农业思想与文化。当然，其中一些论文的入选可能显得牵强，但总体上应当还是没有过于偏离。

　　需要说明的是，与当下相比，早期论文的写作存在着更多的不足，甚至有些论文在写作规范方面也存在不少问题。因此，这次在选择整理论文过程中，对于有着明显及严重错误的地方进行了一些修订，主要是集中在注释规范和错漏字等方面。由此，这次收集整理工作对于本人的学习研究来说也有诸多收获，尤其是在研究视角的选择、研究资料的保存、个人学习研究的档案管理等方面，心得不少。

　　十分感谢苏州大学"东吴史学文丛"给予的出版机会，感谢苏州大学社会学院院长王卫平教授的策划和决断，感谢为文集出版付出了辛勤劳动的王玉贵教授，特别感谢苏州大学出版社副总编辑朱坤泉编审的修改润色和为之付出的艰辛劳动。

胡火金

2014 年 1 月 15 日谨识于翠园